"十四五"职业教育国家规划教材

AutoCAD 项目教程（2023 版）

李汾娟　李　程　编著

U0220402

机械工业出版社

本书按照"项目导向、任务驱动"的教学模式编写，以 AutoCAD 2023 为载体，采用了大量的项目案例，将国家及行业标准应用融入其中，全面系统地讲解了 AutoCAD 2023 软件的使用方法和技巧，主要内容包括 AutoCAD 2023 入门基础知识、绘制平面图形、绘制三视图、绘制零件图、绘制装配图和综合课程设计项目。

本书讲解详细，通俗易懂，具有很强的实用性和可操作性，不仅适合作为高等职业院校相关专业和社会培训机构的教材，也可供广大工程技术人员自学与参考。本书配套的在线课程已上线，可以在中国大学 MOOC 中搜索"CAD 二维制图"进行学习。

本书配有教学视频等资源，可扫描书中二维码直接观看，还配有授课电子课件和素材文件等，需要的教师可登录机械工业出版社教育服务网 www.cmpedu.com 免费注册后下载，或联系编辑索取（微信：13261377872，电话：010-88379739）。

图书在版编目（CIP）数据

AutoCAD 项目教程：2023 版 / 李汾娟，李程编著.
北京：机械工业出版社，2024. 10（2025. 1 重印）. --（"十四五"职业教育国家规划教材）. -- ISBN 978-7-111-76595-0

Ⅰ. TP391.72
中国国家版本馆 CIP 数据核字第 20246CA846 号

机械工业出版社（北京市百万庄大街 22 号　邮政编码 100037）
策划编辑：曹帅鹏　　责任编辑：曹帅鹏　赵小花
责任校对：潘　蕊　　责任印制：张　博
天津市光明印务有限公司印刷
2025 年 1 月第 1 版第 2 次印刷
184mm×260mm · 17.25 印张 · 423 千字
标准书号：ISBN 978-7-111-76595-0
定价：59.80 元

电话服务　　　　　　　　　网络服务
客服电话：010-88361066　　机　工　官　网：www.cmpbook.com
　　　　　010-88379833　　机　工　官　博：weibo.com/cmp1952
　　　　　010-68326294　　金　书　网：www.golden-book.com
封底无防伪标均为盗版　机工教育服务网：www.cmpedu.com

前言

党的二十大报告指出，"坚持把发展经济的着力点放在实体经济上，推进新型工业化，加快建设制造强国"。推动制造业高端化、智能化、绿色化发展，计算机辅助设计是重要的技术支撑。掌握计算机辅助设计软件是高等职业院校相关专业学生重要的基础技能。AutoCAD 是国内计算机辅助设计领域应用最为广泛的绘图软件之一。本书采用现行机械制图国家标准，使用 AutoCAD 2023 版本，同样适用于 AutoCAD 2014~2022 版本，以项目为主线，重点讲解 AutoCAD 二维工程制图的实用性操作方法和技巧。

本书按照"项目导向、任务驱动"的教学模式进行编写，将国家及行业标准应用融入其中。通过项目学习让学生了解"是什么"（what）、"怎么做"（how），产生感性认识；然后通过相关知识点进行拓展与深入讲解，让学生明白"为什么"（why），最后通过大量练习与指导让学生对相关命令加深理解，并能够灵活应用。以项目推进学习的深入与完善，将国家及行业标准应用嵌入其中，让学生在项目中不断加强对知识的理解与运用。

本书共设 6 个项目。项目 1 介绍 CAD 绘图环境，激发学生科技报国的家国情怀和使命担当；项目 2 和项目 3 绘制平面图形和三视图，培养学生精益求精的职业精神；项目 4 绘制零件图，强化学生工程伦理教育，增强学生解决实际问题的实践能力；项目 5 和项目 6 绘制装配图和综合课程设计项目，注重让学生在实践中"敢闯会创"，在亲自参与中增强创新精神和创造意识。

本书的主要特点如下：

（1）兼容性。本书以 AutoCAD 2023 为对象，适合新版本软件的使用，也适合之前版本使用者的学习需求。

（2）实用性。本书用项目形式展开理论知识，让学生在明确学习目标的前提下，变被动学习为主动学习，增强学习的主观能动性。

（3）针对性。本书根据企业行业的真实使用情况，重点讲解 AutoCAD 二维工程制图的操作方法，更具针对性。

（4）示范性。每部分的讲授内容与方式源于编著者多年的授课经验积累，使本书既适合自学，也适合高校与培训机构使用。

本书从学生对 AutoCAD 的认知过程以及机械工程制图的实际情况出发，大部分项目都包含任务学习、任务注释、知识拓展和课后练习四个部分。先讲解一个任务的制作过程，再对任务中学习到的命令进行介绍，之后对相关命令知识点进行拓展训练，并且辅之以大量课后练习，学生可以通过项目实践将软件命令融会贯通。建议读者在学习机械制图课程同时或之后学习本课程。

本书提供了课件及任务、拓展、练习的源文件，并配有微课视频，可扫描书中二维码直接观看，方便线上线下混合式教学与自学。同时，本书在线课程已在中国大学 MOOC 上线，读者可以在中国大学 MOOC 中搜索"CAD 二维制图"进行学习。

本书由苏州工业园区职业技术学院李汾娟副教授和苏州工艺美术职业技术学院李程教授编写，其中李汾娟负责项目2~项目5的编写与全书统稿工作，李程负责项目1和项目6的编写工作。苏州工业园区依维特科技有限公司高建刚总经理提供全书的企业项目案例素材并负责审稿工作。本书的编写得到了江苏省高校"青蓝工程"项目资助。本书受苏州工业园区职业技术学院新形态一体化教材建设项目资助。

由于编者水平有限，书中难免存在不足之处，恳请广大读者批评指正并提出宝贵的意见，可发送邮件到电子邮箱 lifenjuanabc333@ sina. com。

编　者

目录

项目 ❶

AutoCAD 2023入门基础知识

知识目标

1. 了解 CAD 计算机绘图软件的操作界面
2. 图形文件的保存、新建等基本操作
3. 了解 CAD 软件中的绘图环境

技能目标

1. 掌握 CAD 软件绘图环境配置
2. 掌握 CAD 软件中命令的输入方法

素养目标

1. 了解主流工程软件 CAD 的发展方向，让学生看到我国在高端工程软件中存在的差距
2. 激发学生科技报国的家国情怀和使命担当

参考学时

2

AutoCAD 功能强大、易于掌握、使用方便、体系结构开放，能够绘制平面图形与三维图形、标注图形尺寸、渲染图形以及打印输出图样。本项目将主要介绍 AutoCAD 2023 的系统配置要求、新增功能、操作界面和基本操作方法。

任务 1.1 AutoCAD 2023 新增功能与系统配置要求

1. AutoCAD 2023 新增功能

（1）标记输入与标记辅助

快速发送反馈并将反馈整合到设计中，从打印的图纸或 PDF 导入反馈，并自动将更改添加到图形，而无需其他绘图步骤，如图 1-1 所示。

（2）我的见解

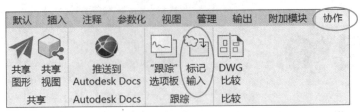

图 1-1 标记输入

在适合的时间和适合的环境中获取有用的提示和有价值的信息，帮助用户更快地完成项目。

（3）AutoCAD Web API

AutoCAD Web 应用中提供了 AutoCAD LISP API，专供 AutoCAD 固定期限的使用许可用户使用。无论是在旅途中，在作业现场还是在其他任何地方，都可以创建自己的自定义项，以便在 AutoCAD Web 应用中使用 LISP 自动执行序列。

（4）图纸集管理器

通过图纸集管理器，可以比以往更快地打开图纸集。使用 Autodesk 远程服务平台，向团队成员发送图纸集以及打开从团队成员那里接收的图纸集变得更加快速、安全，如图 1-2 所示。

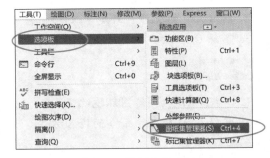

图 1-2 图纸集管理器

（5）计数

使用菜单自动计算选定区域或整个图形中的块或对象数，以便识别错误并浏览已计数的对象。"计数"工具栏会提供若干命令和选项，用于查看和管理计数中的对象，如图 1-3 所示。

图 1-3 "计数"工具栏

2. AutoCAD 2023 系统配置要求

AutoCAD 2023 系统配置要求如表 1-1 所示。

表 1-1 AutoCAD 2023 系统配置要求

项目	要求
操作系统	64 位 Microsoft Windows 11 和 Windows 10 版本 1809 或更高版本
处理器	基本要求：2.5~2.9GHz 处理器（基础版），不支持 ARM 处理器 建议：3GHz 以上基础版处理器，4GHz 以上 Turbo 版处理器
内存	基本要求：8GB 建议：16GB
显示器分辨率	传统显示器：1920×1080 真彩色显示器 高分辨率和 4K 显示器：支持高达 3840×2160 的分辨率（使用支持的显卡）

（续）

项目	要求
显卡	基本要求：1GB GPU，具有 29GB/s 带宽并兼容 DirectX 11 建议：4GB GPU，具有 106GB/s 带宽并兼容 DirectX 12
磁盘空间	10.0GB（建议使用 SSD）
指针设备	Microsoft 鼠标兼容的指针设备
. NET Framework	. NET Framework 版本 4.8 或更高版本

任务 1.2　认识 AutoCAD 2023 的操作界面

本任务将主要认识 AutoCAD 2023 软件的操作界面。

1-1 设置
工作界面

1.2.1　任务学习

在安装完 AutoCAD 2023 之后，通过双击桌面的 图标启动 AutoCAD 2023。

进入 AutoCAD 2023 后，用户可自行设定工作空间。转换方法是：单击界面右下角的"切换工作空间"按钮 ，在弹出的菜单中选择所需工作空间，也可自定义工作空间，如图 1-4 所示。如绘制二维图形时，系统可切换到"草图与注释"工作空间。

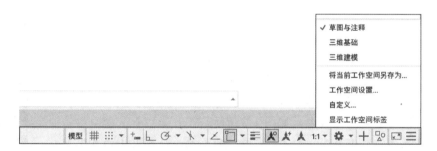

图 1-4　切换工作空间

AutoCAD 2023 草图绘制的操作界面主要包括：标题栏、绘图区、菜单栏、功能区、快速访问工具栏、工具栏、坐标系图标、命令行窗口、状态栏、布局标签等，如图 1-5 所示。

1. 标题栏

AutoCAD 界面的最上端是标题栏。在标题栏中，显示系统当前正在运行的图形文件名称和软件名称。

2. 绘图区

绘图区是指在标题栏下方的大片空白区域。绘图区是用户使用 AutoCAD 绘制图形的区域，用户绘制一幅设计图形的主要工作就是在绘图区完成的。

在绘图区中，有一个类似光标的十字线，其交点反映光标在当前坐标系中的位置。在 AutoCAD 中，该十字线称为光标，十字线的方向与当前用户坐标系的 X 轴、Y 轴平行。

（1）修改十字光标大小

系统将十字光标的长度预设为屏幕大小的 5%，用户可根据绘图的实际需要更改其大小。更改方法为：

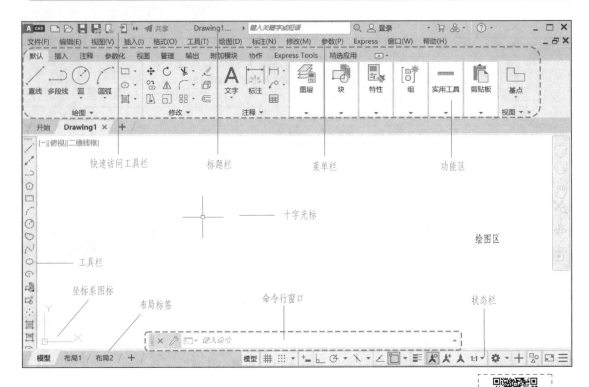

图 1-5　AutoCAD 2023 草图绘制操作界面

1-2　操作界面1

在绘图区任意位置单击鼠标右键，系统弹出快捷菜单，如图 1-6 所示。选择"选项"命令，弹出"选项"对话框，切换到"显示"选项卡，如图 1-7 所示。在"十字光标大小"区域的文本框中直接输入数值，或者拖动文本框后的滑块，即可调整十字光标大小，如图 1-8 所示。

注：十字光标的大小为 5，表示十字光标的长度为屏幕大小的 5%。

1-3　修改十字
光标的大小

图 1-6　快捷菜单

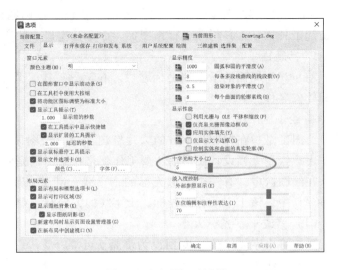

图 1-7　"选项"对话框 1

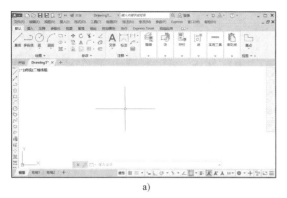

a)　　　　　　　　　　　　　　　　　b)

图 1-8　调整十字光标的大小

a) 十字光标的大小为 15　b) 十字光标的大小为 5

（2）修改绘图区的颜色

在默认情况下，AutoCAD 的绘图区为白色背景、黑色线条，若需要修改绘图区的颜色，可操作如下：

在绘图区任意位置单击鼠标右键，系统弹出快捷菜单，选择"选项"命令，弹出"选项"对话框，切换到"显示"选项卡，如图 1-9 所示。

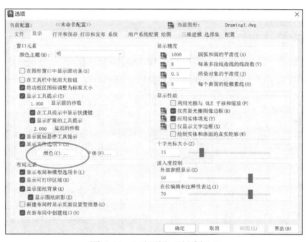

1-4　修改绘图区背景颜色

图 1-9　"选项"对话框 2

单击"窗口元素"区域中的"颜色"按钮，弹出"图形窗口颜色"对话框，如图 1-10 所示。单击"颜色"下拉列表框右侧的下拉箭头，在弹出的下拉列表中选择所需要的颜色，然后单击"应用并关闭"按钮。

3. 菜单栏

在 AutoCAD 标题栏下方是 AutoCAD 的菜单栏。与 Windows 环境一样，AutoCAD 的菜单也是下拉式菜单，并且包含子菜单。AutoCAD 的菜单栏中包括"文件""编辑""视图""插入""格式""工具""绘图""标注""修改""参数""Express""窗口""帮助"13个菜单选项。这些菜单几乎包含了 AutoCAD 的所有绘图命令。

若要显示菜单栏，可以单击"快速访问工具栏"右侧的 ▼ 按钮，在展开的下拉菜单中选择"显示菜单栏"命令，此时菜单栏便可显示在标题栏下方。

AutoCAD 下拉菜单的命令包括以下 3 种。

（1）带有小三角的菜单命令

这类命令后面带有子菜单。例如：单击菜单栏中的"绘图"项→"圆"命令，屏幕上会继续出现"圆"的相应子菜单命令，如图 1-11 所示。

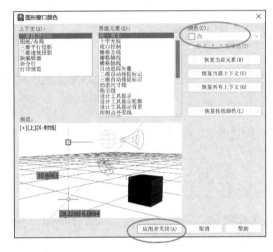

图 1-10 "图形窗口颜色"对话框

图 1-11 带有小三角的菜单命令

（2）弹出对话框的菜单命令

这类命令后面带有"…"。例如：单击菜单栏中的"格式"项→"文字样式"命令，如图 1-12 所示，屏幕中会弹出"文字样式"对话框，如图 1-13 所示。

图 1-12 弹出对话框的菜单命令

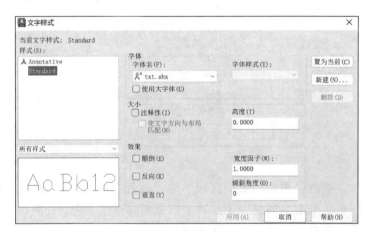

图 1-13 "文字样式"对话框

（3）直接操作的菜单命令

这类命令将直接进行相应的操作。例如：单击菜单栏中的"绘图"项→"直线"命令，系统将进行直线的绘制，如图 1-14 所示。

4. 功能区

功能区位于绘图区的上方，是一种智能的人机交互界面。它将 Auto-CAD 中常用的命令进行分类，然后放置在各个选项卡中，每个选项卡包

图 1-14 直接操作的菜单命令

含多个面板，每个面板中放置相应的工具按钮，如图1-15所示。

图1-15 功能区

1-5 操作界面2

（1）功能区显示切换

单击功能区选项卡最右端 中的 按钮，展开下拉菜单，如图1-16所示。用户可以通过该菜单调整功能区的显示面积，将功能区最小化为选项卡、面板标题或者面板按钮。单击功能区选项卡最右端 中的 按钮，可实现功能区的完整界面与这三项之间的切换。

（2）功能区的浮动与固定

在功能区选项卡上右击，从弹出的快捷菜单中可以选择"浮动"或"关闭"命令，如图1-17所示。用户可用鼠标将浮动功能区拖动到任意位置，如果想固定功能区，只要在浮动功能区（如图1-18所示）的标题栏上右击或单击"特性"按钮 ，选中"允许固定"复选框，然后将功能区拖动到界面的上方或左右两侧即可固定。

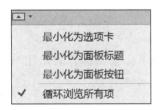

图1-16 功能区显示切换

图1-17 快捷菜单

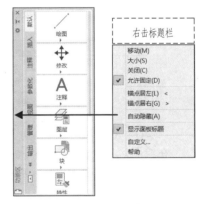

图1-18 浮动功能区

（3）功能区的打开

打开功能区可采用下列方法之一。

- 菜单栏：选取"工具"菜单→"选项板"→"功能区"命令。
- 命令行：键盘输入"RIBBON"，按〈Enter〉键。

5. 快速访问工具栏

AutoCAD 2023的快速访问工具栏中包含最常用的快捷按钮，如图1-19所示。

图1-19 快速访问工具栏

在默认状态下，快速访问工具栏包含的快捷按钮分别为："新建"按钮 、"打开"

按钮、"保存"按钮、"另存为"按钮、"从 Web 和 Mobile 中打开"按钮、"保存到 Web 和 Mobile 中"按钮、"打印"按钮、"放弃"按钮、"重做"按钮、"共享图形"按钮 共享 等。用户可以单击本工具栏后面的下拉按钮，在弹出的下拉菜单中设置需要的常用工具。

6. 工具栏

工具栏是一组图标型工具的集合。AutoCAD 2023 将软件提供的 52 种工具栏全部隐藏。用户可以自行打开工具栏。

打开工具栏可采用下列方法之一。

- 菜单栏：选取"工具"菜单→"工具栏"→"AutoCAD"命令。
- 快捷菜单：在任一工具栏上右击，在弹出的快捷菜单中选择要显示的工具栏，如图 1-20 所示。

图 1-20　工具栏标签

在二维制图中，常用工具栏包括"绘图"工具栏、"修改"工具栏、"标注"工具栏等，如图 1-21 所示。

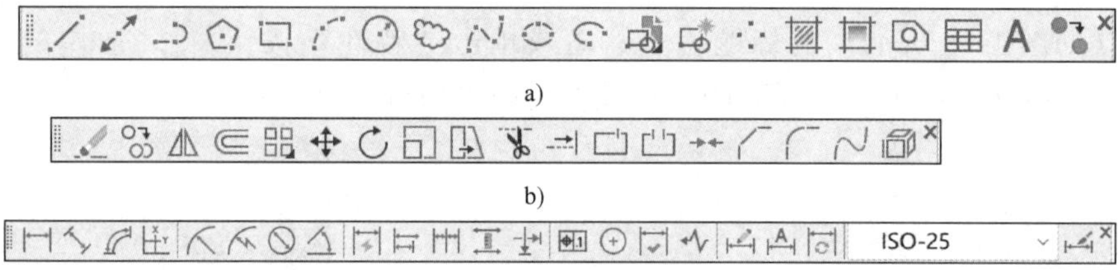

a)

b)

c)

图 1-21　常用工具栏

a)"绘图"工具栏　b)"修改"工具栏　c)"标注"工具栏

7. 坐标系图标

在绘图区左下角，有一个指示 X 轴、Y 轴方向的图标，称为坐标系图标，表示用户绘图时正使用的坐标系形式。坐标系图标的作用是为点的坐标确定一个参考系。

8. 命令行窗口

命令行窗口位于绘图窗口的底部，用于直接输入命令，并显示 AutoCAD 提示信息。以"直线"命令为例，可以通过 3 种方式输入。

- 直接单击"绘图"工具栏的"直线"按钮。
- 单击菜单栏中的"绘图"项→"直线"命令。
- 在命令行中输入"LINE"或"L"，按〈Enter〉键，可以根据系统在命令行的提示完成直线的绘制。

命令行窗口分上、下两部分，下面为命令行，用于提示用户输入命令或命令选项，上面阴影显示历史命令。命令行会提示用户一步一步进行选项的设定和参数的输入。如果按〈F2〉键，系统会向上拉开 AutoCAD 文本窗口，如图 1-22 所示。AutoCAD 文本窗口用于记录 AutoCAD 命令，也可用于输入新的命令，是放大的命令行窗口。在该文本窗口中可以方便地查看命令行窗口已执行命令的详细过程和参数。再次按〈F2〉键即可关闭该窗口。

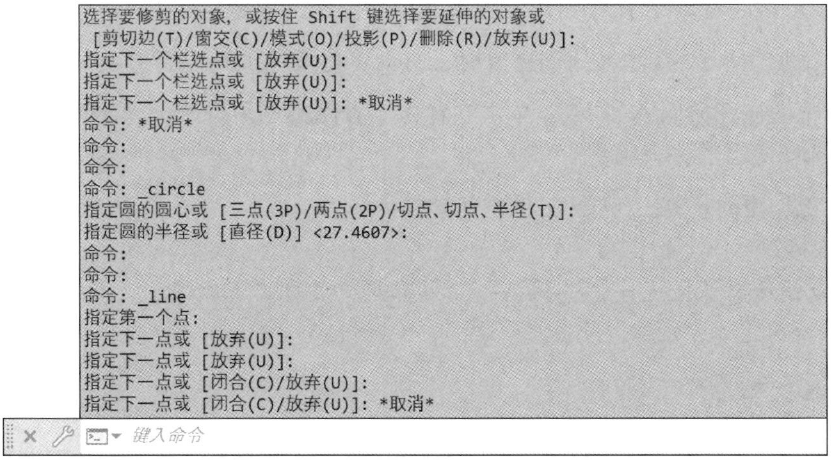

```
选择要修剪的对象，或按住 Shift 键选择要延伸的对象或
[剪切边(T)/窗交(C)/模式(O)/投影(P)/删除(R)/放弃(U)]:
指定下一个栏选点或 [放弃(U)]:
指定下一个栏选点或 [放弃(U)]:
指定下一个栏选点或 [放弃(U)]: *取消*
命令: *取消*
命令:
命令:
命令: _circle
指定圆的圆心或 [三点(3P)/两点(2P)/切点、切点、半径(T)]:
指定圆的半径或 [直径(D)] <27.4607>:
命令:
命令:
命令: _line
指定第一个点:
指定下一点或 [放弃(U)]:
指定下一点或 [放弃(U)]:
指定下一点或 [闭合(C)/放弃(U)]:
指定下一点或 [闭合(C)/放弃(U)]: *取消*
```

╳ 🔧 ▣▾ *键入命令*

图 1-22 AutoCAD 文本窗口

9. 状态栏

状态栏位于整个界面的右下角，用于显示 AutoCAD 各种工具的开关状态，进行各种模式的设置与切换，如图 1-23 所示。

图 1-23 状态栏

部分功能介绍如下。

- 捕捉模式 ⠿：该按钮用于开启或关闭捕捉。捕捉模式可以使光标容易捕捉到每一个栅格上的点。

- 栅格显示 ⊞：该按钮用于开启或关闭栅格的显示。栅格范围即图幅的显示范围。

- 正交限制光标 ⌐：该按钮用于开启或关闭正交模式。正交即光标只能按平行于 X 轴或者 Y 轴的方向画线，不能画斜线。

- 极轴追踪 ⟲：该按钮可开启或关闭极轴追踪模式，用于捕捉和绘制与起点水平线成一定角度的线段。

- 对象捕捉 ▢：该按钮用于开启或关闭对象捕捉。对象捕捉能将光标在接近某些特殊点的时候自动引到那些特殊的点。

- 显示捕捉参照线 ∠：该按钮用于开启或关闭对象捕捉追踪。该功能和对象捕捉功能一起使用，用于追踪捕捉点在线性方向上与其他对象的特殊点的交点。

- 动态输入 ⁺◾：动态输入功能的开启和关闭。

- 显示/隐藏线宽 ≣：该按钮用于控制线宽的显示与隐藏。
- 自动添加注释 ⚞：注释比例更改时，自动将比例添加到注释对象。
- 当前视图注释比例 ⚞ 1:1 ▾：单击注释比例右侧小三角符号，弹出注释比例列表，可以根据需要选择适当的注释比例。
- 切换工作空间 ⚙ ▾：进行工作空间转换。

10. 布局标签

AutoCAD 系统默认设定一个"模型"空间布局标签和"布局1""布局2"两个图样空间布局标签。

1.2.2 任务注释

AutoCAD 2023 提供了"草图与注释""三维基础""三维建模" 3 种工作空间模式。此外，用户可自行定义工作空间，其中，"草图与注释"工作空间便于绘制二维图形，如图 1-24 所示。

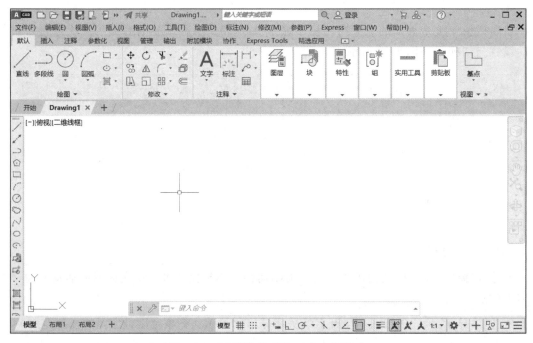

图 1-24 "草图与注释"工作空间模式

任务 1.3 图形文件的基本操作

本任务将介绍 AutoCAD 2023 的基本操作，主要包括图形文件的管理、命令的输入方法和绘图环境的配置等。

1.3.1 任务学习

以图 1-25 为例，完成"电动机"图形的打开、新建并保存。

1-6 图形文件的基本操作

（1）启动 AutoCAD 2023

在安装完 AutoCAD 2023 之后，可以通过双击桌面的

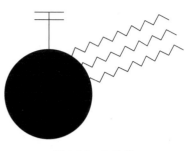

图标启动 AutoCAD 2023。

（2）打开文件

单击菜单栏"文件"→"打开"命令或者单击快速访

问工具栏中的"打开"按钮，系统会弹出"选择文

件"对话框，如图 1-26 所示。

图 1-25 电动机

在查找范围中选择安装目录下的"Sample/zh-CN/

DesignCenter/Plant Process.dwg"文件，如图 1-27 所示，然后单击"打开"按钮，系统如图

1-28 所示。

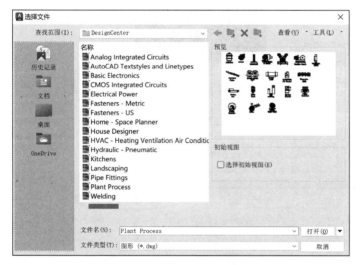

图 1-26 "选择文件"对话框

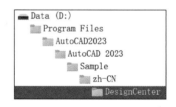

图 1-27 查找范围

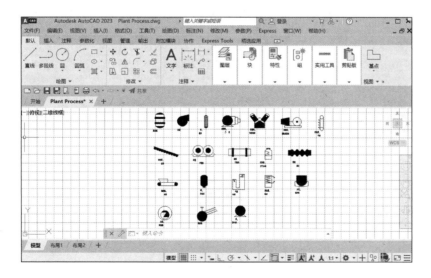

图 1-28 打开文件

（3）新建文件

滚动鼠标滚轮，放大绘图区的图形（鼠标滚轮向前滚为放大，向后滚为缩小），按下滚轮并移动鼠标，平移图形，利用鼠标左键框选"电动机"图形，然后在键盘上按下〈Ctrl+C〉快捷键复制"电动机"图形。

单击菜单栏"文件"→"新建"命令或者单击快速访问工具栏中的"新建"按钮，系统会弹出"选择样板"对话框。选择"acadiso.dwt"，单击"打开"按钮旁边的下拉箭头，选择"无样板打开-公制"，如图1-29所示。

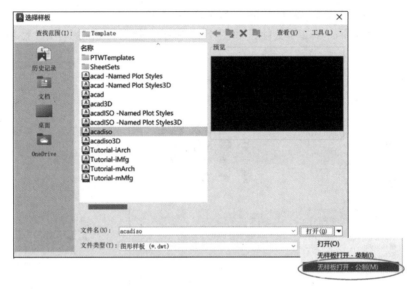

图1-29 "选择样板"对话框

单击系统界面右下角的"切换工作空间"按钮，在弹出的菜单中选择"草图与注释"工作空间，将系统切换到"草图与注释"界面。在键盘上按下〈Ctrl+V〉快捷键粘贴"电动机"图形，完成文件新建，如图1-30所示。

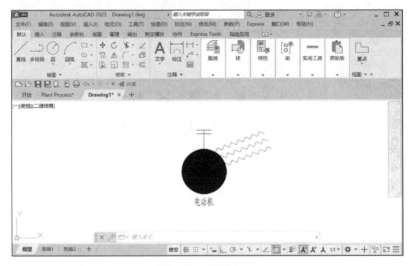

图1-30 新建文件

注：可以通过滚动鼠标滚轮，调整绘图区图形的显示大小。

（4）保存以"电动机"命名的文件

单击菜单栏"文件"→"保存"命令或者单击快速访问工具栏中的"保存"按钮 ，系统会弹出"图形另存为"对话框，如图1-31所示。

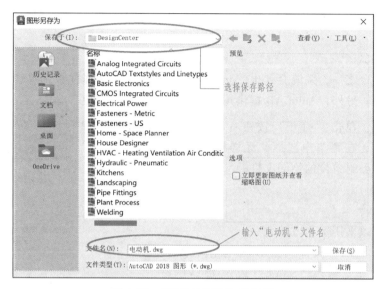

图1-31 "图形另存为"对话框

在"保存于"下拉列表框中选择保存的路径，在"文件名"文本框中输入"电动机 .dwg"，单击"保存"按钮，完成以"电动机.dwg"命名图形的保存。

1.3.2 任务注释

1. 打开文件

（1）输入命令

输入命令可以采用下列方法之一。

- 菜单栏：选取"文件"菜单→"打开"命令。
- 命令行：键盘输入"OPEN"。
- 快速访问工具栏：单击"打开"按钮 。
- 快捷键：〈Ctrl+O〉。

此外，单击左上角的"菜单浏览器" ，选择"打开"按钮 ，也可以打开文件。

（2）操作格式

执行上述命令之一，系统会弹出"选择文件"对话框，在"查找范围"中选择打开路径，单击"打开"按钮，将完成文件的打开。

2. 新建文件

（1）输入命令

输入命令可以采用下列方法之一。

- 菜单栏：选取"文件"菜单→"新建"命令。
- 命令行：键盘输入"NEW"或"QNEW"。
- 快速访问工具栏：单击"新建"按钮 。
- 快捷键：〈Ctrl+N〉。

此外，单击左上角的"菜单浏览器" ，选择"新建"按钮 ，也可以新建文件。

（2）操作格式

执行上述命令之一，系统会弹出"选择样板"对话框，选择样板，单击"打开"按钮，完成文件的新建。另外，AutoCAD 提供用户"无样板"方式创建图形文件的功能。单击"打开"按钮右侧的 ▼，打开如图 1-32 所示的按钮菜单，在菜单中选择"无样板打开-公制"选项，即可快速创建一个公制单位的绘图文件。

图 1-32　按钮菜单

3. 保存文件

（1）输入命令

输入命令可以采用下列方法之一。

- 菜单栏：选取"文件"菜单→"保存"命令。
- 命令行：键盘输入"SAVE"或"QSAVE"。
- 快速访问工具栏：单击"保存"按钮 。
- 快捷键：〈Ctrl+S〉。

此外，单击左上角的"菜单浏览器" ，选择"保存"按钮 ，也可以保存文件。

（2）操作格式

执行上述命令之一，系统会弹出"图形另存为"对话框，在"保存于"下拉列表框中可以指定保存文件的路径；在"文件类型"下拉列表框中可以指定文件类型。单击"保存"按钮，完成文件的保存。

任务1.4　命令输入方法

以图 1-33 所示图形为例，学习各种命令的输入方法与操作。

1.4.1　任务学习

学习绘制图 1-33 需用到的直线命令。

（1）输入直线命令

输入直线命令可以采用下列方式之一（命令的输入方式）。

- 工具栏：单击"绘图"工具栏"直线"按钮 。
- 菜单栏：选取"绘图"菜单→"直线"命令。
- 功能区：单击"默认"选项卡"绘图"面板中的"直线"按钮 。

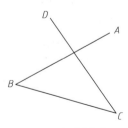

图 1-33　任意图形

- 命令行：键盘输入"LINE"或"L"。

（2）绘制图形

执行上述命令之一，系统提示如下：

指定第一点：(用鼠标在绘图区任意位置拾取第一点A)。

指定下一点或【放弃(U)】：(用鼠标在绘图区任意位置拾取第二点B)。

指定下一点或【放弃(U)】：(用鼠标在绘图区任意位置拾取第三点C)。

注：若对所画线段不满意，可在命令行中输入"UNDO"后按〈Enter〉键或输入"U"后按〈Enter〉键，撤销当前操作。

指定下一点或【闭合(C)/放弃(U)】：(用鼠标在绘图区任意位置拾取第四点D)。

注：绘图过程中可向前或向后滚动鼠标滚轮，实时缩放图形（鼠标执行命令）。

指定下一点或【闭合(C)/放弃(U)】：(按〈Esc〉键结束直线命令)。

若继续绘制直线，可以按〈Enter〉键或空格键（命令的撤销、重复和终止）。

1.4.2 任务注释

1. 命令的输入方式

AutoCAD命令的输入方式有多种。

1）在命令行中输入命令名。命令名不区分大小写，如绘制直线时，输入"LINE"，按〈Enter〉键。

2）在命令行中输入命令缩写字。如绘制直线时，输入"L"，按〈Enter〉键。

3）在菜单栏中选择命令。如绘制直线时，选取"绘图"菜单→"直线"命令。

4）单击工具栏上的对应图标。如绘制直线时，单击"绘图"工具栏的"直线"按钮▱。

5）单击功能区中对应的图标。如绘制直线时，单击"默认"选项卡"绘图"面板中的"直线"按钮▱。

2. 鼠标执行命令

在AutoCAD中，鼠标功能如表1-2所示。

表1-2 鼠标功能

鼠标键	操作方法	作用
左键	单击	拾取键
	双击	进入对象特性修改对话框
右键	在绘图区单击	弹出快捷菜单
	〈Shift〉键+单击	对象捕捉快捷菜单
	在工具栏中单击	快捷菜单
中间滚轮	滚动滚轮向前或向后	实时缩放
	按住滚轮不放并拖动	实时平移
	双击	缩放成实际范围

3. 命令的撤销、重复和终止

在 AutoCAD 中，可以方便地重复执行同一条指令，或撤销前面执行的一条指令或多条指令，也可在命令执行过程中终止任何指令。

（1）撤销命令

撤销命令可以采用下列方式之一。

- 菜单栏：选取"编辑"菜单→"放弃"命令。
- 命令行：键盘输入"UNDO"或"U"。
- 快速访问工具栏：单击"放弃"按钮 ⟵。

已撤销的命令可以恢复重做。要恢复最后撤销的一个命令，可以采用下列方式之一。

- 菜单栏：选取"编辑"菜单→"重做"命令。
- 命令行：键盘输入"REDO"。
- 快速访问工具栏：单击"重做"按钮 ⟶。

该命令可以一次执行多次撤销/重做操作。单击 ⟵ 或 ⟶ 旁边的列表箭头，可以选择要放弃或重做的操作。

（2）重复命令

要重复执行上一个命令，可以按〈Enter〉键或空格键，或在绘图区域右击，在弹出的快捷菜单中选择"重复"命令。

（3）终止命令

在命令执行过程中，可以随时按〈Esc〉键终止正在执行的任何命令。

任务1.5 配置绘图环境

1. 设置系统参数

使用 AutoCAD 2023 默认配置是可以绘图的，但用户可以根据自己的喜好和作图需要更改绘图系统的配置。更改配置可以采用下列方式之一。

- 菜单栏：选取"工具"菜单→"选项"命令。
- 命令行：键盘输入"PREFERENCES"或"OPTIONS"。
- 快捷菜单：在绘图区右击，在弹出的快捷菜单中选择"选项"命令。

执行上述命令之一，系统会弹出"选项"对话框，如图 1-34 所示。在对话框中有 10 个选项卡，分别为"文件""显示""打开和保存""打印和发布""系统""用户系统配置""绘图""三维建模""选择集""配置"。每个选项卡都有相应的配置选项，用户在开始作图前可以进行必要的配置。

2. 设置图形单位

在使用 AutoCAD 进行绘图前，首先要确定所需绘制图形的单位，创建的所有对象要根据图形单位进行测量。如图形单位可采用毫米或英寸等。在 AutoCAD 软件中，可通过如下方式打开"图形单位"对话框（如图 1-35 所示）。

- 菜单栏：选取"格式"菜单→"单位"命令。
- 命令行：键盘输入"UNITS"，按〈Enter〉键。

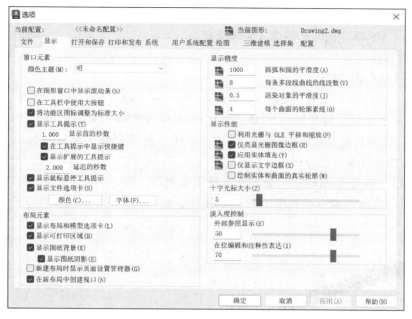

图 1-34 "选项"对话框

- 单击左上角的"菜单浏览器" ，选择"图形实用工具"→"单位"命令。

"图形单位"设置包括长度类型及精度、角度类型及精度、插入时缩放单位和光源强度的单位等内容。

3. 设置图形界限

图形界限是指绘图的区域，即用户定义的矩形边界，AutoCAD 软件中通过指定绘图区域的左下角点和右上角点来确定图形界限。

设置图形界限可以采用下列方式之一。

- 菜单栏：选取"格式"菜单→"图形界限"命令。
- 命令行：键盘输入"LIMITS"，按〈Enter〉键。

以 A4 图幅大小为例，执行上述命令之一，则系统提示如下：

图 1-35 "图形单位"对话框

> LIMITS 指定左下角点或【开（ON）关（OFF）】〈0.0000,0.0000〉:（按〈Enter〉键，默认坐标原点）。
> LIMITS 指定右上角点〈420.000,297.000〉:（输入"297,210"，按〈Enter〉键）。

注："开（ON）"选项即打开界限检查，当界限检查打开时，将无法在图形界限外绘制任何图形；"关（OFF）"选项即关闭界限检查，可以在图形界限以外绘制或指定对象。

任务 1.6　综合练习

一、利用安装目录下的"Sample/zh-CN/DesignCenter/Plant Process. dwg"完成"传送带-滚动式"图形（如图 1-36 所示）文件的相关操作。

1. 目标

熟悉 AutoCAD 2023 的操作界面及文件管理。

2. 操作内容

1）启动 AutoCAD 2023。

2）打开"Sample/zh-CN/DesignCenter/Plant Process. dwg"文件。

3）新建一个文件，将"Sample/zh-CN/DesignCenter/Plant Process. dwg"文件中的"传送带-滚动式"图形复制并粘贴到新的文件中。要求：新建文件工作空间为"草图与注释"工作界面；绘图区背景颜色为白色。

4）保存以"传送带-滚动式"命名的文件于桌面。

二、利用"直线"命令绘制图 1-37 所示图形，练习命令的输入与操作。

图 1-36　传送带-滚动式

图 1-37　任意图形

1. 目标

熟悉 AutoCAD 2023 软件中命令的输入与操作。

2. 操作内容

1）输入"直线"命令。

2）绘制图形。复习命令的撤销、终止与重复操作。

3）绘图区背景颜色为黑色。

4）保存图形文件并关闭 AutoCAD 2023。

项目 2

绘制平面图形

知识目标

1. 学会直线命令与删除命令
2. 能区分直线距离输入、相对极坐标输入和相对直角坐标输入的应用场合
3. 学会圆命令、修剪命令和偏移命令，理解对象捕捉的含义
4. 学会阵列命令和旋转命令，理解阵列的含义
5. 学会多边形命令和椭圆命令
6. 区别多边形创建中的内接圆与外切圆
7. 理解面域的含义，学会复制命令和缩放命令
8. 理解面域的布尔运算
9. 学会点样式设置和点命令
10. 区别测量点和等分点
11. 理解倒角与圆角的区别与含义
12. 掌握复杂平面图形的绘制方法
13. 理解镜像的含义，学会镜像命令
14. 学会圆弧（椭圆弧）、延伸、移动和拉伸命令

技能目标

1. 了解平面图形的一般绘制过程
2. 掌握直线命令与删除命令的操作方法
3. 掌握对象捕捉的设置方法
4. 掌握圆命令、修剪命令和偏移命令的操作方法
5. 掌握6种圆的绘制方法
6. 掌握矩形阵列、环形阵列和旋转命令的操作方法
7. 掌握多边形和椭圆的多种创建方法
8. 掌握复制命令和缩放命令的操作方法
9. 掌握点的创建方法
10. 掌握圆角命令和倒角命令的操作方法

11. 训练学生处理复杂问题的分析能力
12. 掌握镜像命令的操作方法
13. 掌握圆弧（椭圆弧）、延伸、移动和拉伸命令的操作方法

▣▶ 素养目标

1. 通过平面图形绘制训练，在实践中注重学思结合、知行统一
2. 培养学生认真、细致、一丝不苟的工作作风和精益求精的职业精神
3. 培养学生勇于探索的精神

▣▶ 参考学时

28

任务 2.1 绘制平面图形（一）——学习直线、删除命令

直线与删除命令作为 AutoCAD 学习的第一步，至关重要，其操作过程往往会在任何一个图形绘制中采用。本任务将以绘制如图 2-1 所示的平面图形（一）开始，说明直线、删除命令的绘制技巧与方法。

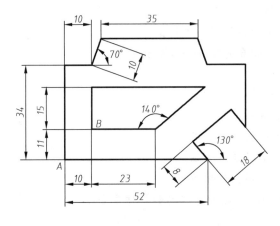

图 2-1　平面图形（一）

2.1.1　任务学习

1. 绘制外框

2-1　绘制外框

1）单击"绘图"工具栏上的"直线"按钮 ，或单击菜单栏"绘图"→"直线"命令，命令行提示（直线命令）：

指定第一点：(输入起始点)（用鼠标在绘图区任意位置拾取一点 A）。

指定下一点或【放弃(U)】：(单击状态栏上的"正交"按钮 ⌐ ，向上移动光标确定直线前进方向，输入"34"（直线距离输入法），按〈Enter〉键）。

指定下一点或【闭合(C)/放弃(U)】：(向右移动光标，输入"10"，按〈Enter〉键)。

指定下一点或【闭合(C)/放弃(U)】:(向上移动光标输入"@ 10<70"(相对极坐标输入法),按〈Enter〉键)。

指定下一点或【闭合(C)/放弃(U)】:(向右移动光标,输入"35",按〈Enter〉键)。

指定下一点或【闭合(C)/放弃(U)】:(向下移动光标,输入"@ 10<-70",按〈Enter〉键)。

指定下一点或【闭合(C)/放弃(U)】:(向右移动光标,输入"35",按〈Enter〉键)。

指定下一点或【闭合(C)/放弃(U)】:(按〈Enter〉键或〈Esc〉键)。

2）单击"绘图"工具栏上的"直线"按钮 ✏️，命令行提示:

指定第一点:(拾取 A 点)。

注: 为了能捕捉到 A 点，状态栏上的"对象捕捉"按钮 ⊡ 要处于打开状态。

指定下一点或【放弃(U)】:(向右移动光标,输入"52",按〈Enter〉键)。

指定下一点或【闭合(C)/放弃(U)】:(输入"@ 8<130",按〈Enter〉键)。

指定下一点或【闭合(C)/放弃(U)】:(输入"@ 18<40",按〈Enter〉键)。

指定下一点或【闭合(C)/放弃(U)】:(输入"@ 8<-50",按〈Enter〉键)。

注: 命令行中"@ 18<40"的角度 40°与"@ 8<-50"中的角度 50°分别可由图 2-2a 和图 2-2b 得出。

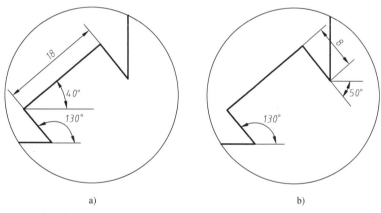

图 2-2　局部绘制示例

a）角度为 40°　b）角度为 50°

指定下一点或【闭合(C)/放弃(U)】:(向上移动光标,输入"30",按〈Enter〉键)。

指定下一点或【闭合(C)/放弃(U)】:(按〈Enter〉键或〈Esc〉键)。

3）选取要缩短的线段 CD，如图 2-3 所示。

在对象中选择夹点 C，如图 2-3a 所示，此时夹点随鼠标的移动而移动。命令行提示:

指定拉伸点或［基点(B)/复制(C)/放弃(U)/退出(X)］:(移动 C 点到交点 G 的位置时,单击,即可把夹点缩短到 G 位置)。

结果如图 2-3b 所示。

4）选取要缩短的线段 EF。

在对象中选择夹点 E，如图 2-3c 所示，此时夹点随鼠标的移动而移动。命令行提示:

指定拉伸点或［基点（B）/复制（C）/放弃（U）/退出（X）］：（移动 E 点到交点 G 的位置时，单击，即可把夹点缩短到 G 位置）。

结果如图 2-3d 所示。

5）按〈Esc〉键，完成外框的绘制。

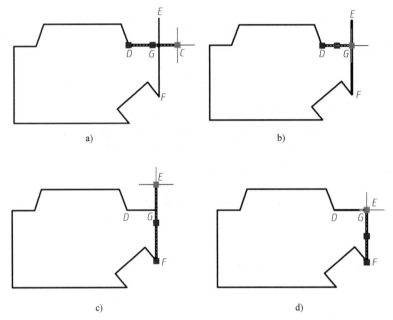

图 2-3　夹点的移动

a）选择夹点 C　b）缩短线段 DC　c）选择夹点 E　d）缩短线段 EF

2. 绘制内框

1）单击"绘图"工具栏上的"直线"按钮，命令行提示：

2-2　绘制内框

指定第一点：（用鼠标在绘图区拾取 A 点）。
指定下一点或【放弃（U）】：（输入"@ 10,11"，按〈Enter〉键，确定 B 点）（相对直角坐标输入法）。
指定下一点或【闭合（C）/放弃（U）】：（向上移动光标，输入"15"，按〈Enter〉键）。
指定下一点或【闭合（C）/放弃（U）】：（向右移动光标，输入"50"，按〈Enter〉键）。

注： 此相对长度可任意输入。

指定下一点或【放弃（U）】：（按〈Enter〉键或〈Esc〉键）。

2）单击"绘图"工具栏上的"直线"按钮，命令行提示：

指定第一点：（拾取 B 点）。
指定下一点或【放弃（U）】：（向右移动光标，输入"23"，按〈Enter〉键）。
指定下一点或【闭合（C）/放弃（U）】：（输入"@ 30<40"，按〈Enter〉键）。
指定下一点或【闭合（C）/放弃（U）】：（按〈Enter〉键或〈Esc〉键）。

3）使用夹点，实现线段缩放，完成内框的绘制。

4) 选取 *AB* 线段，单击"修改"工具栏上的按钮 ，删除直线，完成图 2-1 所示平面图形（一）的绘制（删除命令）。

2.1.2 任务注释

1. 直线命令

该命令用于绘制直线。以图 2-4 为例，其操作步骤如下。

（1）输入命令

输入命令可以采用下列方法之一。

- 工具栏：单击"绘图"工具栏"直线"按钮 。
- 菜单栏：选取"绘图"菜单→"直线"命令。
- 功能区：单击"默认"选项卡"绘图"面板中的"直线"按钮 。
- 命令行：键盘输入"L"。

（2）操作格式

执行上述命令之一，将状态栏上的"动态输入"按钮 关闭，则系统提示如下：

> 指定第一点:(在命令行中输入"30,40",按〈Enter〉键)。
> 指定下一点或【放弃(U)】:(输入"50,70",按〈Enter〉键)。
> 指定下一点或【闭合(C)/放弃(U)】:(输入"30,90",按〈Enter〉键)。
> 指定下一点或【闭合(C)/放弃(U)】:(输入"C",按〈Enter〉键,自动封闭三角形并退出命令)。

结果如图 2-4 所示。

（3）说明

1) 绘制直线时，在"指定下一点或【闭合（C）/放弃（U）】"提示后，若输入"U"，将取消上一条直线，连续操作可依次删除本次执行命令所画的多条直线；若输入"C"，使连续直线自动封闭（条件：执行直线命令时，已经至少输入 3 个点）。

2) 图 2-4 采用的是绝对坐标输入的方法。输入绝对坐标前，务必关闭状态栏上的"动态输入"按钮 ，或者按<F12>键关闭动态输入功能。

2. 直线距离输入法

直线距离输入法：当命令行提示指定下一点时，先移动鼠标确定方向，再输入移动距离值，即可在此方向上确定一点，且这一点与前一点的距离等于前面输入的距离，按〈Enter〉键确定。

如果运用直线距离输入法绘制图 2-5 所示图形，其操作步骤如下。

2-3 直线命令—绝对坐标输入法

2-4 直线命令—直线距离输入法

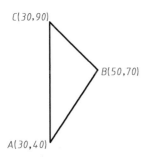

图 2-4 绘制直线示例

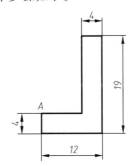

图 2-5 直线距离输入法绘制示例

单击"绘图"工具栏上的"直线"按钮 或键盘输入"L"，命令行提示：

指定第一点：(输入起始点)(用鼠标在绘图区任意位置确定一点 A)。

指定下一点或【放弃(U)】：(单击状态栏上的"正交"按钮,向下移动光标确定直线前进方向,输入"4",按〈Enter〉键)。

指定下一点或【闭合(C)/放弃(U)】：(向右移动光标,输入"12",按〈Enter〉键)。

指定下一点或【闭合(C)/放弃(U)】：(向上移动光标,输入"19",按〈Enter〉键)。

指定下一点或【闭合(C)/放弃(U)】：(向左移动光标,输入"4",按〈Enter〉键)。

指定下一点或【闭合(C)/放弃(U)】：(向下移动光标,输入"15",按〈Enter〉键)。

指定下一点或【闭合(C)/放弃(U)】：(输入"C",按〈Enter〉键)。

完成图 2-5 的绘制。

注：在"正交"模式 下，可以方便地绘制与 X 轴或 Y 轴平行的水平线或垂直线。

3. 相对极坐标输入法

形式：@ R<α。

含义：极半径 R——输入点相对于前一个输入点的距离；极角 α——输入点与前一输入点的连线与 X 轴正向的夹角（注：AutoCAD 中系统默认逆时针为正，极角 α 有正负）。

如果已知线段长度和角度，可以利用相对极坐标输入法方便地绘制线段，如图 2-6 所示。如果 A 点为前一点，则 B 点的相对坐标为"@ 50<37"；如果 B 为前一点，则 A 点的相对坐标为"@ 50<-143"或"@ 50<217"。

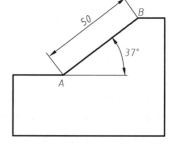

图 2-6 相对极坐标输入法绘制示例

4. 夹点拉伸功能

夹点是一些实心的蓝色小方框。使用鼠标指定对象时，对象的关键点上会出现夹点。拖动这些夹点可以快速拉伸对象。

用夹点拉伸对象的操作步骤如下：

1）选取要拉伸的对象，如图 2-7a 所示。

2）在对象中选择夹点，此时夹点随鼠标的移动而移动，如图 2-7b 所示。系统提示如下：

指定拉伸点或［基点(B)/复制(C)/放弃(U)/退出(X)］：

各选项的功能如下。

- "指定拉伸点"：用于指定拉伸的目标点。
- "基点"：用于指定拉伸的基点。
- "复制"：用于在拉伸对象的同时复制对象。
- "放弃"：用于取消上次的操作。
- "退出"：退出夹点拉伸对象的操作。

3）移动到如图 2-7c 所示的目标位置时，单击，即可把夹点移动到目标位置，如图 2-7d 所示。

2-5 直线命令—相对极坐标输入法

2-6 夹点的使用

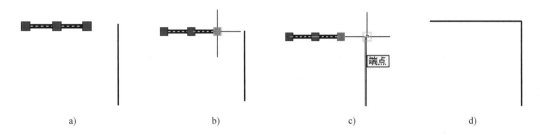

图 2-7 夹点拉伸对象示例

a）选取要拉伸的对象 b）选择要移动的夹点 c）移动到目标位置 d）拉伸效果

5. 相对直角坐标输入法

形式：@ X，Y

含义：$X(Y)$——输入点相对于前一输入点在 $X(Y)$ 方向上的增量。

注：X 坐标向右为正，向左为负；Y 坐标向上为正，向下为负。

如图 2-8 所示，如果 A 点为前一点，则 B 点的相对坐标为 "@ 40，30"；如果 B 为前一点，则 A 点的相对坐标为 "@ -40，-30"。

6. 删除命令

该命令可以删除指定的对象。

（1）输入命令

输入命令可以采用下列方法之一。

2-7 直线命令——相对直角坐标输入法

- 工具栏：单击"修改"工具栏"删除"按钮 。
- 菜单栏：选取"修改"菜单→"删除"命令。
- 功能区：单击"默认"选项卡"修改"面板中的"删除"按钮 。

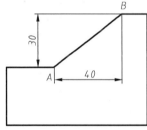

图 2-8 相对直角坐标输入法绘制示例

- 命令行：键盘输入 "ERASE"。
- 键盘：〈Del〉。

（2）操作格式

执行上述命令之一，则命令行提示如下：

选择对象：(选择所要删除的对象)。

选择对象：(按〈Enter〉键或继续选择对象)。

结束删除命令。

2-8 删除命令

2.1.3 知识拓展

1. 综合运用直线距离输入法和相对直角坐标输入法

综合运用直线距离输入法和相对直角坐标输入法，完成图 2-9 的绘制。

（1）绘制外框

单击"绘图"工具栏上的"直线"按钮 ，或单击菜单栏"绘图"→"直线"命令，命令行提示：

指定第一点:(输入起始点)(用鼠标在绘图区任意位置拾取一点A)。

指定下一点或【放弃(U)】:(向上移动光标,输入"44",按〈Enter〉键)。

指定下一点或【闭合(C)/放弃(U)】:(向右移动光标,输入"77",按〈Enter〉键)。

指定下一点或【闭合(C)/放弃(U)】:(向下移动光标,输入"34",按〈Enter〉键)。

指定下一点或【闭合(C)/放弃(U)】:(向左移动光标,输入"47",按〈Enter〉键)。

指定下一点或【闭合(C)/放弃(U)】:(向下移动光标,输入"10",按〈Enter〉键)。

指定下一点或【闭合(C)/放弃(U)】:(输入"C",按〈Enter〉键)。

注：绘图中状态栏上的"正交" ⌐ 功能必须处于打开状态。

（2）绘制内框

1）单击"绘图"工具栏上的"直线"按钮 ／，或单击菜单栏"绘图"→"直线"命令，命令行提示：

指定第一点:(拾取A点,绘图中状态栏上的"对象捕捉"须处于打开状态)。

指定下一点或【放弃(U)】:(输入"@10,6"确定B点,按〈Enter〉键)。

指定下一点或【闭合(C)/放弃(U)】:(向上移动光标,输入"34",按〈Enter〉键)。

指定下一点或【闭合(C)/放弃(U)】:(向右移动光标,输入"15",按〈Enter〉键)。

指定下一点或【闭合(C)/放弃(U)】:(向下移动光标,输入"5",按〈Enter〉键)。

指定下一点或【闭合(C)/放弃(U)】:(向右移动光标,输入"35",按〈Enter〉键)。

指定下一点或【闭合(C)/放弃(U)】:(向上移动光标,输入"5",按〈Enter〉键)。

指定下一点或【闭合(C)/放弃(U)】:(向右移动光标,输入"12",按〈Enter〉键)。

指定下一点或【闭合(C)/放弃(U)】:(向下移动光标,输入"24",按〈Enter〉键)。

指定下一点或【闭合(C)/放弃(U)】:(向左移动光标,输入"12",按〈Enter〉键)。

指定下一点或【闭合(C)/放弃(U)】:(向上移动光标,输入"5",按〈Enter〉键)。

指定下一点或【闭合(C)/放弃(U)】:(向左移动光标,输入"35",按〈Enter〉键)。

指定下一点或【闭合(C)/放弃(U)】:(向下移动光标,输入"15",按〈Enter〉键)。

指定下一点或【闭合(C)/放弃(U)】:(向左移动光标,输入"15",按〈Enter〉键)。

指定下一点或【闭合(C)/放弃(U)】:(按〈Enter〉键或〈Esc〉键)。

2）选取AB线段，删除直线，完成图2-9的绘制。

2. 综合运用相对极坐标输入法与夹点拉伸功能

综合运用相对极坐标输入法与夹点拉伸功能，完成图2-10的绘制。

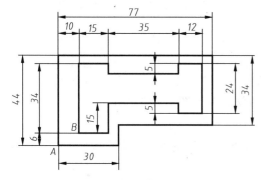

图2-9　拓展练习图一

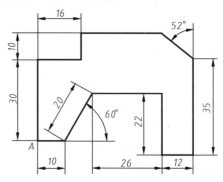

图2-10　拓展练习图二

1) 单击"绘图"工具栏上的"直线"按钮 ✏，或单击菜单栏"绘图"→"直线"命令，命令行提示：

指定第一点：(输入起始点)(用鼠标在绘图区任意位置拾取点 A)。

指定下一点或【放弃(U)】：(向上移动光标，输入"30"，按〈Enter〉键)。

指定下一点或【闭合(C)/放弃(U)】：(向右移动光标，输入"16"，按〈Enter〉键)。

指定下一点或【闭合(C)/放弃(U)】：(向上移动光标，输入"10"，按〈Enter〉键)。

指定下一点或【闭合(C)/放弃(U)】：(向右移动光标，输入"40"，按〈Enter〉键，此相对长度可任意指定)。

指定下一点或【闭合(C)/放弃(U)】：(按〈Enter〉键或〈Esc〉键)。

(按空格键或〈Enter〉键，重复直线命令操作)。

指定第一点：(拾取 A 点，绘图中状态栏上的"对象捕捉"须处于打开状态)。

指定下一点或【放弃(U)】：(向右移动光标，输入"10"，按〈Enter〉键)。

指定下一点或【闭合(C)/放弃(U)】：(输入"@20<60"，按〈Enter〉键)。

指定下一点或【闭合(C)/放弃(U)】：(向右移动光标，输入"26"，按〈Enter〉键)。

指定下一点或【闭合(C)/放弃(U)】：(向下移动光标，输入"22"，按〈Enter〉键)。

指定下一点或【闭合(C)/放弃(U)】：(向右移动光标，输入"12"，按〈Enter〉键)。

指定下一点或【闭合(C)/放弃(U)】：(向上移动光标，输入"35"，按〈Enter〉键)。

指定下一点或【闭合(C)/放弃(U)】：(输入"@30<142"，按〈Enter〉键，此相对长度可任意指定)。

2) 运用夹点缩短多余线段，完成图 2-10 的绘制。

2.1.4 课后练习

绘制如图 2-11 所示平面图形。

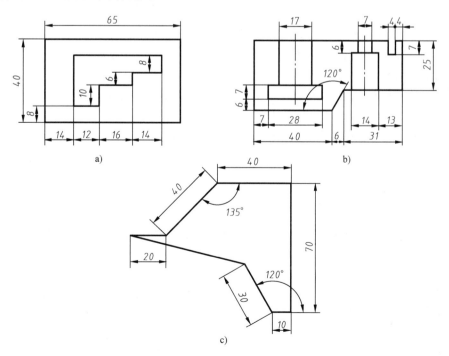

图 2-11 课后练习图

任务2.2 绘制平面图形（二）——学习对象捕捉及圆、修剪和偏移命令

本任务将以绘制如图2-12所示的平面图形（二）开始，说明对象捕捉、圆、修剪和偏移命令的使用。

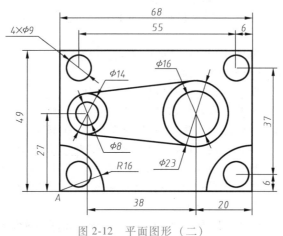

图2-12 平面图形（二）

2.2.1 任务学习

2-9 绘制矩形与确定圆心

1. 绘制矩形框

单击"绘图"工具栏上的"直线"按钮 ，命令行提示：

> 指定第一点：(输入起始点)(用鼠标在绘图区任意位置确定一点A)。
>
> 指定下一点或【放弃(U)】：(激活状态栏上的"正交"按钮 ，向上移动光标确定直线前进方向，输入"49"，按〈Enter〉键)。
>
> 指定下一点或【闭合(C)/放弃(U)】：(向右移动光标，输入"68"，按〈Enter〉键)。
> 指定下一点或【闭合(C)/放弃(U)】：(向下移动光标，输入"49"，按〈Enter〉键)。
> 指定下一点或【闭合(C)/放弃(U)】：(输入"C"，按〈Enter〉键)。

完成矩形框的绘制。

2. 确定圆心位置

（1）确定$\phi9$圆心位置

1）单击"修改"工具栏上的"偏移"按钮 ，或单击菜单栏"修改"→"偏移"命令，命令行提示（偏移命令）：

> 指定偏移距离或[通过(T)/删除(E)/图层(L)]<1.0000>：(输入"6"，按〈Enter〉键)。
> 指定要偏移的对象，或[退出(E)/放弃(U)]<退出>：(单击，选取矩形框下侧直线)。
> 指定要偏移的那一侧上的点，或[退出(E)/多个(M)/放弃(U)]<退出>：(光标向上移动，单击)。
> 指定要偏移的对象，或[退出(E)/放弃(U)]<退出>：(按〈Enter〉键或〈Esc〉键)。

2）单击"修改"工具栏上的"偏移"按钮 ⊂，或单击菜单栏"修改"→"偏移"命令，命令行提示：

指定偏移距离或[通过(T)/删除(E)/图层(L)]<1.0000>：(输入"37"，按〈Enter〉键)。
指定要偏移的对象，或［退出（E)/放弃（U)]<退出>：(单击，选取上一条直线)。
指定要偏移的那一侧上的点，或［退出（E)/多个（M)/放弃（U)]<退出>：（光标向上移动，单击）。
指定要偏移的对象，或［退出（E)/放弃（U)]<退出>：(按〈Enter〉键或〈Esc〉键)。

3）单击"修改"工具栏上的"偏移"按钮 ⊂，或单击菜单栏"修改"→"偏移"命令，命令行提示：

指定偏移距离或[通过(T)/删除(E)/图层(L)]<1.0000>：(输入"6"，按〈Enter〉键)。
指定要偏移的对象，或［退出（E)/放弃（U)]<退出>：(单击，选取右侧直线)。
指定要偏移的那一侧上的点，或［退出（E)/多个（M)/放弃（U)]<退出>：（光标向左移动，单击）。
指定要偏移的对象，或［退出（E)/放弃（U)]<退出>：(按〈Enter〉键或〈Esc〉键)。

4）单击"修改"工具栏上的"偏移"按钮 ⊂，或单击菜单栏"修改"→"偏移"命令，命令行提示：

指定偏移距离或[通过(T)/删除(E)/图层(L)]<1.0000>：(输入"55"，按〈Enter〉键)。
指定要偏移的对象，或［退出（E)/放弃（U)]<退出>：(单击，选取上一条直线)。
指定要偏移的那一侧上的点，或［退出（E)/多个（M)/放弃（U)]<退出>：（光标向左移动，单击）。
指定要偏移的对象，或［退出（E)/放弃（U)]<退出>：(按〈Enter〉键或〈Esc〉键)。

完成 $\phi9$ 圆心位置的确定，如图 2-13a 所示。

（2）确定 $\phi16$、$\phi14$、$\phi8$ 和 $\phi23$ 圆心位置

1）单击"修改"工具栏上的"偏移"按钮 ⊂，或单击菜单栏"修改"→"偏移"命令，命令行提示：

指定偏移距离或[通过(T)/删除(E)/图层(L)]<1.0000>：(输入"27"，按〈Enter〉键)。
指定要偏移的对象，或[退出(E)/放弃(U)]<退出>：(单击，选取矩形框下侧直线)。
指定要偏移的那一侧上的点，或[退出(E)/多个(M)/放弃(U)]<退出>：(光标向上移动，单击)。
指定要偏移的对象，或[退出(E)/放弃(U)]<退出>：(按〈Enter〉键或〈Esc〉键)。

2）单击"修改"工具栏上的"偏移"按钮 ⊂，或单击菜单栏"修改"→"偏移"命令，命令行提示：

指定偏移距离或[通过(T)/删除(E)/图层(L)]<1.0000>：(输入"20"，按〈Enter〉键)。
指定要偏移的对象，或[退出(E)/放弃(U)]<退出>：(单击，选取矩形框右侧直线)。
指定要偏移的那一侧上的点，或[退出(E)/多个(M)/放弃(U)]<退出>：(光标向左移动，单击)。
指定要偏移的对象，或[退出(E)/放弃(U)]<退出>：(按〈Enter〉键或〈Esc〉键)。

3）单击"修改"工具栏上的"偏移"按钮⊆，或单击菜单栏"修改"→"偏移"命令，命令行提示：

指定偏移距离或［通过（T）/删除（E）/图层（L）］<1.0000>:（输入"38"，按〈Enter〉键）。

指定要偏移的对象，或［退出（E）/放弃（U）］<退出>:（单击，选取上一条直线）。

指定要偏移的那一侧上的点，或［退出（E）/多个（M）/放弃（U）］<退出>:（光标向左移动，单击）。

指定要偏移的对象，或［退出（E）/放弃（U）］<退出>:（按〈Enter〉键或〈Esc〉键）。

完成 φ16、φ14、φ8 和 φ23 圆心位置的确定，如图 2-13b 所示。

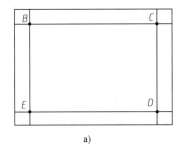
a)

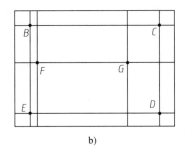
b)

图 2-13　确定圆心位置

a) φ9 圆心位置的确定　b) φ16、φ14、φ8 和 φ23 圆心位置的确定

2-10　绘制圆、
圆弧和切线

3. 绘制圆

（1）绘制 φ9 圆

1）单击"绘图"工具栏上的"圆"按钮⊘，或单击菜单栏"绘图"→"圆"命令，命令行提示（圆命令）：

指定圆的圆心或［三点（3P）/两点（2P）/相切、相切、半径（T）］:（拾取图 2-13b 所示 B 点，并确定状态栏上的"对象捕捉"处于打开状态）。

指定圆的半径或［直径（D）］:（输入"4.5"，按〈Enter〉键）。

2）单击"绘图"工具栏上的"圆"按钮⊘，或单击菜单栏"绘图"→"圆"命令，命令行提示：

指定圆的圆心或［三点（3P）/两点（2P）/相切、相切、半径（T）］:（拾取 C 点）。

指定圆的半径或［直径（D）］:（输入"4.5"，按〈Enter〉键）。

3）单击"绘图"工具栏上的"圆"按钮⊘，或单击菜单栏"绘图"→"圆"命令，命令行提示：

指定圆的圆心或［三点（3P）/两点（2P）/相切、相切、半径（T）］:（拾取 D 点）。

指定圆的半径或［直径（D）］:（输入"4.5"，按〈Enter〉键）。

4）单击"绘图"工具栏上的"圆"按钮⊘，或单击菜单栏"绘图"→"圆"命令，命令行提示：

指定圆的圆心或[三点(3P)/两点(2P)/相切、相切、半径(T)]:(拾取 E 点)。

指定圆的半径或[直径(D)]:(输入"4.5",按〈Enter〉键)。

（2）绘制 ϕ16、ϕ14、ϕ8 和 ϕ23 圆

1）单击"绘图"工具栏上的"圆"按钮 ⊘，或单击菜单栏"绘图"→"圆"命令，命令行提示：

指定圆的圆心或[三点(3P)/两点(2P)/相切、相切、半径(T)]:(拾取 F 点)。

指定圆的半径或[直径(D)]:(输入"7",按〈Enter〉键)。

2）单击"绘图"工具栏上的"圆"按钮 ⊘，或单击菜单栏"绘图"→"圆"命令，命令行提示：

指定圆的圆心或[三点(3P)/两点(2P)/相切、相切、半径(T)]:(拾取 F 点)。

指定圆的半径或[直径(D)]:(输入"4",按〈Enter〉键)。

3）单击"绘图"工具栏上的"圆"按钮 ⊘，或单击菜单栏"绘图"→"圆"命令，命令行提示：

指定圆的圆心或[三点(3P)/两点(2P)/相切、相切、半径(T)]:(拾取 G 点)。

指定圆的半径或[直径(D)]:(输入"8",按〈Enter〉键)。

4）单击"绘图"工具栏上的"圆"按钮 ⊘，或单击菜单栏"绘图"→"圆"命令，命令行提示：

指定圆的圆心或[三点(3P)/两点(2P)/相切、相切、半径(T)]:(拾取 G 点)。

指定圆的半径或[直径(D)]:(输入"11.5",按〈Enter〉键)。

完成圆的绘制，如图 2-14 所示。

4. 绘制 R16 圆弧

1）单击"绘图"工具栏上的"圆"按钮 ⊘，或单击菜单栏"绘图"→"圆"命令，命令行提示：

指定圆的圆心或[三点(3P)/两点(2P)/相切、相切、半径(T)]:(拾取矩形框左下角交点)。

指定圆的半径或[直径(D)]:(输入"16",按〈Enter〉键)。

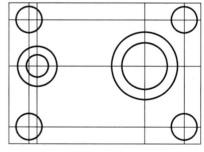

图 2-14 圆的绘制

2）单击"绘图"工具栏上的"圆"按钮 ⊘，或单击菜单栏"绘图"→"圆"命令，命令行提示：

指定圆的圆心或[三点(3P)/两点(2P)/相切、相切、半径(T)]:(拾取矩形框右下角交点)。

指定圆的半径或[直径(D)]:(输入"16",按〈Enter〉键)。

3）单击"修改"工具栏上的"修剪"按钮，或单击菜单栏"修改"→"修剪"命令，命令行提示（修剪命令）：

［剪切边（T）/窗交（C）/模式（O）/投影（P）/删除（R）］：(单击,选取要修剪的第一个圆弧,如图2-15a所示;再单击,选取要修剪的第二个圆弧,如图2-15b所示;按〈Enter〉键或〈Esc〉键)。

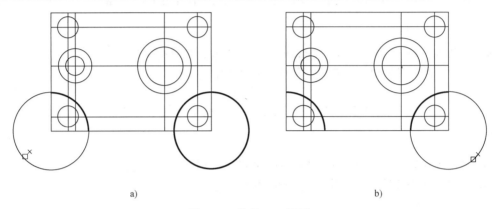

a)   b)

图 2-15   修剪 R16 圆弧

a）选取第一个要修剪的圆弧   b）选取第二个要修剪的圆弧

完成 R16 圆弧的绘制。

5. 切线的绘制

单击状态栏"对象捕捉"按钮右侧的下拉箭头，系统弹出快捷菜单，如图 2-16 所示。仅选中"切点"对象捕捉模式，或者单击快捷菜单中的"对象捕捉设置"，弹出"草图设置"对话框，切换到"对象捕捉"选项卡，单击"全部清除"，然后选中"切点"对象捕捉模式，如图 2-17 所示。单击"确定"按钮，退出对象捕捉的设置。

图 2-16   快捷菜单

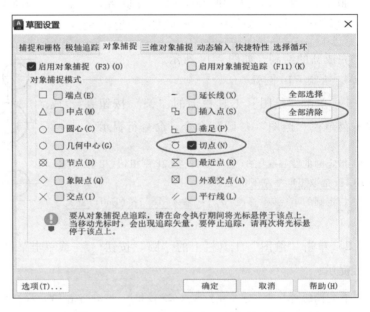

图 2-17   对象捕捉设置

1）单击"绘图"工具栏上的"直线"按钮 ，命令行提示：

指定第一点:("对象捕捉"处于打开状态,在直径为14mm的上半圆弧任意位置单击)。
指定下一点或【放弃(U)】:(在直径为23mm的上半圆弧任意位置单击,按〈Enter〉键或〈Esc〉键)。
(按空格键或〈Enter〉键,重复直线命令操作)。
指定第一点:("对象捕捉"处于打开状态,在直径为14mm的下半圆弧任意位置单击)。
指定下一点或【放弃(U)】:(在直径为23mm的下半圆弧任意位置单击,按〈Enter〉键或〈Esc〉键)。

完成切线的绘制。

2）单击"修改"工具栏上的 ，删除多余直线，完成图 2-12 所示平面图形（二）的绘制。

2.2.2 任务注释

1. 偏移命令

该命令指将选定的线、圆、弧等对象做同心偏移复制，以图 2-18a 为例，其操作步骤如下。

（1）输入命令

输入命令可以采用下列方法之一：

- 工具栏：单击"修改"工具栏的"偏移"按钮 。
- 菜单栏：选取"修改"菜单→"偏移"命令。
- 功能区：单击"默认"选项卡"修改"面板中的"偏移"按钮 。
- 命令行：键盘输入"OFFSET"或"O"。

2-11 偏移命令

（2）操作格式

执行上述命令之一，系统提示如下：

指定偏移距离或[通过(T)/删除(E)/图层(L)]<1.0000>:(输入"10",按〈Enter〉键)。
指定要偏移的对象,或[退出(E)/放弃(U)]<退出>:(单击,选取直线)。
指定要偏移的那一侧上的点,或[退出(E)/多个(M)/放弃(U)]<退出>:(光标移动到偏移的一侧,如图2-18b所示,单击)。
指定要偏移的对象,或[退出(E)/放弃(U)]<退出>:(按〈Enter〉键或〈Esc〉键,结束命令)。

完成直线的偏移，如图 2-18c 所示。

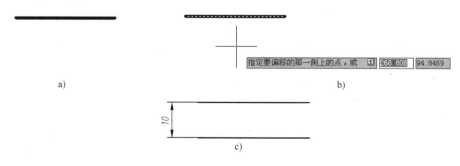

图 2-18 偏移命令示例

a）被偏移的直线 b）选择偏移的一侧 c）偏移后的效果

（3）说明

在偏移命令使用中，过一点作某直线的平行线时，以图2-19a为例，将操作如下。

单击"修改"工具栏上的"偏移"按钮，命令行提示：

指定偏移距离或［通过(T)/删除(E)/图层(L)］<1.0000>：(输入"T"，按〈Enter〉键)。
指定要偏移的对象，或［退出(E)/放弃(U)］<退出>：(单击，选取直线)。
指定通过点或［退出(E)/多个(M)/放弃(U)］：(拾取M点)。
指定要偏移的对象，或［退出(E)/放弃(U)］<退出>：(按〈Enter〉键或〈Esc〉键)。

完成直线的偏移，如图2-19所示。

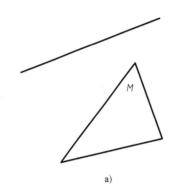 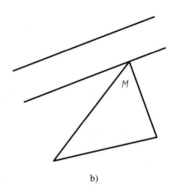

a)   b)

图 2-19   通过点方式偏移示例

a）偏移前   b）偏移效果

2. 圆命令

该命令用于绘制圆。以图2-20为例，其操作步骤如下。

（1）输入命令

输入命令可以采用下列方法之一。

- 工具栏：单击"绘制"工具栏的"圆"按钮。
- 菜单栏：选取"绘制"菜单→"圆"命令。
- 功能区：单击"默认"选项卡"绘图"面板中的"圆"按钮。
- 命令行：键盘输入"C"。

2-12 圆命令—
圆心、半径和
圆心、直径

（2）操作格式

指定圆的圆心或［三点(3P)/两点(2P)/相切、相切、半径(T)］：(用鼠标在绘图区任意位置拾取一点)。
指定圆的半径或［直径(D)］：(输入"16"，按〈Enter〉键)。

（3）说明

在 AutoCAD 中，绘制圆除了"圆心、半径"绘制方法外，还提供了其他5种方式，如图2-21所示。

1）指定"圆心、直径"绘制圆。仍以图2-20为例，在系统提示"指定圆的半径或［直径（D）］"时，输入"D"，按〈Enter〉键。

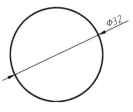

图 2-20 绘制圆示例

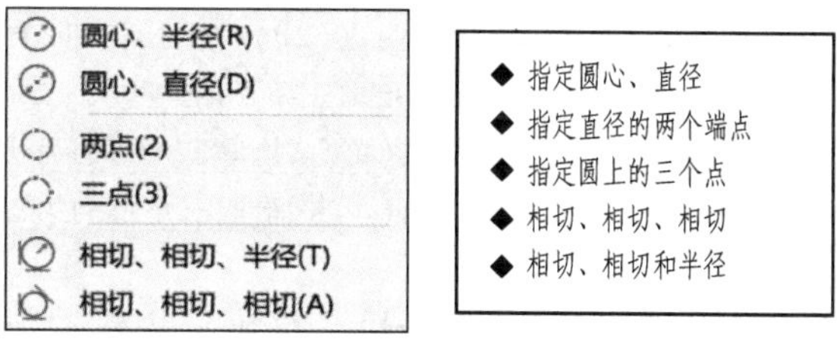

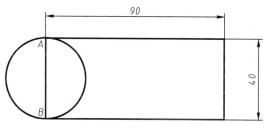

图 2-21 绘制圆的几种方式

指定圆的直径：(输入"32"，按〈Enter〉键)。

注：直接单击"圆心、直径"按钮 圆心、直径(D)，可实现同样操作。

2）指定"直径的两个端点"绘制圆。绘制如图 2-22 所示圆时，可按以下步骤操作。

2-13 圆命令—
指定直径的
两个端点

图 2-22 指定"直径的两个端点"绘制圆示例

单击工具栏"圆"按钮 ，命令行提示：

指定圆的圆心或［三点（3P）/两点（2P）/相切、相切、半径（T）］：(输入"2P"，按〈Enter〉键)。

指定圆直径的第一个端点：(拾取 A 点)。

指定圆直径的另一个端点：(拾取 B 点)。

2-14 圆命令—
三点和相切
相切相切

注：直接单击"两点"按钮 两点(2)，可实现同样操作。

3）指定"圆上的三个点"绘制圆。绘制如图 2-23 所示的三角形外接圆时，可按以下步骤操作。

单击工具栏"圆"按钮 ，命令行提示：

指定圆的圆心或［三点（3P）/两点（2P）/相切、相切、半径（T）］：(输入"3P"，按〈Enter〉键)。

指定圆上第一个点：("对象捕捉"处于打开状态,单击,拾取 A 点)。

指定圆上第二个点：(单击,拾取 B 点)。

指定圆上第三个点：(单击,拾取 C 点)。

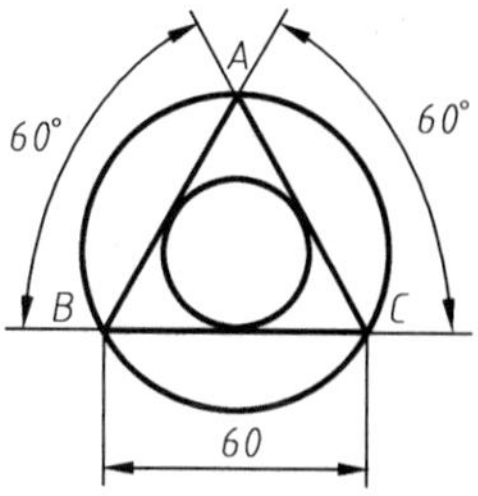

图 2-23 绘制外接圆
与内切圆示例

注：直接单击"三点"按钮 三点(3)，可实现同样操作。

4）"相切、相切、相切"方式绘制圆。继续绘制图 2-23 所示三角形内切圆时，可按以下步骤操作。

单击菜单栏"绘图"→"圆"命令 →"相切、相切、相切"，命令行提示：

指定圆的圆心或[三点(3P)/两点(2P)/相切、相切、半径(T)]：_3p 指定圆上的第一个点：_tan 到：
（"对象捕捉"处于打开状态，单击，拾取三角形的一边）。

指定圆上的第二个点：_tan 到：（单击，拾取三角形的另一条边）。

指定圆上的第二个点：_tan 到：（单击，拾取三角形的第三条边）。

注： 直接单击"相切、相切、相切"按钮 相切、相切、相切(A)，可实现同样操作。

2-15　圆命令——
相切相切半径

5）"相切、相切和半径"方式绘制圆。绘制图 2-24 所示圆时，可按以下步骤操作。

单击工具栏"圆"按钮，命令行提示：

指定圆的圆心或[三点(3P)/两点(2P)/相切、相切、半径(T)]：（输入"T"，按〈Enter〉键）。

指定对象与圆的第一个切点：（单击，拾取三角形的一条直角边）。

指定对象与圆的第二个切点：（单击，拾取三角形的另一条直角边）。

指定圆的半径<当前值>：（输入"10"，按〈Enter〉键）。

注： 直接单击"相切、相切、半径"按钮 相切、相切、半径(T)，可实现同样操作。

3. 修剪命令

该命令将对象修剪到指定的边界。下面以图 2-25a 为例。

（1）输入命令

输入命令可以采用下列方法之一。

- 工具栏：单击"修改"工具栏的"修剪"按钮。
- 菜单栏：选取"修改"菜单→"修剪"命令。
- 功能区：单击"默认"选项卡"修改"面板中的"修剪"按钮。
- 命令行：键盘输入"TRIM"或"TR"。

（2）操作格式

执行上述命令之一，系统提示如下：

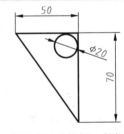

图 2-24　"相切、相切和半径"绘制圆示例

2-16　修剪命令

[剪切边(T)/窗交(C)/模式(O)/投影(P)/删除(R)]：（单击，拾取图形左边界要删除的部分）。

完成图形的修剪，如图 2-25b 所示。

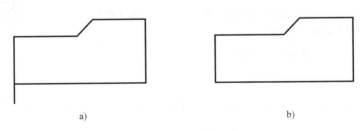

a)　　　　　　　　　　　　b)

图 2-25　修剪命令示例

a)　修剪前　b）修剪后

注：修剪命令可以进行延伸操作，若图面上需要延伸图线，如图2-26所示，则可按如下步骤操作。

单击"修改"工具栏"修剪"按钮，命令行提示：

[剪切边（T）/窗交（C）/模式（O）/投影（P）/删除（R）]：（按住〈Shift〉键选择要延伸的对象）。

图 2-26　延伸图线示例
a）延伸对象前　b）延伸对象后

4. 对象捕捉

在 AutoCAD 绘图中，经常要用到一些特殊点，如圆心、切点、线段的端点和中点等，如果用光标在图形上选择，要准确地找到这些点是十分困难的。利用对象捕捉功能可以精确定位现有图形对象的这些点，从而达到准确绘图的效果。

2-17 对象捕捉

在 AutoCAD 中，提供了3种执行对象捕捉的方法。

1）在状态栏中，单击"对象捕捉"右侧下拉按钮，在打开的下拉列表中，可以勾选需要启动的捕捉选项，如图2-27所示。

2）在绘图过程中，按<Shift>或者<Ctrl>键，在绘图区任意一点右击鼠标，打开"对象捕捉"快捷菜单，在快捷菜单中选择适用的对象捕捉模式，如图2-28所示。

3）单击状态栏上的"对象捕捉"右侧下拉按钮，在弹出的下拉列表中选择"对象捕捉设置"选项，如图2-27所示，打开"草图设置"对话框，切换到"对象捕捉"选项卡，从中勾选所需的捕捉功能，如图2-29所示。

图 2-27　"对象捕捉"
的下拉列表

图 2-28　"对象捕捉"
的快捷菜单

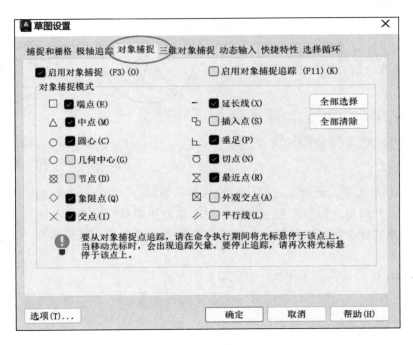

图 2-29　"对象捕捉"选项卡

表 2-1 为部分对象捕捉功能介绍。

表 2-1　对象捕捉功能

捕 捉 模 式	快 捷 命 令	功　　能
端点	ENDP	捕捉对象（如直线或圆弧）的端点
中点	MID	捕捉对象（如直线或圆弧）的中点
圆心	CEN	捕捉圆或圆弧的圆心
节点	NOD	捕捉用 POINT/DIVIDE 等命令生成的点
象限点	QUA	捕捉距光标最近的或圆弧上可见部分的象限点，即圆周 0°、90°、180°、270° 位置上的点
交点	INT	捕捉对象（如直线、圆弧或圆）的交点
延长线	EXT	捕捉对象延长路径上的点
插入点	INS	捕捉块、形、文字、属性或属性定义等对象的插入点
垂足	PER	在线段、圆、圆弧或它们的延长线上捕捉一个点，使之和最后生成的点的连线与该线段、圆或圆弧正交
切点	TAN	最后生成的一个点到选中圆弧或圆上引切线的切点位置
最近点	NEA	捕捉距离拾取点最近的线段、圆、圆弧等对象上的点
外观交点	APP	捕捉两个对象在视图平面上的交点。若两个对象没有直接交点，系统将自动计算出延长后的交点
平行线	PAR	捕捉与指定对象平行方向的点
几何中心		捕捉多段线、二维多段线和二维样条曲线的几何中心点
无	NON	关闭对象捕捉功能
对象捕捉设置	OSNAP	设置对象捕捉

2.2.3 知识拓展

1. 综合运用圆和偏移命令

综合运用圆命令、偏移命令完成图 2-30 的绘制。

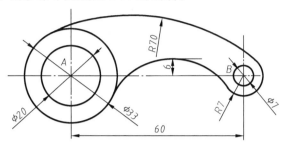

图 2-30　拓展练习图一

（1）确定 φ20、φ33、φ7 和 R7 圆心位置

1）单击"绘图"工具栏上的"直线"按钮 ✎，命令行提示：

> 指定第一点:(输入起始点)(用鼠标在绘图区任意位置拾取一点)。
>
> 指定下一点或【放弃(U)】:(单击状态栏上的"正交"按钮 ┠，向右移动光标确定直线前进方向,取任意长度,单击)。
>
> 指定下一点或【闭合(C)/放弃(U)】:(按〈Enter〉键或〈Esc〉键)。
>
> (按空格键或〈Enter〉键,重复直线命令操作)。
>
> 指定第一点:(输入起始点)(用鼠标在已画的直线上方任意位置拾取一点)。
>
> 指定下一点或【放弃(U)】:(向下移动光标确定直线前进方向,取任意长度,单击)。

两直线的交点即为图 2-30 所示点 A。

2）单击"修改"工具栏上的"偏移"按钮 ⊂，或单击菜单栏"修改"→"偏移"命令，命令行提示：

> 指定偏移距离或[通过(T)/删除(E)/图层(L)]<1.0000>:(输入"60",按〈Enter〉键)。
>
> 指定要偏移的对象,或[退出(E)/放弃(U)]<退出>:(单击,选取竖直直线)。
>
> 指定要偏移的那一侧上的点,或[退出(E)/多个(M)/放弃(U)]<退出>:(光标向右移动,单击)。
>
> 指定要偏移的对象,或[退出(E)/放弃(U)]<退出>:(按〈Enter〉键或〈Esc〉键)。

该直线与水平直线的交点为点 B。

3）单击"绘图"工具栏上的"圆"按钮 ⊘，命令行提示：

> 指定圆的圆心或[三点(3P)/两点(2P)/相切、相切、半径(T)]:(拾取 A 点,绘图中状态栏上的"对象捕捉"须处于打开状态)。
>
> 指定圆的半径或[直径(D)]:(输入"10",按〈Enter〉键)。
>
> (按空格键或〈Enter〉键,重复圆命令操作)。
>
> 指定圆的圆心或[三点(3P)/两点(2P)/相切、相切、半径(T)]:(拾取 A 点)。
>
> 指定圆的半径或[直径(D)]:(输入"D",按〈Enter〉键)。
>
> 指定圆的直径:(输入"33",按〈Enter〉键)。

（按空格键或〈Enter〉键，重复圆命令操作）。
指定圆的圆心或[三点(3P)/两点(2P)/相切、相切、半径(T)]：(拾取 B 点)。
指定圆的半径或[直径(D)]：(输入"7"，按〈Enter〉键)。
（按空格键或〈Enter〉键，重复圆命令操作）。
指定圆的圆心或[三点(3P)/两点(2P)/相切、相切、半径(T)]：(拾取 B 点)。
指定圆的半径或[直径(D)]：(输入"D"，按〈Enter〉键)。
指定圆的直径：(输入"7"，按〈Enter〉键)。

（2）绘制 R70 的圆弧

1）单击"绘图"工具栏上的"圆"按钮 ，命令行提示：

指定圆的圆心或[三点(3P)/两点(2P)/相切、相切、半径(T)]：(输入"T"，按〈Enter〉键)。
指定对象与圆的第一个切点：(单击，拾取左侧直径为 33 的圆，如图 2-31a 所示)。
指定对象与圆的第二个切点：(单击，拾取右侧半径为 7 的圆，如图 2-31b 所示)。
指定圆的半径<当前值>：(输入"70"，按〈Enter〉键)。

绘制的圆如图 2-31c 所示。

2）单击"修改"工具栏"修剪"按钮 ，命令行提示：

[剪切边(T)/窗交(C)/模式(O)/投影(P)/删除(R)]：(单击，选取图形中要删除的部分，按〈Enter〉键或〈Esc〉键)。

完成 R70 圆弧的绘制，如图 2-31d 所示。

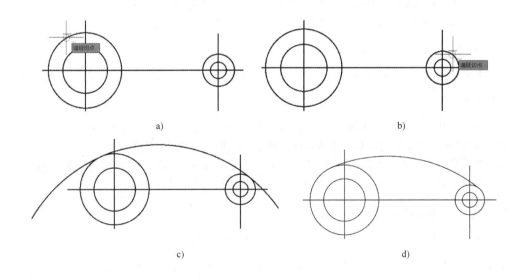

图 2-31　R70 圆弧的绘制
a）指定对象与圆的第一个切点　b）指定对象与圆的第二个切点　c）生成圆　d）修剪后的圆弧

（3）绘制连接圆弧

1）单击工具栏上的"偏移"按钮 ，或单击菜单栏"修改"→"偏移"命令，命令行提示：

指定偏移距离或[通过(T)/删除(E)/图层(L)]<1.0000>:(输入"6",按〈Enter〉键)。

指定要偏移的对象,或[退出(E)/放弃(U)]<退出>:(单击,选取水平直线)。

指定要偏移的那一侧上的点,或[退出(E)/多个(M)/放弃(U)]<退出>:(光标向上移动,单击)。

指定要偏移的对象,或[退出(E)/放弃(U)]<退出>:(按〈Enter〉键或〈Esc〉键)。

单击"绘图"工具栏上的"圆"下拉箭头,选择"相切、相切、相切"命令○,命令行提示:

"_circle"指定圆的圆心或[三点(3P)/两点(2P)/相切、相切、半径(T)]:_3p

指定圆上的第一个点:"_tan"到:(保证"对象捕捉"处于打开状态,单击,拾取直径为33的圆,如图2-32a所示)。

指定圆上的第二个点:"_tan"到:(单击,拾取偏移的直线,如图2-32b所示)。

指定圆上的第三个点:"_tan"到:(单击,拾取半径为7的圆,图2-32c所示)。

绘制的圆如图2-32d所示。

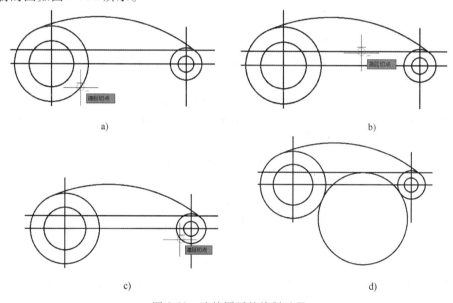

图2-32 连接圆弧的绘制过程

a)指定圆上的第一个点 b)指定圆上的第二个点 c)指定圆上的第三个点

d)"相切、相切、相切"绘制的圆

2)单击"修改"工具栏的"修剪"按钮,命令行提示:

[剪切边(T)/窗交(C)/模式(O)/投影(P)/删除(R)]:(单击鼠标左键,依次拾取图形中要修剪的部分,按〈Enter〉键或〈Esc〉键)。

完成连接圆弧的绘制。

3)利用删除命令去掉多余的线条,完成拓展图形图2-30的绘制(点画线的绘制见项目3相关内容)。

2. 综合运用圆和偏移命令及对象捕捉功能

综合运用圆命令、偏移命令和对象捕捉完成图2-33的绘制。

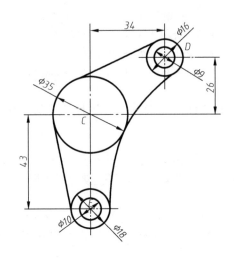

图 2-33 拓展练习图二·

（1）确定 $\phi10$、$\phi35$ 和 $\phi16$ 圆心位置

1）单击"绘图"工具栏上的"直线"按钮，命令行提示：

> 指定第一点：(输入起始点)(用鼠标在绘图区任意位置拾取一点)。
>
> 指定下一点或【放弃(U)】：(单击状态栏上的"正交"按钮，向右移动光标确定直线前进方向，取任意长度，单击)。
>
> 指定下一点或【闭合(C)/放弃(U)】：(按〈Enter〉键或〈Esc〉键)。
>
> (按空格键或〈Enter〉键，重复直线命令操作)。
>
> 指定第一点：(输入起始点)(用鼠标在已画的直线上方任意位置拾取一点)。
>
> 指定下一点或【放弃(U)】：(向下移动光标确定直线前进方向，取任意长度，单击)。

两直线的交点即为图 2-33 所示点 C。

2）单击"修改"工具栏上的"偏移"按钮，或单击菜单栏"修改"→"偏移"命令，命令行提示：

> 指定偏移距离或[通过(T)/删除(E)/图层(L)]<1.0000>：(输入"26"，按〈Enter〉键)。
>
> 指定要偏移的对象，或[退出(E)/放弃(U)]<退出>：(单击，选取水平直线)。
>
> 指定要偏移的那一侧上的点，或[退出(E)/多个(M)/放弃(U)]<退出>：(光标向上移动，单击)。
>
> 指定要偏移的对象，或[退出(E)/放弃(U)]<退出>：(按〈Enter〉键或〈Esc〉键)。
>
> (按空格键或〈Enter〉键，重复偏移命令操作)。
>
> 指定偏移距离或[通过(T)/删除(E)/图层(L)]<1.0000>：(输入"34"，按〈Enter〉键)。
>
> 指定要偏移的对象，或[退出(E)/放弃(U)]<退出>：(单击，选取竖直直线)。
>
> 指定要偏移的那一侧上的点，或[退出(E)/多个(M)/放弃(U)]<退出>：(光标向右移动，单击)。
>
> 指定要偏移的对象，或[退出(E)/放弃(U)]<退出>：(按〈Enter〉键或〈Esc〉键)。

两条直线的交点即为点 D。

(按空格键或〈Enter〉键,重复偏移命令操作)。

指定偏移距离或[通过(T)/删除(E)/图层(L)]<1.0000> :(输入"43",按〈Enter〉键)。

指定要偏移的对象,或[退出(E)/放弃(U)]<退出> :(单击,选取水平直线)。

指定要偏移的那一侧上的点,或[退出(E)/多个(M)/放弃(U)]<退出>:(光标向下移动,单击)。

指定要偏移的对象,或[退出(E)/放弃(U)]<退出> :(按〈Enter〉键或〈Esc〉键)。

两条直线的交点即为点 E。

3）单击工具栏上的"圆"命令 ，命令行提示：

指定圆的圆心或[三点(3P)/两点(2P)/相切、相切、半径(T)]:(拾取 C 点,绘图中状态栏上的"对象捕捉"须处于打开状态)。

指定圆的半径或[直径(D)]:(输入"D",按〈Enter〉键)。

指定圆的直径:(输入"35",按〈Enter〉键)。

(按空格键或〈Enter〉键,重复圆命令操作)。

4）同样，利用圆命令完成 ϕ10、ϕ18、ϕ16 和 ϕ19 圆的绘制。

（2）绘制连接直线与圆弧

1）单击"绘图"工具栏上的"直线"按钮 ，命令行提示：

指定第一点:(输入起始点)(同时按下〈Shift〉键和右击鼠标,弹出快捷菜单,列出 AutoCAD 提供的对象捕捉模式,如图 2-34 所示。选择"切点",在直径 18 的圆弧任意位置单击,如图 2-35 所示)。

指定下一点或【放弃(U)】:(同时按下〈Shift〉键和右击鼠标,弹出快捷菜单,列出 AutoCAD 提供的对象捕捉模式。选择"切点",在直径 35 的圆弧任意位置单击,如图 2-36 所示)。

指定下一点或【闭合(C)/放弃(U)】:(按〈Enter〉键或〈Esc〉键)。

2）同理绘制另一条切线，如图 2-37 所示。

图 2-34 "对象捕捉"快捷菜单

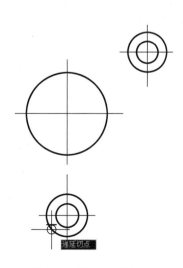

图 2-35 第一次捕捉切点

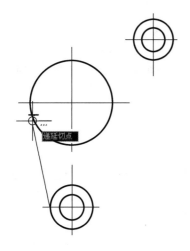

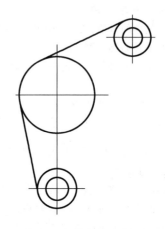

图 2-36　第二次捕捉切点　　　　　　　　　　　图 2-37　切线的绘制效果图

3）单击"绘图"工具栏上的"圆"下拉箭头 ⊙ ▼，选择"相切、相切、相切"命令 ◯，命令行提示：

> "_circle"指定圆的圆心或［三点(3P)/两点(2P)/相切、相切、半径(T)］:_3p
> 指定圆上的第一个点："_tan"到:(保证"对象捕捉"处于打开状态,单击,拾取直径为18的圆)。
> 指定圆上的第二个点："_tan"到:(单击,拾取半径为35的圆)。
> 指定圆上的第二个点："_tan"到:(单击,拾取半径为16的圆)。

绘制的圆如图 2-38 所示。

4）单击"修改"工具栏的"修剪"按钮 ✂，命令行提示：

> ［剪切边(T)/窗交(C)/模式(O)/投影(P)/删除(R)］:(单击,依次拾取图形中要修剪的部分,按〈Enter〉键或〈Esc〉键)。

完成连接圆弧的绘制。

5）利用删除命令去掉多余的线条，完成拓展图形图 2-33 的绘制（点画线的绘制见项目 3 相关内容）。

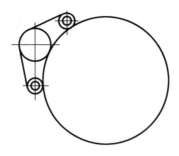

图 2-38　连接圆弧的绘制

2.2.4 课后练习

绘制如图 2-39 所示平面图形。

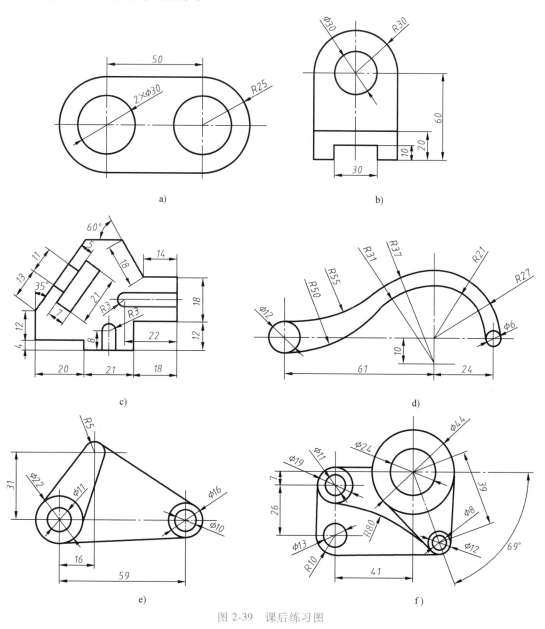

图 2-39 课后练习图

任务 2.3　绘制平面图形（三）——学习阵列和旋转命令

　　利用阵列工具可以按照矩形或环形的方式，以定义的距离或角度复制出源对象的多个对象副本。利用旋转命令可以实现对象绕指定点的任意角度的旋转。本任务将以绘制图 2-40 所示的平面图形（三）开始，说明阵列和旋转命令的使用。

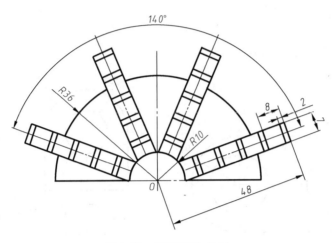

图 2-40 平面图形（三）

2-18 绘制圆弧

2.3.1 任务学习

1. 绘制 R36 和 R10 两个圆弧

1）单击"绘图"工具栏上的"直线"按钮 ，命令行提示：

指定第一点：(输入起始点)(用鼠标在绘图区任意位置拾取一点)。

指定下一点或【放弃(U)】：(单击状态栏上的"正交"按钮 ，向右移动光标确定直线前进方向，取任意长度，单击)。

指定下一点或【闭合(C)/放弃(U)】：(按〈Enter〉键或〈Esc〉键)。

(按空格或〈Enter〉键，重复直线命令操作)。

指定第一点：(输入起始点)(用鼠标在已画的直线上方任意位置拾取一点)。

指定下一点或【放弃(U)】：(向下移动光标确定直线前进方向，取任意长度，单击)。

两直线的交点即为图 2-40 所示点 O。

指定下一点或【闭合(C)/放弃(U)】：(按〈Enter〉键或〈Esc〉键)。

2）单击"绘图"工具栏上的"圆"按钮 ，命令行提示：

指定圆的圆心或［三点(3P)/两点(2P)/相切、相切、半径(T)］：(拾取 O 点，绘图中状态栏上的"对象捕捉"中交点捕捉须处于打开状态)。

指定圆的半径或［直径(D)］：(输入"10"，按〈Enter〉键)。

(按空格键或〈Enter〉键，重复圆命令操作)。

指定圆的圆心或［三点(3P)/两点(2P)/相切、相切、半径(T)］：(拾取 O 点)

指定圆的半径或［直径(D)］：(输入"36"，按〈Enter〉键)。

3）单击"修改"工具栏上的"修剪"按钮 ，命令行提示：

［剪切边(T)/窗交(C)/模式(O)/投影(P)/删除(R)］：(单击，选取水平线下方需要修剪的圆弧，按〈Enter〉键或〈Esc〉键)。

修剪结果如图 2-41 所示。

2-19 绘制矩形板条

2. 绘制矩形板条

1）单击"修改"工具栏上的"偏移"按钮 ⊆，命令行提示：

指定偏移距离或[通过(T)/删除(E)/图层(L)]<通过>:（输入"3.5"，按〈Enter〉键）。
指定要偏移的对象，或[退出(E)/放弃(U)]<退出>:（单击，选取水平直线）。
指定要偏移的那一侧上的点，或[退出(E)/多个(M)/放弃(U)]<退出>:（光标向上移动，单击）。
指定要偏移的对象，或[退出(E)/放弃(U)]<退出>:（单击，选取水平直线）。
指定要偏移的那一侧上的点，或[退出(E)/多个(M)/放弃(U)]<退出>:（光标向下移动，单击）。
指定要偏移的对象，或[退出(E)/放弃(U)]<退出>:（按〈Enter〉键或〈Esc〉键）。
（按空格键或〈Enter〉键，重复偏移命令操作）。
指定偏移距离或[通过(T)/删除(E)/图层(L)]< 3.5 >:（输入"48"，按〈Enter〉键）。
指定要偏移的对象，或[退出(E)/放弃(U)]<退出>:（单击，选取竖直直线）。
指定要偏移的那一侧上的点，或[退出(E)/多个(M)/放弃(U)]<退出>:（光标向右移动，单击）。
指定要偏移的对象，或[退出(E)/放弃(U)]<退出>:（按〈Enter〉键或〈Esc〉键）。

2）利用"修改"工具栏上的"修剪"按钮 ✂，将图形修剪为图 2-42 所示。

3）单击"修改"工具栏上的"偏移"按钮 ⊆，命令行提示：

指定偏移距离或[通过(T)/删除(E)/图层(L)]<48>:（输入"2"，按〈Enter〉键）。
指定要偏移的对象，或[退出(E)/放弃(U)]<退出>:（单击，选取线段）。
指定要偏移的那一侧上的点，或[退出(E)/多个(M)/放弃(U)]<退出>:（光标向左移动，单击）。
指定要偏移的对象，或[退出(E)/放弃(U)]<退出>:（按〈Enter〉键或〈Esc〉键）。

偏移后的图形如图 2-43 所示。

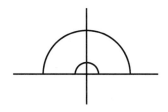

图 2-41　R36 和 R10 两个圆弧

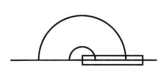

图 2-42　修剪后的图形

图 2-43　偏移后的图形

4）单击"修改"工具栏上的"矩形阵列"按钮 ⊞，或单击菜单栏的"修改"→"阵列"→"矩形阵列"命令，命令行提示（阵列命令）：

选择对象:（选取要阵列的线段，如图 2-44 所示）。
选择对象:（按〈Enter〉键）。

系统会打开"阵列创建"选项卡，在该选项卡中进行参数设置，如图 2-45 所示。参数设置分别为："列数"值为"5"，"介于"值为"-8"，"行数"值为"1"。单击"关闭阵列"按钮 ✔，

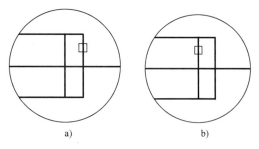

图 2-44　"阵列"选取对象
a）选择要阵列的一个对象
b）选择要阵列的另一个对象

完成矩形阵列，如图 2-46 所示。

5）单击"修改"工具栏上的"旋转"按钮○，或单击菜单栏的"修改"→"旋转"命令，命令行提示（旋转命令）：

选择对象:（选取板条,单击）。

选择对象:（按〈Enter〉键）。

指定基点:（拾取 O 点,单击）。

指定旋转角度或［复制（C）/参照（R）］:（输入旋转角度"20",按〈Enter〉键）。

旋转效果如图 2-47 所示。

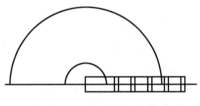 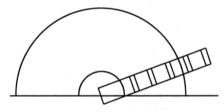

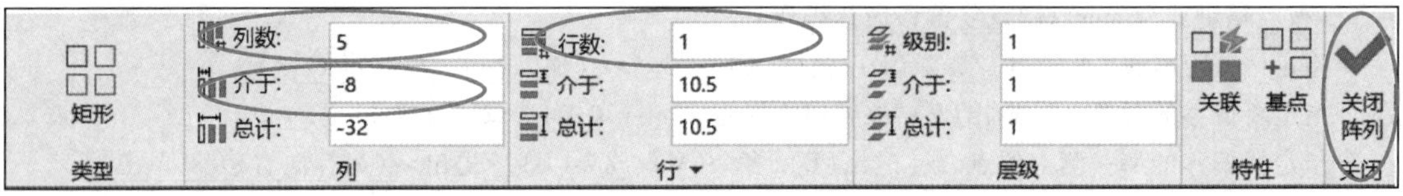

图 2-45　"阵列创建"选项卡

图 2-46　矩形阵列效果　　　　　　　　　图 2-47　旋转效果

6）单击"修改"工具栏上的"环形阵列"按钮，或单击菜单栏"修改"→"阵列"→"环形阵列"命令，命令行提示：

选择对象:（选取板条的所有线段,按〈Enter〉键。

指定阵列中心点或［基点（B）/旋转轴（A）］:（选取 O 点,单击）。

系统会打开"阵列创建"选项卡，在该选项卡中进行参数设置，如图 2-48 所示。参数设置分别为："项目数"值为"4"，"填充"值为"140"，取消"关联"。单击"关闭阵列"按钮，完成环形阵列，如图 2-49 所示。

图 2-48　"阵列创建"选项卡

注："关联"若不取消，后续线条无法修剪。

7）利用"修改"工具栏上的"修剪"按钮，将图形修剪为图 2-50 所示。

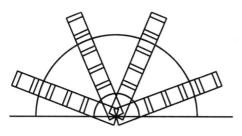

图 2-49　环形阵列效果

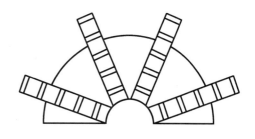

图 2-50　最终效果

完成图 2-40 平面图形（三）的绘制。

2.3.2　任务注释

1. 阵列命令

该命令是一种有规律的复制命令，可按指定的方式创建多个图形副本。AutoCAD 2023 提供了 3 种阵列选项，分别为矩形阵列、环形阵列和路径阵列。

（1）矩形阵列

矩形阵列是通过设置行数、列数等参数对图形进行复制。

1）输入命令。

输入命令可以采用下列方法之一。

- 工具栏：单击"修改"或"阵列_工具栏"工具栏的"矩形阵列"按钮 ▥。
- 菜单栏：选取"修改"菜单→"阵列"→"矩形阵列"。
- 功能区：单击"默认"选项卡"修改"面板中的"矩形阵列"按钮 ▥。
- 命令行：键盘输入"ARRAYRECT"。

2）操作格式。

执行上述命令之一，系统提示如下：

> 选择对象:（选取阵列的对象）。
> 选择对象:（按〈Enter〉键）。

系统会打开"阵列创建"选项卡，在该选项卡中进行参数设置，如图 2-51 所示。

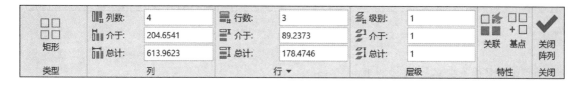

矩形	列数:	4	行数:	3	级别:	1	关联 基点	关闭阵列
	介于:	204.6541	介于:	89.2373	介于:	1		
	总计:	613.9623	总计:	178.4746	总计:	1		
类型	列		行 ▼		层级		特性	关闭

图 2-51　矩形阵列"阵列创建"选项卡

选项卡中各主要选项说明如下。

- "列数"：用于输入矩形阵列的列数。
- "行数"：用于输入矩形阵列的行数。

- "列"项中的"介于"：用于输入列间距。如果输入正值，由原对象向右阵列；输入负值则向左阵列。

- "行"项中的"介于"：用于输入行间距。如果输入正值，由原对象向上阵列；输入负值则向下阵列。

- "列"项中的"总计"：用于输入第一列到最后一列之间的总距离。

- "行"项中的"总计"：用于输入第一行到最后一行之间的总距离。

- "基点"：该选项可重新定义阵列的基点。

- "关联"：控制是否关联阵列对象。若设置为"关联"，阵列对象会自动创建为块。

- "层级"项：用于设置层数、层间距和层级的总距离。

- "关闭阵列"：退出阵列命令。

（2）环形阵列

环形阵列通过设置中心点、项目总数等参数对图形进行环形复制。

2-21 环形
阵列命令

1）输入命令。

输入命令可以采用下列方法之一。

- 工具栏：单击"修改"或"阵列_工具栏"工具栏的"环形阵列"按钮 。

- 菜单栏：选取"修改"菜单→"阵列"→"环形阵列"。

- 功能区：单击"默认"选项卡"修改"面板中的"环形阵列"按钮 。

- 命令行：键盘输入"ARRAYPOLAR"。

2）操作格式。

执行上述命令之一，系统提示如下：

选择对象：(选取阵列的对象，按〈Enter〉键)。

指定阵列中心点或[基点(B)/旋转轴(A)]：(选取阵列的中心点，单击)。

选取夹点以编辑阵列或[关联(AS)基点(B)项目(I)项目间角度(A)填充角度(F)行(ROW)层(L)旋转项目(ROT)退出(X)]<退出>：

系统会打开"阵列创建"选项卡，在该选项卡中进行参数设置，如图 2-52 所示。

极轴	项目数：	6	行数：	1	级别：	1						
	介于：	60	介于：	50.9879	介于：	1	关联	基点	旋转项目	方向	关闭阵列	
	填充：	360	总计：	50.9879	总计：	1						
类型	项目		行 ▾		层级		特性				关闭	

图 2-52 环形阵列"阵列创建"选项卡

选项卡中各主要选项说明如下。

- "项目数"：用于表示环形阵列的个数，其中包括原对象。

- "项目"项中的"介于"：用于表示项目间的角度。

- "填充"：用于输入阵列中第一项和最后一项之间的角度，输入正值则为逆时针方向阵列。

- "行数"：用于指定行数。

- "行"项中的"介于"：用于指定行间距。

● "行"项中的"总计"：指定第一行到最后一行之间的总距离。

● "层级"：包含"级别""介于""总计"，用于三维阵列中指定层级数、层级间距和层级的总距离。

● "基点"：该选项可重新定义基点和阵列中夹点的位置。

● "关联"：控制是否关联阵列对象。若设置为"关联"，阵列对象会自动创建为块。

● "旋转项目"：用于控制在阵列时是否旋转项目，如图 2-53 所示。

● "方向"：用于控制是否创建逆时针阵列或顺时针阵列。

（3）路径阵列

路径阵列通过路径曲线、设置项目数和项间距等参数对图形进行路径复制。

1）输入命令。

输入命令可以采用下列方法之一。

● 工具栏：单击"修改"或"阵列_工具栏"工具栏的"路径阵列"按钮 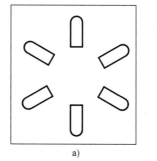 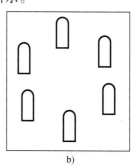。

图 2-53　旋转项目示例

a）复制时旋转项目　b）复制时不旋转项目

● 菜单栏：选取"修改"→"阵列"→"路径阵列"。

● 功能区：单击"默认"选项卡"修改"面板中的"路径阵列"按钮 °°°。

● 命令行：键盘输入"ARRAYPATH"。

2）操作格式。

执行上述命令之一，系统提示如下：

选择对象：(选取阵列的对象，按〈Enter〉键)。

选择路径曲线：(选取路径曲线)。

选择夹点以编辑阵列或[关联(AS)方法(M)基点(B)切向(T)项目(I)行(R)层(L)对齐项目(A)z方向(Z)退出(X)]<退出>：

系统会打开"阵列创建"选项卡，在该选项卡中进行参数设置，如图 2-54 所示。

图 2-54　路径阵列"阵列创建"选项卡

选项卡中各主要选项说明如下。

● 项目数：用于表示路径阵列的个数，其中包括原对象。

● "项目"项中的"介于"：用于指定项间距。

● "项目"项中的"总计"：用于表示项目的总距离。

● 行数：用于指定行数。

● "行"项中的"介于"：用于指定行间距。

● 总计：指定第一行到最后一行之间的总距离。

● 基点：该选项可重新定义基点。允许重新定位相对于路径曲线起点的阵列的第一个项目。

● 关联：控制是否关联阵列对象。若设置为"关联"，阵列对象会自动创建为块。

● 切线方向：用于指定相对于路径曲线的第一个项目的位置。允许指定与路径曲线的起始方向平行的两个点。

● 定数等分：以沿路径的长度平均定数等分的方法。

● 定距等分：编辑路径可通过夹点或"特性"选项卡中"项目数"，保持当前项目间距。

● 对齐项目：指定是否对齐每个项目以与路径方向相切。对齐相对于第一个项目的方向，如图2-55所示。

● Z方向：用于控制保持项的原始Z方向沿三维路径倾斜项。

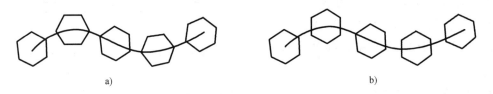

图 2-55　对齐项目示例

a）对齐项目（是）　b）对齐项目（否）

（4）编辑关联阵列

通过关联设置创建的阵列，阵列对象可以作为一个整体进行编辑。

1）输入命令。

输入命令可以采用下列方法之一：

● 工具栏：单击"修改Ⅱ"或"阵列编辑"工具栏"编辑阵列"按钮。

● 菜单栏：选取"修改"菜单→"对象"命令→"阵列"命令。

● 功能区：单击"默认"选项卡"修改"面板中"编辑阵列"按钮。

● 命令行：键盘输入"ARRAYEDIT"。

2）操作格式。

执行上述命令之一，系统提示如下：

选择阵列：(选择阵列的对象)。
输入选项[源(S)替换(REP)方法(M)基点(B)项目(I)行(R)层(L)对齐项目(A)z方向(Z)重置(RES)退出(X)]<退出>：

通过命令操作可以对阵列进行编辑与修改。

注：直接单击阵列对象，系统会打开"阵列"选项卡，可以对阵列进行修改。

2. 旋转命令

该命令用于将对象绕指定点旋转任意角度，以调整图形的放置方向和

2-22　旋转命令

位置。以图 2-56 所示为例，其操作步骤如下。

（1）输入命令

输入命令可以采用下列方法之一。

- 工具栏：单击"修改"工具栏的"旋转"按钮 $\circlearrowleft$ 。

- 菜单栏：选取"修改"菜单→"旋转"命令。

- 功能区：单击"默认"选项卡"修改"面板中的"旋转"按钮 $\circlearrowleft$ 。

- 命令行：键盘输入"ROTATE"或"RO"。

（2）操作格式

执行上述命令之一，系统提示如下：

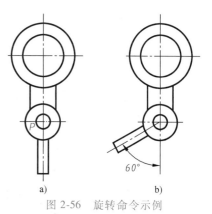

图 2-56 旋转命令示例

a）旋转前 b）旋转后

> 选择对象：(选取要旋转的对象)。
> 选择对象：(按〈Enter〉键)。
> 指定基点：(拾取 P 点，单击)。
> 指定旋转角度或［复制(C)/参照(R)］：(输入旋转角度"-60"，按〈Enter〉键)。

注：旋转角度逆时针取正值，顺时针取负值。

2.3.3 知识拓展

用综合阵列命令中的环形阵列方式完成图 2-57 的绘制。

1. 绘制 $\phi53$、$\phi45$ 和 $\phi66$ 同心圆

1）单击"绘图"工具栏上的"直线"按钮 $\diagup$ ，命令行提示：

> 指定第一点：(输入起始点)(用鼠标在绘图区任意位置拾取一点)。
> 指定下一点或【放弃(U)】：(单击状态栏上的"正交"按钮 ，向右移动光标确定直线前进方向，取任意长度，单击)。
> 指定下一点或【闭合(C)/放弃(U)】：(按〈Enter〉键或〈Esc〉键)。
> (按空格键或〈Enter〉键，重复直线命令操作)。
> 指定第一点：(输入起始点)(用鼠标在已画的直线上方任意位置拾取一点)。
> 指定下一点或【放弃(U)】：(向下移动光标确定直线前进方向，取任意长度，单击)。

两直线的交点即为图 2-57 所示点 N。

2）单击"绘图"工具栏上的"圆"按钮 $\oslash$ ，命令行提示：

> 指定圆的圆心或［三点(3P)/两点(2P)/相切、相切、半径(T)］：(在图面上拾取点 N)。
> 指定圆的半径或［直径(D)］：(输入"26.5"，按〈Enter〉键)。
> (按空格键或〈Enter〉键，重复圆命令操作)。
> 指定圆的圆心或［三点(3P)/两点(2P)/相切、相切、半径(T)］：(拾取圆心，绘图中状态栏上的"对象捕捉"须处于打开状态)。
> 指定圆的半径或［直径(D)］：(输入"22.5"，按〈Enter〉键)。

3）利用同样的方法绘制直径为 66 的圆（如图 2-58 所示），该圆与竖直线交于点 M。

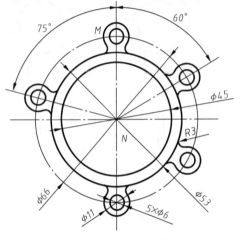

图 2-57　拓展练习图

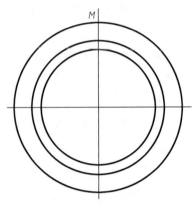

图 2-58　φ53、φ45 和 φ66 同心圆

2. 绘制圆耳

1）单击"绘图"工具栏上的"圆"按钮，命令行提示：

> 指定圆的圆心或［三点（3P）/两点（2P）/相切、相切、半径（T）］：(在图面上拾取点 M)。
> 指定圆的半径或［直径（D）］：(输入"5.5"，按〈Enter〉键)。
> (按空格键或〈Enter〉键，重复直线命令操作)。
> 指定圆的圆心或［三点（3P）/两点（2P）/相切、相切、半径（T）］：(在图面上拾取点 M)。
> 指定圆的半径或［直径（D）］：(输入"3"，按〈Enter〉键)。

2）单击"绘制"工具栏的"圆"按钮，命令行提示：

> 指定圆的圆心或［三点（3P）/两点（2P）/相切、相切、半径（T）］：(输入"T"，按〈Enter〉键)。
> 指定对象与圆的第一个切点：(单击，拾取 φ11 圆的一侧)。
> 指定对象与圆的第二个切点：(单击，拾取 φ53 圆的一侧)。

注：单击拾取圆时，要在靠近圆角的位置拾取，如图 2-59 所示。

> 指定圆的半径<当前值>：(输入"3"，按〈Enter〉键)。

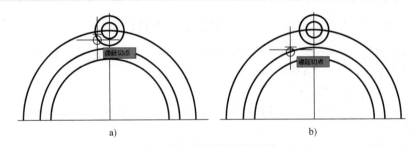

图 2-59　拾取位置的选择

a）拾取 φ11 圆的一侧　b）拾取 φ53 圆的一侧

完成图形如图 2-60 所示。

3）利用"修改"工具栏上的"修剪"按钮，将图形修剪为图 2-61 所示。

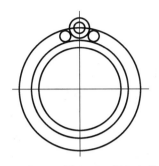

图 2-60　与 φ53 圆和 φ11 圆相切的两圆

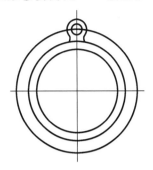

图 2-61　修剪后效果

4）单击"修改"工具栏上的"环形阵列"按钮，或单击菜单栏"修改"→"阵列"→"环形阵列"命令，命令行提示：

选择对象:(分别选取圆耳的所有弧线),按〈Enter〉键。
指定阵列中心点或[基点(B)/旋转轴(A)]:(选取 N 点,单击)。

系统会打开"阵列创建"选项卡，在该选项卡中进行参数设置，如图 2-62 所示。参数设置分别为："项目数"值为"4"，"介于"值为"60"，"方向"切换为顺时针，取消"关联"，选中"旋转项目"。单击"关闭阵列"按钮，完成环形阵列，如图 2-63 所示。

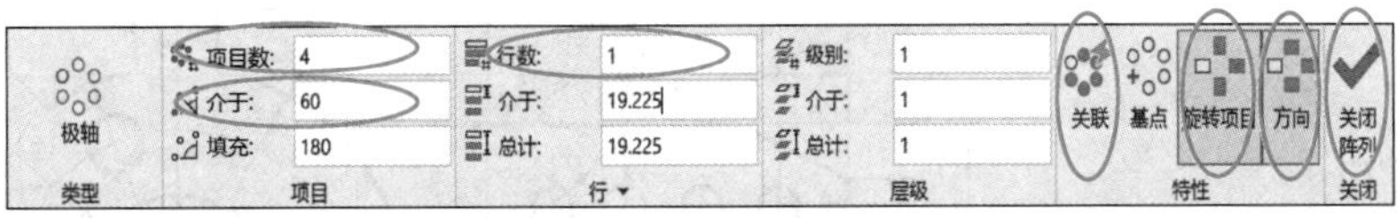

极轴	项目数:	4	行数:	1	级别:	1					
	介于:	60	介于:	19.225	介于:	1	关联	基点	旋转项目	方向	关闭阵列
	填充:	180	总计:	19.225	总计:	1					
类型	项目		行▼		层级		特性				关闭

图 2-62　"阵列创建"选项卡（一）

5）再次单击"修改"工具栏上的"环形阵列"按钮，或单击菜单栏"修改"→"阵列"→"环形阵列"命令，命令行提示：

选择对象:(选取上步阵列前的圆耳,按〈Enter〉键)。
指定阵列中心点或[基点(B)/旋转轴(A)]:(选取 N 点,单击)。

系统会打开"阵列创建"选项卡，在该选项卡中进行参数设置，如图 2-64 所示。参数设置分别为："项目数"值为"2"，"介于"值为"75"，"方向"切换为逆时针，取消"关联"，选中"旋转项目"。单击"关闭阵列"按钮，完成图 2-57 所示图形的绘制（点画线的绘制见项目 3 相关内容）。

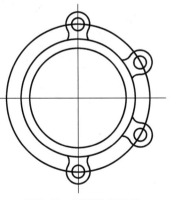

图 2-63　环形阵列效果

极轴	项目数:	2	行数:	1	级别:	1					
	介于:	75	介于:	19.225	介于:	1	关联	基点	旋转项目	方向	关闭阵列
	填充:	75	总计:	19.225	总计:	1					
类型	项目		行▼		层级		特性				关闭

图 2-64　"阵列创建"选项卡（二）

2.3.4 课后练习

绘制图 2-65 所示图形。

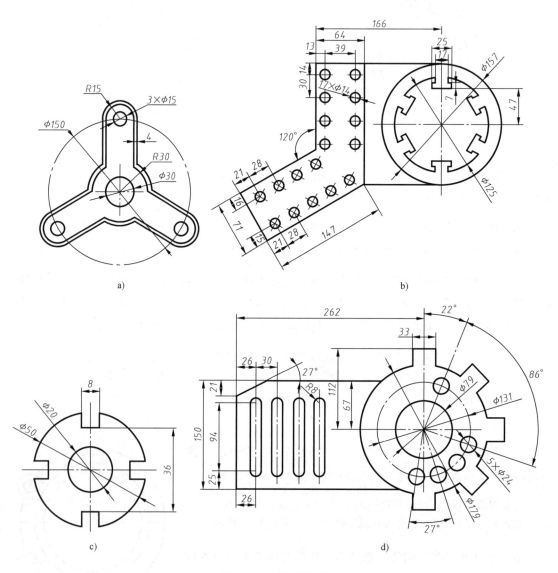

图 2-65 课后练习图

任务 2.4 绘制平面图形（四）——学习 正多边形和椭圆命令

本任务将以绘制如图 2-66 所示的平面图形（四）为例，说明正多边形和椭圆的绘制技巧与方法。

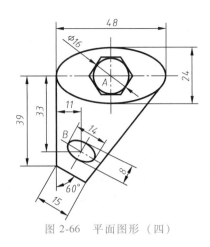

图 2-66　平面图形（四）

2.4.1　任务学习

1. 绘制圆与正六边形

1）单击"绘图"工具栏上的"直线"按钮 ，命令行提示：

> 指定第一点：(输入起始点)(用鼠标在绘图区任意位置拾取一点)。
> 指定下一点或【放弃(U)】：(激活状态栏上的"正交"按钮 ，向右移动光标确定直线前进方向，取任意长度，单击)。
> 指定下一点或【闭合(C)/放弃(U)】：(按〈Enter〉键或〈Esc〉键)。
> (按空格键或〈Enter〉键，重复直线命令操作)。
> 指定第一点：(输入起始点)(用鼠标在已画的直线上方任意位置拾取一点)。
> 指定下一点或【放弃(U)】：(向下移动光标确定直线前进方向，取任意长度，单击)。
> 指定下一点或【闭合(C)/放弃(U)】：(按〈Enter〉键或〈Esc〉键)。

两直线的交点即为图 2-66 所示点 A。

单击绘图工具栏上的"圆"按钮 ，命令行提示：

> 指定圆的圆心或[三点(3P)/两点(2P)/相切、相切、半径(T)]：(拾取 A 点，绘图中状态栏上的"对象捕捉"须处于打开状态)。
> 指定圆的半径或[直径(D)]：(输入"8"，按〈Enter〉键)。

2）单击"绘图"工具栏上的"正多边形"按钮 ，或单击菜单栏"绘图"→"多边形"命令，命令行提示（正多边形命令）：

> "_polygon"输入侧面数<4>：(输入"6"，按〈Enter〉键)。
> 指定正多边形的中心或[边(E)]：(单击，拾取点 A)。
> 输入选项[内接于圆(I)/外切于圆(C)]<I>：(输入"C"，按〈Enter〉键)。
> 指定圆的半径：(输入"8"，按〈Enter〉键)。

2. 绘制椭圆

1）单击"绘图"工具栏上的"椭圆：圆心"按钮 ，或单击菜单栏"绘图"→"椭圆"→"圆心"命令，命令行提示（椭圆命令）：

2-23 绘制圆与正多边形

2-24 绘制椭圆

57

指定椭圆的中心点：(单击,拾取点A)。
指定轴的端点：(向左移动光标确定直线前进方向,输入"24",按〈Enter〉键)。
指定另一条半轴长度或[旋转(R)]：(输入"12",按〈Enter〉键)。

2）单击"绘图"工具栏上的"直线"按钮╱，或单击菜单栏"绘图"→"直线"命令，命令行提示：

指定第一点：(输入起始点)(用鼠标在绘图区拾取椭圆的左象限点)。
指定下一点或【放弃(U)】：(向下移动光标确定直线前进方向,输入"39",按〈Enter〉键)。
指定下一点或【放弃(U)】：(输入"@15<−30",按〈Enter〉键)。
指定下一点或【放弃(U)】：(单击,如图2-67所示捕捉切点)。

注：捕捉切点时，确保状态栏上的"对象捕捉"处于打开状态，"切点" ✔⟳ **切点** 处于打开状态。

3）单击"修改"工具栏上的"偏移"按钮⊑，或单击菜单栏"修改"→"偏移"命令，命令行提示：

指定偏移距离或[通过(T)/删除(E)/图层(L)]<1.0000>：(输入"33",按〈Enter〉键)。
指定要偏移的对象，或[退出(E)/放弃(U)]<退出>：(单击,选取水平直线)。
指定要偏移的那一侧上的点，或[退出(E)/多个(M)/放弃(U)]<退出>：(光标向下移动,单击)。
指定要偏移的对象，或[退出(E)/放弃(U)]<退出>：(按〈Enter〉键或〈Esc〉键)。
(按空格键或〈Enter〉键,重复偏移命令操作)。
指定偏移距离或[通过(T)/删除(E)/图层(L)]<1.0000>：(输入"11",按〈Enter〉键)
指定要偏移的对象，或[退出(E)/放弃(U)]<退出>：(单击,选取通过左象限点的竖直直线)。
指定要偏移的那一侧上的点，或[退出(E)/多个(M)/放弃(U)]<退出>：(光标向右移动,单击)。
指定要偏移的对象，或[退出(E)/放弃(U)]<退出>：(按〈Enter〉键或〈Esc〉键)。

两直线的交点即为图2-66所示点B。

4）单击"绘图"工具栏上的"椭圆：圆心"按钮⊙，或单击菜单栏"绘图"→"椭圆"→"圆心"命令，命令行提示：

指定椭圆的中心点：(单击,拾取点B)。
指定轴的端点：(向左移动光标确定直线前进方向,输入"7",按〈Enter〉键)。
指定另一条半轴长度或[旋转(R)]：(输入"4",按〈Enter〉键)。

图形绘制如图2-68所示。

5）单击"修改"工具栏上的"旋转"按钮⟳，或单击菜单栏"修改"→"旋转"命令，命令行提示：

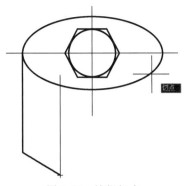

图 2-67　捕捉切点

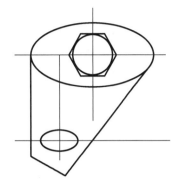

图 2-68　椭圆的绘制

选择对象：(单击，选取小椭圆)。

选择对象：(按〈Enter〉键)。

指定基点：(拾取 *B* 点，单击)。

指定旋转角度或[复制(C)/参照(R)]：(输入旋转角度"-30"，按〈Enter〉键)。

6）利用删除命令，删除多余的曲线，完成图 2-66 所示图形的绘制。

2.4.2　任务注释

1. 正多边形命令

正多边形是由 3 条或 3 条以上长度相等的线段首尾相接形成的闭合图形。其边数范围为 3～1024。

（1）输入命令

输入命令可以采用下列方法之一。

- 工具栏：单击"绘图"工具栏的"多边形"按钮 ⬠。
- 菜单栏：选取"绘图"菜单→"多边形"命令。
- 功能区：单击"默认"选项卡"绘图"面板中的"多边形"按钮 ⬠。
- 命令行：键盘输入"POLYGON"或"POL"。

（2）操作格式

在 AutoCAD 中，系统提供了 3 种绘图方式，分别为：边长、内接圆和外切圆。

2-25 以边长方式创建多边形

1）边长方式。以绘制图 2-69a 为例说明。输入命令后，系统提示如下：

"_polygon"输入边的数目<4>：(输入"6"，按〈Enter〉键)。

指定正多边形的中心或[边(E)]：(输入"E"，按〈Enter〉键)。

指定边的第一个端点：(用鼠标在绘图区任意位置拾取一点)。

指定边的第二个端点：(激活状态栏上的"正交"按钮 ⌐，向右移动光标确定直线前进方向，输入"20"，按〈Enter〉键)。

完成图 2-69a 的绘制。

2）内接圆方式。以绘制图 2-69b 为例说明。输入命令后，系统提示如下：

2-26 以内接圆方式创建多边形

"_polygon"输入边的数目<4>：(输入"5"，按〈Enter〉键)。

指定正多边形的中心或[边(E)]：(单击，拾取点 C，状态栏上的"对象捕捉"须处于打开状态)。

输入选项[内接于圆(I)/外切于圆(C)]<I>：(默认为内接于圆方式，按〈Enter〉键)。

指定圆的半径：(输入"50"，按〈Enter〉键)。

完成图 2-69b 的绘制。

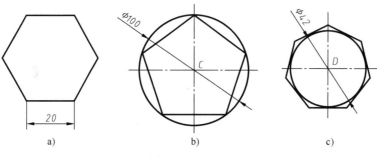

图 2-69　绘制正多边形

a）以边长方式绘制　b）以内接圆方式绘制　c）以外切圆方式绘制

2-27 以外切圆
方式绘制多边形

3）外切圆方式。以绘制图 2-69c 为例说明。输入命令后，系统提示如下：

"_polygon"输入边的数目<4>：(输入"7"，按〈Enter〉键)。

指定正多边形的中心或[边(E)]：(单击，拾取点 D，绘图中状态栏上的"对象捕捉"须处于打开状态)。

输入选项[内接于圆(I)/外切于圆(C)]<I>：(输入"C"，按〈Enter〉键)。

指定圆的半径：(输入"21"，按〈Enter〉键)。

完成图 2-69c 的绘制。

2. 椭圆命令

椭圆是平面上到定点距离与到定直线间距离之比为常数的所有点的集合。在 AutoCAD 2023 中，绘制椭圆有两种方法，即指定"圆心"和指定"轴、端点"。

（1）"圆心"方式

以绘制图 2-70 为例说明，其操作步骤如下。

2-28 指定圆心
绘制椭圆

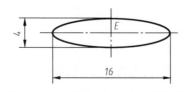

图 2-70　以"圆心"方式绘制椭圆

1）输入命令。

输入命令可以采用下列方法之一。

● 工具栏：单击"绘图"工具栏"椭圆：圆心"按钮。

- 菜单栏：选取"绘图"菜单→"椭圆"→"圆心"命令。
- 功能区：单击"默认"选项卡"绘图"面板中的"椭圆：圆心"按钮 ⊕ 。

2）操作格式。

执行上述命令之一，系统提示如下：

指定椭圆的中心点：(单击，拾取点 E)。

指定轴的端点：(状态栏上的"正交"按钮 ⌐ 处于打开状态，向右移动光标确定直线前进方向，输入"8"，按〈Enter〉键)。

指定另一条半轴长度或[旋转(R)]：(输入"2"，按〈Enter〉键)。

完成图 2-70 的绘制。

（2）"轴、端点"方式

以绘制图 2-71 为例说明，其操作步骤如下。

1）输入命令。

输入命令可以采用下列方法之一。

2-29 以"轴、端点"方式绘制椭圆

- 工具栏：单击"绘图"工具栏"椭圆：轴、端点"按钮 ⬭ 。
- 菜单栏：选取"绘图"菜单→"椭圆"→"轴、端点"命令。
- 功能区：单击"默认"选项卡"绘图"面板中的"椭圆：轴、端点"按钮 ⬭ 。

2）操作格式。

执行上述命令之一，系统提示如下：

指定椭圆的轴端点或[圆弧(A)/中心点(C)]：(用鼠标在绘图区任意位置拾取一点)。

指定轴的另一个端点：(状态栏上的"正交"按钮 ⌐ 处于打开状态，向右移动光标确定直线前进方向，输入"7"，按〈Enter〉键)。

指定另一条半轴长度或[旋转(R)]：(输入"2"，按〈Enter〉键)。

完成图 2-71 的绘制。

2.4.3 知识拓展

综合正多边形命令和旋转命令完成图 2-72 的绘制。

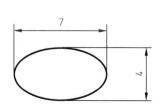

图 2-71 以"轴、端点"方式绘制椭圆

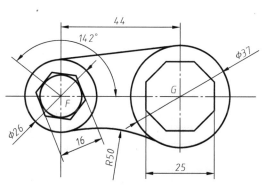

图 2-72 拓展练习图

1. 绘制圆

1）单击"绘图"工具栏上的"直线"按钮 ◢，命令行提示：

指定第一点:(输入起始点)(用鼠标在绘图区任意位置拾取一点)。

指定下一点或【放弃(U)】:(激活状态栏上的"正交"按钮 ⌐，向右移动光标确定直线前进方向，取任意长度，单击)。

指定下一点或【闭合(C)/放弃(U)】:(按〈Enter〉键或〈Esc〉键)。

(按空格键或〈Enter〉键，重复直线命令操作)。

指定第一点:(输入起始点)(用鼠标在已画的直线上方任意位置拾取一点)。

指定下一点或【放弃(U)】:(向下移动光标确定直线前进方向，取任意长度，单击)。

两直线的交点即为图 2-72 所示点 *F*。

2）单击"修改"工具栏上的"偏移"按钮 ⊂，命令行提示：

指定偏移距离或[通过(T)/删除(E)/图层(L)]<1.0000> :(输入"44"，按〈Enter〉键)。

指定要偏移的对象，或[退出(E)/放弃(U)]<退出> :(单击，选取竖直直线)。

指定要偏移的那一侧上的点，或[退出(E)/多个(M)/放弃(U)] <退出>:(光标向右移动，单击)。

指定要偏移的对象，或[退出(E)/放弃(U)]<退出> :(按〈Enter〉键或〈Esc〉键)。

两直线的交点即为图 2-72 所示点 *G*。

3）单击"绘图"工具栏上的"圆"按钮 ⊘，命令行提示：

指定圆的圆心或[三点(3P)/两点(2P)/相切、相切、半径(T)]:(拾取 *F* 点，绘图中状态栏上的"对象捕捉"须处于打开状态)。

指定圆的半径或[直径(D)]:(输入"13"，按〈Enter〉键)。

(按空格键或〈Enter〉键，重复圆命令操作)。

指定圆的圆心或[三点(3P)/两点(2P)/相切、相切、半径(T)]:(拾取 *G* 点)。

指定圆的半径或[直径(D)]:(输入"16.5"，按〈Enter〉键)。

4）单击"绘图"工具栏上的"直线"按钮 ◢，命令行提示：

指定第一点:(输入起始点)(同时按下〈Shift〉键和右击鼠标，弹出快捷菜单，列出 AutoCAD 提供的对象捕捉模式，如图 2-73 所示。选择"切点"，在 $\phi26$ 的上半圆任意位置单击，如图 2-74a 所示)。

指定下一点或【放弃(U)】:(同时按下〈Shift〉键和右击鼠标，弹出快捷菜单，列出 AutoCAD 提供的对象捕捉模式。选择"切点"，在 $\phi37$ 的上半圆任意位置单击，如图 2-74b 所示)。

指定下一点或【闭合(C)/放弃(U)】:(按〈Enter〉键或〈Esc〉键)。

5）单击"绘制"工具栏"圆:相切、相切、半径"按钮 ⊘，命令行提示：

图 2-73 "对象捕捉"快捷菜单

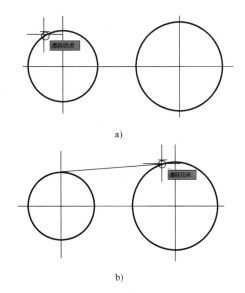

图 2-74 捕捉切点绘制直线

a）第一次捕捉切点 b）第二次捕捉切点

指定对象与圆的第一个切点:(在 $\phi26$ 的下半圆弧任意位置单击)。

指定对象与圆的第二个切点:(在 $\phi37$ 的下半圆弧任意位置单击)。

指定圆的半径或[直径(D)]:(输入"50",按〈Enter〉键)。

注: 鼠标点选的位置要接近切点的位置。

单击"修改"工具栏上的"修剪"按钮，命令行提示:

[剪切边(T)/窗交(C)/模式(O)/投影(P)/删除(R)]:(单击,选取要剪切的圆弧边,按<Enter>键或<Esc>键。

绘制效果如图 2-75 所示。

2. 绘制正多边形

1）单击"绘图"工具栏上的"多边形"按钮，或单击菜单栏"绘图"→"多边形"命令，命令行提示:

"_polygon"输入边的数目<4>:("对象捕捉"处于打开状态,输入"8",按〈Enter〉键)。

指定正多边形的中心或[边(E)]:(单击,拾取点 G)。

输入选项[内接于圆(I)/外切于圆(C)]<I>:(输入"C",按〈Enter〉键)。

指定圆的半径:(输入"12.5",按〈Enter〉键)。

2）单击"绘图"工具栏上的"正多边形"按钮，或单击菜单栏"绘图"→"多边形"命令，命令行提示:

"_polygon"输入边的数目<4>:(输入"6",按〈Enter〉键)。

指定正多边形的中心或[边(E)]:(单击,拾取点 F)。

输入选项[内接于圆(I)/外切于圆(C)]<I>:(输入"C",按〈Enter〉键)。

指定圆的半径:(输入"8",按〈Enter〉键)。

绘制效果如图 2-76 所示。

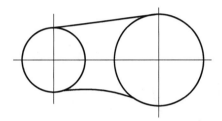

图 2-75　绘制圆后效果图

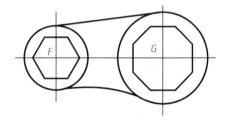

图 2-76　绘制正多边形后效果图

3）单击"修改"工具栏上的"旋转"按钮 ○，或单击菜单栏"修改"→"旋转"命令，命令行提示：

选择对象:(单击,选取左边的正多边形)。

选择对象:(按〈Enter〉键)。

指定基点:(单击,拾取 F 点)。

指定旋转角度或[复制(C)/参照(R)]:(输入旋转角度"52",按〈Enter〉键)。

注：从当前位置旋转到图 2-72 所示位置，旋转角度为 "142°－90°＝52°"。

利用删除命令，删除多余的曲线，完成图 2-72 所示图形的绘制（点画线的绘制见项目 3 相关内容）。

2.4.4　课后练习

绘制图 2-77 所示图形。

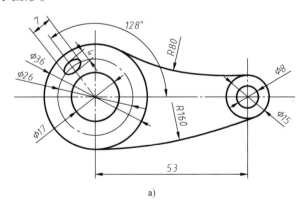

a)

图 2-77　课后练习图

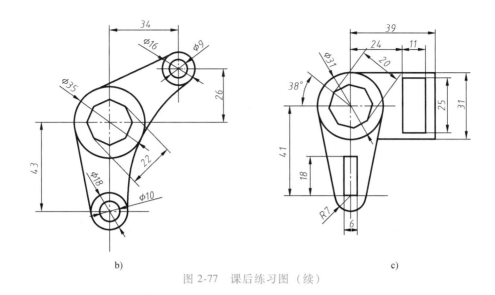

b)   c)

图 2-77　课后练习图（续）

任务 2.5　绘制角铁——学习面域、复制和缩放命令

本任务将以绘制如图 2-78 所示的角铁为例，说明面域、复制和缩放命令的实用技巧与方法。

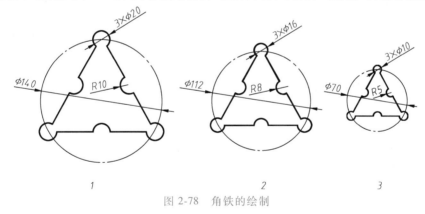

1   2   3

图 2-78　角铁的绘制

2.5.1　任务学习

本任务学习绘制图 2-78 所示的角铁系列。

1. 绘制 1 号角铁

（1）绘制三角形

单击"绘图"工具栏上的"多边形"按钮⬡，命令行提示：

"_polygon"输入边的数目<4>:（输入"3"，按〈Enter〉键）。

指定正多边形的中心点或[边（E）]:（指定图面上任意一点）。

输入选项[内接于圆（I）/外切于圆（C）]<I>:（按〈Enter〉键）。

指定圆的半径:（激活状态栏上的"正交"按钮🔲，输入"70"，按〈Enter〉键）。

2-30 绘制1号
角铁

（2）绘制圆

1）单击"绘图"工具栏上的"圆：圆心、半径"按钮 ⊘，命令行提示：

指定圆的圆心或[三点(3P)/两点(2P)/相切、相切、半径(T)]：(拾取三角形的一个顶点，状态栏上的"对象捕捉"中端点捕捉须处于打开状态)。

指定圆的半径或[直径(D)]：(输入"10"，按〈Enter〉键)。

2）单击"修改"工具栏上的"复制"按钮 ⅋，命令行提示（复制命令）：

选择对象：(选择圆，按〈Enter〉键)。
指定基点或[位移(D)/模式(O)]<D>：(选取圆心)。
指定基点或[位移(D)/模式(O)]<位移>：指定第二个点或<使用第一个点作为位移>：(选取三角形的另一个顶点)。
指定第二个点或[退出(E)/放弃(U)]<退出>：(选取三角形的第三个顶点)。
指定第二个点或[退出(E)/放弃(U)]<退出>：(选取三角形一边的中点)。
指定第二个点或[退出(E)/放弃(U)]<退出>：(选取三角形另一边的中点)。
指定第二个点或[退出(E)/放弃(U)]<退出>：(选取三角形第三条边的中点)。
指定第二个点或[退出(E)/放弃(U)]<退出>：(按〈Enter〉键或〈Esc〉键)。

绘制效果如图 2-79 所示。

提示：鼠标右击"对象捕捉"按钮 ▢，在"快捷菜单"中选择"设置…"，勾选对象捕捉模式中的"中点"选项。

（3）创建面域

单击"绘图"工具栏上的"面域"按钮 ◉，命令行提示（面域命令）：

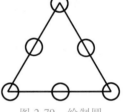

图 2-79　绘制圆

选择对象：(选取三角形，按〈Enter〉键)。

系统提示已创建一个面域。

按〈Enter〉键或空格键，重复面域命令。
选择对象：(选取一个圆，按〈Enter〉键)。

依次将剩下的圆用类似的方法分别创建面域。

（4）面域的布尔运算

单击菜单栏上的"修改"→"实体编辑"→"并集"命令，命令行提示（面域的布尔运算）：

选择对象：(选取三角形任意位置)；
选择对象：(选取以三角形顶点为圆心的 3 个圆，按〈Enter〉键)。

单击菜单栏上的"修改"→"实体编辑"→"差集"命令，命令行提示：

选择对象：(选取三角形任意位置，按〈Enter〉键)。
选择对象：(选取以三角形各边中点为圆心的 3 个圆，按〈Enter〉键)。

2. 绘制 2 号角铁

1）单击"修改"工具栏上的"复制"按钮 ⅋，命令行提示：

2-31　绘制2号角铁

选择对象:(选择1号角铁,按〈Enter〉键)。

指定基点或[位移(D)/模式(O)]<D>:(选取图面任意一点)。

指定基点或[位移(D)/模式(O)]<位移>:指定第二个点或<使用第一个点作为位移>:(打开正交按钮,向右移动光标,在适当的位置单击确定)。

指定第二个点或[退出(E)/放弃(U)]<退出>:(按〈Enter〉键或〈ESC〉键)。

复制生成一个新的角铁。

2)单击"修改"工具栏上的"缩放"按钮 ⬜,命令行提示(缩放命令):

选择对象:(选取新生成的角铁,按〈Enter〉键)。

指定基点:(选取图面上任意一个位置点)。

指定比例因子或[复制(C)/参照(R)]<1.0000>:(输入"R",按〈Enter〉键)。

指定参照长度<1.0000>:(输入"140",按〈Enter〉键)。

指定新的长度或[点(P)]<1.0000>:(输入"112",按〈Enter〉键)。

完成2号角铁的绘制。

注: 本系列角铁为成比例缩放。

3. 绘制3号角铁

1)单击"修改"工具栏上的"复制"按钮 ⬚,命令行提示:

选择对象:(选择1号角铁,按〈Enter〉键)。

指定基点或[位移(D)/模式(O)]<D>:(选取图面任意一点)。

指定基点或[位移(D)/模式(O)]<位移>:指定第二个点或<使用第一个点作为位移>:(打开正交按钮,向右移动光标,在适当的位置单击确定)。

指定第二个点或[退出(E)/放弃(U)]<退出>:(按〈Enter〉键或〈Esc〉键)。

复制生成一个新的角铁。

2)单击"修改"工具栏上的"缩放"按钮 ⬜,命令行提示:

选择对象:(选取新生成的角铁,按〈Enter〉键)。

指定基点:(选取图面上任意一个位置点)。

指定比例因子或[复制(C)/参照(R)]<1.0000>:(输入"0.5",按〈Enter〉键)。

完成3号角铁的绘制。

2.5.2 任务注释

1. 复制命令

该功能可以复制单个或多个相同对象。以图2-80为例,其操作步骤如下。

(1)输入命令

输入命令可以采用下列方法之一。

● 工具栏:单击"修改"工具栏的"复制"按钮 ⬚。

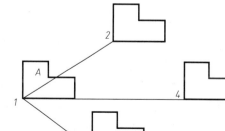

图2-80 复制示例

- 菜单栏：选取"修改"菜单→"复制"命令。
- 功能区：单击"默认"选项卡"修改"面板中的"复制"按钮。
- 命令行：键盘输入"COPY"或"CO"。

（2）操作格式

执行上述命令之一，系统提示如下：

> 选择对象：(选择图 2-80 中的 A 图，按〈Enter〉键)。
> 指定基点或[位移(D)/模式(O)]<D>：(选取 1 点)。
> 指定基点或[位移(D)/模式(O)]<位移>:指定第二个点或<使用第一个点作为位移>:(指定位置点 2)。
> 指定第二个点或[退出(E)/放弃(U)]<退出>：(指定位置点 3)。
> 指定第二个点或[退出(E)/放弃(U)]<退出>：(指定位置点 4)。
> 指定第二个点或[退出(E)/放弃(U)]<退出>：(按〈Enter〉键或〈Esc〉键)。

（3）说明

在 AutoCAD 中执行复制操作时，系统默认的复制是多次复制，此时根据命令行提示输入字母"O"，即可设置复制模式为单个或多个。

2. 面域命令

面域是具有一定边界的二维闭合区域。创建面域的方法有很多种，其中最常用的方法有两种：使用"面域"工具创建面域和使用"边界"工具创建面域。

（1）使用"面域"工具创建面域

1）输入命令。

- 工具栏：单击"绘图"工具栏的"面域"按钮。
- 菜单栏：选取"绘图"菜单→"面域"命令。
- 功能区：单击"默认"选项卡"绘图"面板中的"面域"按钮。
- 命令行：键盘输入"REGION"或"REG"。

2）操作格式。

执行上述命令之一，系统提示如下：

> 选择对象：(选取一个或多个用于转换成面域的封闭图形，按〈Enter〉键)。

（2）使用"边界"工具创建面域

1）输入命令。

菜单栏：选取"绘图"菜单→"边界"命令。

2）操作格式。

执行上述命令后，系统会弹出"边界创建"对话框，如图 2-81 所示。

在"对象类型"下拉列表框中选择"面域"选项。

单击"拾取点"按钮，选择封闭的线框。

单击"确定"按钮，完成面域的创建。

3. 面域的布尔运算

布尔运算是数学中的一种逻辑运算。

图 2-81　"边界创建"对话框

（1）并集

利用"并集"工具可以合并两个面域，即创建两个面域的并集。以图 2-82 为例，其操作步骤如下。

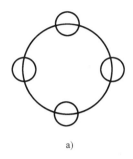

a)　　　　　　　　　　　　　b)

图 2-82　面域并集运算

a）并集运算前　b）并集运算后

1）输入命令。

菜单栏：选取"修改"菜单→"实体编辑"→"并集"命令。

2）操作格式。

执行上述命令后，系统提示如下：

选择对象：(选取所有的圆，按〈Enter〉键)。

注：并集操作前，须保证每个圆均已创建面域。

（2）交集

利用此工具可以获取两个面域的公共面域，即交叉部分面域。以图 2-83 为例，其操作步骤如下。

1）输入命令。

菜单栏：选取"修改"菜单→"实体编辑"→"交集"命令。

2）操作格式。

执行上述命令后，系统提示如下：

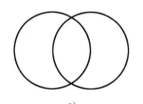

a)　　　　　　　　　　b)

图 2-83　面域交集运算

a）交集运算前　b）交集运算后

选择对象：(选取两个圆，按〈Enter〉键)。

（3）差集

利用此工具可以将一个面域从另一个面域中去除，即两个面域求差。以图 2-84 为例，其操作步骤如下。

1）输入命令。

菜单栏：选取"修改"菜单→"实体编辑"→"差集"命令。

2）操作格式。

执行上述命令后，系统提示如下：

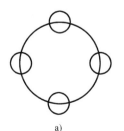

a)　　　　　　　　　　b)

图 2-84　面域差集运算

a）差集运算前　b）差集运算后

选择对象：(选取被去除的面域-大圆,按〈Enter〉键)。

选择对象：(选取要去除的面域-4个小圆,按〈Enter〉键)。

4. 缩放命令

利用该工具可以将图形对象以指定的基点为参照，放大或缩小一定比例，创建出与源对象成一定比例且形状相同的新图形对象。

缩放命令通常采用两种形式，分别为指定比例因子方式缩放和参照方式缩放。

（1）指定比例因子缩放

以图 2-85 为例，其操作步骤如下。

1）输入命令。

输入命令可以采用下列方法之一。

* 工具栏：单击"修改"工具栏的"缩放"按钮 。

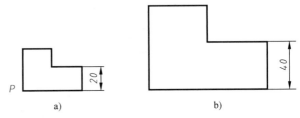

图 2-85　指定比例因子缩放

a）缩放前　b）缩放后

* 菜单栏：选取"修改"菜单→"缩放"命令。

* 功能区：单击"默认"选项卡"修改"面板中的"缩放"按钮。

* 命令行：键盘输入"SCALE"或"SC"。

2）操作格式。

执行上述命令之一，系统提示如下：

选择对象：(选择要缩放的对象,如图 2-85a 所示,按〈Enter〉键)。

指定基点：(指定基点 P)。

指定比例因子或[复制(C)/参照(R)]<1.0000>:(输入"2",按〈Enter〉键)。

2-34 指定比例因子缩放

3）说明。

比例因子即为缩放倍数，只能取正数。当比例因子小于 1 时，缩小对象；当比例因子大于 1 时，为放大对象。当选择"C"时，缩放时保留源对象。

（2）参照方式缩放

以图 2-86 为例，其操作步骤如下。

1）输入命令。

输入命令可以采用下列方法之一。

* 工具栏：单击"修改"工具栏的"缩放"按钮。

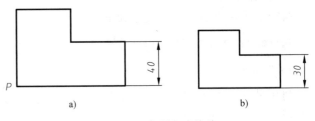

图 2-86　参照方式缩放

a）缩放前　b）缩放后

* 菜单栏：选取"修改"菜单→"缩放"命令。

* 功能区：单击"默认"选项卡"修改"面板中的"缩放"按钮。

* 命令行：键盘输入"SCALE"或"SC"。

2-35 参照方式缩放

2）操作格式。

执行上述命令之一，系统提示如下：

选择对象:(选择要缩放的对象)。

选择对象:(按〈Enter〉键或继续选择对象)。

指定基点:(指定基点 P)。

指定比例因子或[复制(C)/参照(R)]<1.0000>:(输入"R",按〈Enter〉键)。

指定参照长度<1.0000>:(输入原对象中任意一个已知长度,如"40",按〈Enter〉键)。

指定新的长度或[点(P)]<1.0000>:(输入缩放后该尺寸的大小"30",按〈Enter〉键)。

2.5.3 知识拓展

综合运用复制命令和缩放命令完成图 2-87 的绘制。

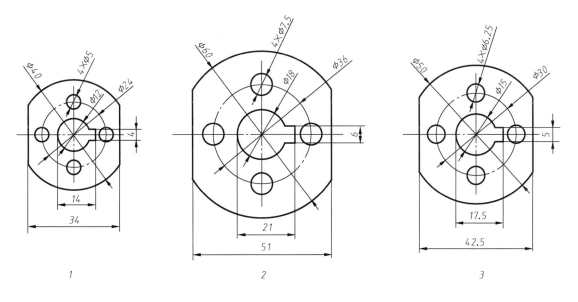

图 2-87 拓展练习图

1. 绘制最左边的 1 号图形

1）单击"绘图"工具栏上的"直线"按钮，命令行提示：

指定第一点:(输入起始点)(用鼠标在绘图区任意位置拾取一点)。

指定下一点或【放弃(U)】:(单击状态栏上的"正交"按钮，向右移动光标确定直线前进方向,取任意长度,单击)。

指定下一点或【闭合(C)/放弃(U)】:(按〈Enter〉键或〈Esc〉键)。

(按空格键或〈Enter〉键,重复直线命令操作)。

指定第一点:(输入起始点)(用鼠标在已画的直线上方任意位置拾取一点)。

指定下一点或【放弃(U)】:(向下移动光标确定直线前进方向,取任意长度,单击)。

两直线的交点即为图 2-87 1 号图形中的大圆圆心。

2）单击"绘图"工具栏上的"圆"按钮，命令行提示：

指定圆的圆心或［三点（3P）/两点（2P）/相切、相切、半径（T）］:（大圆圆心,绘图中状态栏上的"对象捕捉"须处于打开状态）。

指定圆的半径或［直径（D）］:（输入"20",按〈Enter〉键）。

（按空格键或〈Enter〉键,重复圆命令操作）。

指定圆的圆心或［三点（3P）/两点（2P）/相切、相切、半径（T）］:（拾取大圆圆心）。

指定圆的半径或［直径（D）］:（输入"6",按〈Enter〉键）。

（按空格键或〈Enter〉键,重复圆命令操作）。

指定圆的圆心或［三点（3P）/两点（2P）/相切、相切、半径（T）］:（拾取大圆圆心）。

指定圆的半径或［直径（D）］:（输入"12",按〈Enter〉键）。

（按空格键或〈Enter〉键,重复圆命令操作）。

指定圆的圆心或［三点（3P）/两点（2P）/相切、相切、半径（T）］:（拾取上个圆与竖直直线的交点）。

指定圆的半径或［直径（D）］:（输入"2.5",按〈Enter〉键）。

3）单击"修改"工具栏上的"复制"按钮，命令行提示：

选择对象:（选择小圆,按〈Enter〉键）。

指定基点或［位移（D）/模式（O）］<D>:（选取小圆的圆心）。

指定基点或［位移（D）/模式（O）］<位移>:指定第二个点或<使用第一个点作为位移>:（选取第一个交点,如图2-88所示）。

指定第二个点或［退出（E）/放弃（U）］<退出>:（选取第二个交点）。

指定第二个点或［退出（E）/放弃（U）］<退出>:（选取第三个交点）。

指定第二个点或［退出（E）/放弃（U）］<退出>:（按〈Enter〉键或〈Esc〉键）。

复制效果如图2-89所示。

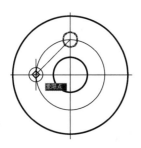

图2-88　复制时捕捉交点

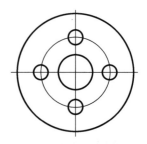

图2-89　复制效果

4）单击"修改"工具栏上的"偏移"按钮，命令行提示：

指定偏移距离或［通过（T）/删除（E）/图层（L）］<1.0000>:（输入"17",按〈Enter〉键）。

指定要偏移的对象,或［退出（E）/放弃（U）］<退出>:（单击,选取竖直直线）。

指定要偏移的那一侧上的点,或［退出（E）/多个（M）/放弃（U）］<退出>:（光标向左移动,单击）。

指定要偏移的对象,或［退出（E）/放弃（U）］<退出>:（再次单击,选取竖直直线）。

指定要偏移的那一侧上的点,或［退出（E）/多个（M）/放弃（U）］<退出>:（光标向右移动,单击）。

指定要偏移的对象,或［退出（E）/放弃（U）］<退出>:（按〈Enter〉键或〈Esc〉键）。

（按空格键或〈Enter〉键，重复偏移命令操作）。

指定偏移距离或[通过(T)/删除(E)/图层(L)]<1.0000>：（输入"2"，按〈Enter〉键）。

指定要偏移的对象，或[退出(E)/放弃(U)]<退出>：（单击，选取水平直线）。

指定要偏移的那一侧上的点，或[退出(E)/多个(M)/放弃(U)]<退出>：（光标向上移动，单击）。

指定要偏移的对象，或[退出(E)/放弃(U)]<退出>：（再次单击，选取水平直线）。

指定要偏移的那一侧上的点，或[退出(E)/多个(M)/放弃(U)]<退出>：（光标向下移动，单击）。

指定要偏移的对象，或[退出(E)/放弃(U)]<退出>：（按〈Enter〉键或〈Esc〉键）。

（按空格键或〈Enter〉键，重复偏移命令操作）。

指定偏移距离或[通过(T)/删除(E)/图层(L)]<1.0000>：（输入"8"，按〈Enter〉键）。

指定要偏移的对象，或[退出(E)/放弃(U)]<退出>：（单击，选取竖直直线）。

指定要偏移的那一侧上的点，或[退出(E)/多个(M)/放弃(U)]<退出>：（光标向右移动，单击）。

偏移效果如图 2-90 所示。

5）单击"修改"工具栏上的"修剪"按钮 ✂，命令行提示：

[剪切边(T)/窗交(C)/模式(O)/投影(P)/删除(R)]：（单击，选取要修剪的线段，按<Enter>键或<Esc>键）。

6）利用删除命令，删除多余的线条，效果如图 2-91 所示。

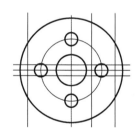

图 2-90　偏移效果

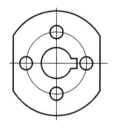

图 2-91　修剪效果

2. 绘制 2 号图形

1）单击"修改"工具栏上的"复制"按钮，命令行提示：

选择对象：（选择 1 号图形，按〈Enter〉键）。

指定基点或[位移(D)/模式(O)]<D>：（选取图面任意一点）。

指定基点或[位移(D)/模式(O)]<位移>：指定第二个点或<使用第一个点作为位移>：（打开正交按钮 ⌐，向右移动光标，在适当的位置单击确定）。

指定第二个点或[退出(E)/放弃(U)]<退出>：（按〈Enter〉键或〈Esc〉键）。

复制生成一个新的图形。

2）单击"修改"工具栏上的"缩放"按钮，命令行提示：

选择对象：(选取新生成的图形，按〈Enter〉键)。

指定基点：(选取图面上任意一个位置点)。

指定比例因子或[复制(C)/参照(R)]<1.0000>：(输入"1.5"，按〈Enter〉键)。

完成2号图形的绘制。

提示：本系列图形为成比例缩放。

3. 绘制3号图形

1）单击"修改"工具栏上的"复制"按钮 ，命令行提示：

选择对象：(选择1号图形，按〈Enter〉键)。

指定基点或[位移(D)/模式(O)]<D>：(选取图面任意一点)。

指定基点或[位移(D)/模式(O)]<位移>：指定第二个点或<使用第一个点作为位移>：(打开正交按钮

，向右移动光标，在适当的位置单击确定)。

指定第二个点或[退出(E)/放弃(U)]<退出>：(按〈Enter〉键或〈Esc〉键)。

复制生成一个新的图形。

2）单击"修改"工具栏上的"缩放"按钮 ，命令行提示：

选择对象：(选取新生成的图形，按〈Enter〉键)。

指定基点：(选取图面上任意一个位置点)。

指定比例因子或[复制(C)/参照(R)]<1.0000>：(输入"R"，按〈Enter〉键)。

指定参照长度<1.0000>：(输入"24"，按〈Enter〉键)。

指定新的长度或[点(P)]<1.0000>：(输入"30"，按〈Enter〉键)。

完成3号图形的绘制。

2.5.4 课后练习

利用面域命令和面域的布尔运算完成图2-92所示图形的绘制。

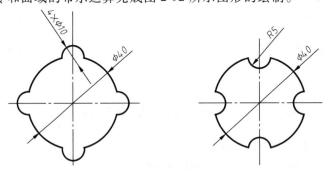

图2-92　课后练习图

任务2.6　绘制棘轮——学习点命令

点有多种不同的表达方式，用户可以根据需要进行设置。可设置等分点和测量点。本任务将以绘制如图2-93所示的棘轮为例，说明点命令的使用。

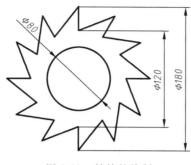

图 2-93　棘轮的绘制

2-36　绘制棘轮

2.6.1　任务学习

1. 绘制 ϕ80、ϕ120 和 ϕ180 同心圆

1）单击"绘图"工具栏上的"圆"按钮，命令行提示：

> 指定圆的圆心或［三点（3P）/两点（2P）/相切、相切、半径（T）］:（在图面上任取一点）。
> 指定圆的半径或［直径（D）］:（输入"40"，按〈Enter〉键）。
> （按<Enter>键或空格键，重复圆命令）。
> 指定圆的圆心或［三点（3P）/两点（2P）/相切、相切、半径（T）］:（拾取圆心，绘图中状态栏上的"对象捕捉"须处于打开状态）。
> 指定圆的半径或［直径（D）］:（输入"60"，按〈Enter〉键）。

2）利用同样的方法，绘制直径为 180 的圆，如图 2-94 所示。

2. 点样式的设置

单击菜单栏"格式"→"点样式"命令，在打开的"点样式"对话框中选择"×"样式，同时点的大小取 3%，如图 2-95 所示。

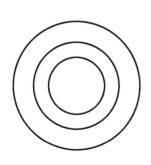

图 2-94　同心圆的绘制

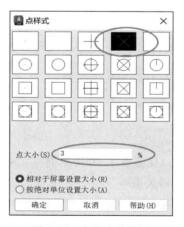

图 2-95　点样式的设置

3. 等分圆

单击菜单栏"绘图"→"点"→"定数等分"命令，命令行提示（点命令）：

选择要定数等分的对象：(选择 $\phi120$ 的圆)。

输入线段数目或［块(B)］：(输入"12"，按〈Enter〉键)。

(按〈Enter〉键或空格键，重复圆命令)。

选择要定数等分的对象：(选择 $\phi180$ 的圆)。

输入线段数目或［块(B)］：(输入"12"，按〈Enter〉键)。

结果如图 2-96 所示。

4. 连接各点

单击"绘图"工具栏上的"直线"按钮，顺次连接 3 个等分点，完成棘轮一个轮齿的连接，如图 2-97 所示，利用同样的方法连接其他点。

注：在绘制直线时，为了能捕捉到点，须确保状态栏上的"对象捕捉"按钮处于打开状态，并且"节点" ✔ □ **节点** 处于打开状态。

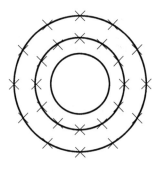

图 2-96　等分圆

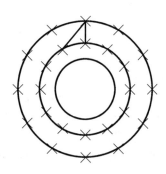

图 2-97　棘轮的轮齿连接

5. 点的隐藏和辅助圆的删除

1）单击菜单栏"格式"→"点样式"命令，在打开的"点样式"对话框中选择"空"样式，完成点的隐藏。

2）单击"删除"按钮，命令行提示：

选择对象：(选择 $\phi120$ 和 $\phi180$ 的两个圆,按〈Enter〉键)。

完成图 2-93 棘轮的绘制。

2.6.2　任务注释

1. 点样式

AutoCAD 提供了 20 种不同样式的点，用户可以根据需要进行设置。

（1）输入命令

输入命令可以采用下列方法之一。

● 菜单栏：选取"格式"菜单→"点样式"命令。

● 命令行：键盘输入"DDPTYPE"。

（2）操作格式

执行上述命令之一，系统打开"点样式"对话框，如图 2-98 所示。设置完毕后，单击

"确定"按钮,完成操作。

(3)说明

对话框各功能如下:

- "点样式":提供了 20 种样式,可以任选一种。
- "点大小":确定所选点的大小。
- "相对于屏幕设置大小":即点的大小随绘图区的变化而改变。
- "按绝对单位设置大小":即点的大小不变。

2. 点命令

通常点的命令包括:绘制点、等分点和测量点。

(1)绘制点

1)输入命令。

输入命令可以采用下列方法之一。

- 工具栏:单击"绘图"工具栏的"多点"按钮 。
- 菜单栏:选取"绘图"菜单→"点"命令→"单点"或"多点"命令。
- 功能区:单击"默认"选项卡"绘图"面板中的"点"按钮 (多点)。
- 命令行:键盘输入"POINT"或"PO"(单点)。

2)操作格式。

执行上述命令之一,系统提示如下:

指定点:(指定点所在位置)。

3)说明。

利用功能区和工具栏绘制点时,默认为"多点"。

通过菜单栏方法操作时,"单点"选项表示只输入一个点,"多点"选项表示可输入多个点。可以打开状态栏中的"对象捕捉"按钮 ,帮助用户拾取点。

(2)等分点

以图 2-99 为例,其操作步骤如下。

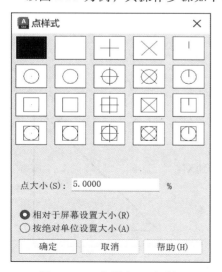

图 2-98 "点样式"对话框

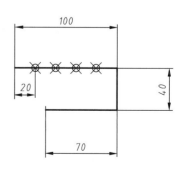

图 2-99 等分点

1）输入命令。

输入命令可以采用下列方法之一。

- 菜单栏：选取"绘图"菜单→"点"命令→"定数等分"命令。
- 功能区：单击"默认"选项卡"绘图"面板中的"定数等分"按钮 。
- 命令行：键盘输入"DIVIDE"或"DIV"。

2）操作格式。

执行上述命令之一，系统提示如下：

> 选择要定数等分的对象：(选择长度为 100 的直线段)。
>
> 输入线段数目或［块（B）］：(输入"5"，按〈Enter〉键)。

完成图 2-99 的绘制。

注：本操作前，需在"点样式"中完成图 2-98 所示点样式的选择。

3）说明。

等分数范围为 2~32767。

在等分点处，按当前点样式设置来绘制等分点。

在第二提示行选择"块（B）"选项时，表示等分点处插入指定的块（BLOCK）。

（3）测量点

以图 2-100 为例，其操作步骤如下。

1）输入命令。

输入命令可以采用下列方法之一。

- 菜单栏：选取"绘图"菜单→"点"命令→"定距等分"命令。
- 功能区：单击"默认"选项卡"绘图"面板中的"定距等分"按钮 。
- 命令行：键盘输入"MEASURE"或"ME"。

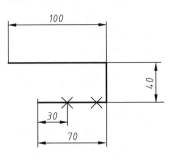

图 2-100　测量点

2）操作格式。

执行上述命令之一，系统提示如下：

> 选择要定距等分的对象；(选择长度为 70 的直线段)。
>
> 指定线段长度或［块（B）］：(输入"30"，按〈Enter〉键)。

完成图 2-100 的绘制。

注：本操作前，需在"点样式"中完成图 2-98 所示点样式的选择。

3）说明。

放置点的起始位置从离对象取点较近的端点开始。

如果对象总长不能被所选长度整除，则最后放置点到对象端点的距离不等于所选长度。

2.6.3　课后练习

分别运用等分点和测量点两种方法，将三角板的底边等分成 20 份，如图 2-101 所示。

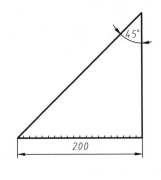

图 2-101　三角板

任务 2.7 绘制吊钩——学习圆角和倒角命令

本任务将以绘制如图 2-102 所示的吊钩为例，说明圆角命令和倒角命令的使用技巧与方法。

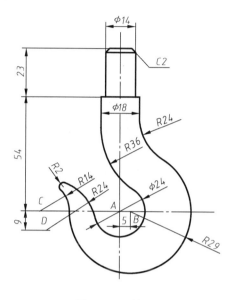

图 2-102 吊钩

2.7.1 任务学习

2-39 绘制倒角

1. 绘制倒角

1）单击"绘图"工具栏上的"直线"按钮 ✏，命令行提示：

指定第一点：(输入起始点)(用鼠标在绘图区任意位置拾取一点)。

指定下一点或【放弃(U)】：(单击状态栏上的"正交"按钮 ┗ ，向右移动光标确定直线前进方向，取任意长度，单击)。

指定下一点或【闭合(C)/放弃(U)】：(按〈Enter〉键或〈Esc〉键)。

(按空格键或〈Enter〉键，重复直线命令操作)。

指定第一点：(输入起始点)(用鼠标在已画的直线上方任意位置拾取一点)。

指定下一点或【放弃(U)】：(向下移动光标确定直线前进方向，与上一条线相交，取任意长度，单击)。

两直线的交点即为图 2-102 所示点 A。

2）单击"修改"工具栏上的"偏移"按钮 ⊑ ，命令行提示：

指定偏移距离或[通过(T)/删除(E)/图层(L)]<1.0000>：(输入"54"，按〈Enter〉键)。

指定要偏移的对象，或[退出(E)/放弃(U)]<退出>：(单击，选取水平直线)。

指定要偏移的那一侧上的点，或[退出(E)/多个(M)/放弃(U)]<退出>：(光标向上移动，单击)。

指定要偏移的对象，或[退出(E)/放弃(U)]<退出>：(按〈Enter〉键或〈Esc〉键)。

(按空格键或〈Enter〉键，重复偏移命令操作)。

指定偏移距离或[通过(T)/删除(E)/图层(L)]<1.0000>：(输入"23"，按〈Enter〉键)。

指定要偏移的对象，或[退出(E)/放弃(U)]<退出>：(单击，选取新绘制的水平直线)。

指定要偏移的那一侧上的点，或[退出(E)/多个(M)/放弃(U)]<退出>：(光标向上移动，单击)。

指定要偏移的对象，或[退出(E)/放弃(U)]<退出>：(按〈Enter〉键或〈Esc〉键)。

(按空格键或〈Enter〉键，重复偏移命令操作。)

指定偏移距离或[通过(T)/删除(E)/图层(L)]<1.0000>：(输入"7"，按〈Enter〉键)。

指定要偏移的对象，或[退出(E)/放弃(U)]<退出>：(单击，选取竖直直线)。

指定要偏移的那一侧上的点，或[退出(E)/多个(M)/放弃(U)]<退出>：(光标向右移动，单击)。

指定要偏移的对象，或[退出(E)/放弃(U)]<退出>：(单击，再次选取先前的竖直直线)。

指定要偏移的那一侧上的点，或[退出(E)/多个(M)/放弃(U)]<退出>：(光标向左移动，单击)。

指定要偏移的对象，或[退出(E)/放弃(U)]<退出>：(按〈Enter〉键或〈Esc〉键)。

绘制效果如图 2-103 所示。

3）单击"修改"工具栏上的"倒角"按钮╱，或单击菜单栏"修改"→"倒角"命令，命令行提示（倒角命令）：

选择第一条直线或[放弃(U)多段线(P)/距离(D)/角度(A)/修剪(T)/方式(E)/多个(M)]：(输入"D"，按〈Enter〉键)。

指定第一个倒角距离<0.0000>：(输入"2"，按〈Enter〉键)。

指定第二个倒角距离<2.0000>：(输入"2"，按〈Enter〉键)。

选择第一条直线或[放弃(U)多段线(P)/距离(D)/角度(A)/修剪(T)/方式(E)/多个(M)]：(单击，选取 L1 直线)。

选择第二条直线，或按<Shift>键选择要应用角点的直线：(单击，选取 L2 直线)。

注：在使用倒角命令选取直线时，注意单击直线的位置，单击的位置不同，倒角的效果不同。

(按空格键或〈Enter〉键，重复倒角命令操作)。

选择第一条直线或[放弃(U)多段线(P)/距离(D)/角度(A)/修剪(T)/方式(E)/多个(M)]：(单击，选取 L1 直线)。

选择第二条直线，或按<Shift>键选择要应用角点的直线：(单击，选取 L3 直线)。

注：AutoCAD 系统会记忆上次倒角的距离作为默认值，无须再次设置。

绘制效果如图 2-104 所示。

2-40 绘制两圆弧

2. 绘制吊钩 *R*24 和 *R*36 圆弧

1）单击"修改"工具栏上的"修剪"按钮╳，或单击菜单栏"修改"→"修剪"命令，命令行提示：

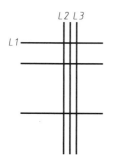

图 2-103　倒角前图形效果图

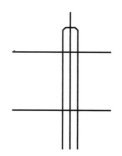

图 2-104　倒角后图形效果图

［剪切边(T)/窗交(C)/模式(O)/投影(P)/删除(R)］(单击,选取要剪切的直线边,按<Enter>键或<Esc>键)。

绘制效果如图 2-105 所示。

2）重复使用修剪与偏移命令,绘制如图 2-106 所示效果。

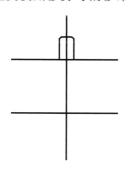

图 2-105　修剪后结果

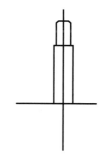

图 2-106　重复偏移与修剪命令绘制图形

3）单击"绘图"工具栏上的"圆"按钮 ⊘ ,命令行提示:

指定圆的圆心或［三点(3P)/两点(2P)/相切、相切、半径(T)］:(拾取 A 点,状态栏上的"对象捕捉"须处于打开状态)。
指定圆的半径或［直径(D)］:(输入"12",按〈Enter〉键)。

4）单击"修改"工具栏上的"偏移"按钮 ⊂ ,命令行提示:

指定偏移距离或［通过(T)/删除(E)/图层(L)］<1.0000>:(输入"5",按〈Enter〉键)。
指定要偏移的对象,或［退出(E)/放弃(U)］<退出>:(单击,选取竖直直线)。
指定要偏移的那一侧上的点,或［退出(E)/多个(M)/放弃(U)］<退出>:(光标向右移动,单击)。
指定要偏移的对象,或［退出(E)/放弃(U)］<退出>:(按〈Enter〉键或〈Esc〉键)。

完成图 2-102 所示交点 B 的绘制。

5）单击"绘图"工具栏上的"圆"按钮 ⊘ ,命令行提示:

指定圆的圆心或［三点(3P)/两点(2P)/相切、相切、半径(T)］:（拾取 *B* 点）。

指定圆的半径或［直径(D)］:（输入"29"，按〈Enter〉键）。

6）单击"修改"工具栏上的"圆角"按钮 ⌒，或单击菜单栏"修改"→"圆角"命令，命令行提示（圆角命令）:

选取第一个对象或［放弃(U)/多段线(P)/半径(R)/修剪(T)/多个(M)］:（输入"R"，按〈Enter〉键）。

指定圆角半径<0.0000>:（输入"24"，按〈Enter〉键）。

选取第一个对象或［放弃(U)/多段线(P)/半径(R)/修剪(T)/多个(M)］:（单击，选取最右边竖直直线的上端）。

选择第二个对象,或按〈Shift〉选择要应用角点的对象:（单击,选取 *R*29 圆的右端）。

圆角的绘制如图 2-107 所示。

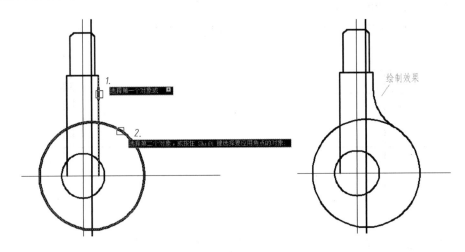

图 2-107　圆角的绘制

（按空格键或〈Enter〉键,重复圆角命令操作）。

选取第一个对象或［放弃(U)/多段线(P)/半径(R)/修剪(T)/多个(M)］:（输入"R"，按〈Enter〉键）。

指定圆角半径<0.0000>:（输入"36"，按〈Enter〉键）。

选取第一个对象或［放弃(U)/多段线(P)/半径(R)/修剪(T)/多个(M)］:（单击,选取最左边竖直直线的上端）。

选择第二个对象,或按<Shift>键选择要应用角点的对象:（单击,选取 *R*12 圆的右端）。

完成 *R*24 和 *R*36 圆角的绘制，如图 2-108 所示。

注：在使用圆角命令选取对象时，注意单击对象的位置，单击的位置不同，圆角的效果不同。

3. *R*14 圆心 *C* 点的确定

1）单击"修改"工具栏上的"偏移"按钮 ⌒，命令行提示：

2-41 确定两圆心

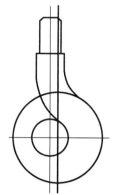

图 2-108　R24 和 R36 圆角的绘制

指定偏移距离或[通过(T)/删除(E)/图层(L)]<1.0000>:(输入"43",按〈Enter〉键)。

注：数值 "43" 为圆 R14 与圆 R29 两半径之和。

指定要偏移的对象，或[退出(E)/放弃(U)]<退出>:(单击,选取过点 B 的竖直直线)。
指定要偏移的那一侧上的点，或[退出(E)/多个(M)/放弃(U)]<退出>:(光标向左移动,单击)。
指定要偏移的对象，或[退出(E)/放弃(U)]<退出>:(按〈Enter〉键或〈Esc〉键)。

该直线与水平直线的交点即为点 C。

2）单击"绘图"工具栏上的"圆"按钮 ⊘，命令行提示：

指定圆的圆心或[三点(3P)/两点(2P)/相切、相切、半径(T)]:(拾取 C 点)。
指定圆的半径或[直径(D)]:(输入"14",按〈Enter〉键)。

完成 R14 圆的绘制，如图 2-109 所示。

4. R24 圆心 D 点的确定

1）单击"修改"工具栏上的"偏移"按钮 ⊆，命令行提示：

指定偏移距离或[通过(T)/删除(E)/图层(L)]<1.0000>:(输入"9",按〈Enter〉键)。
指定要偏移的对象，或[退出(E)/放弃(U)]<退出>:(单击,选取过点 A 的水平直线)。
指定要偏移的那一侧上的点，或[退出(E)/多个(M)/放弃(U)]<退出>:(光标向下移动,单击)。
指定要偏移的对象，或[退出(E)/放弃(U)]<退出>:(按〈Enter〉键或〈Esc〉键)。

单击"绘图"工具栏上的"圆"按钮 ⊘，命令行提示：

指定圆的圆心或[三点(3P)/两点(2P)/相切、相切、半径(T)]:(拾取 A 点)。
指定圆的半径或[直径(D)]:(输入"36",按〈Enter〉键)。

注：数值 "36" 为 R24 圆与 R12 圆两半径之和。
该圆与偏移直线的交点即为点 D。

2）单击"绘图"工具栏上的"圆"按钮 ⊘，命令行提示：

指定圆的圆心或［三点(3P)/两点(2P)/相切、相切、半径(T)］:(拾取 *D* 点)。

指定圆的半径或［直径(D)］:(输入"24"，按〈Enter〉键)。

完成 *R*24 圆的绘制，如图 2-110 所示。

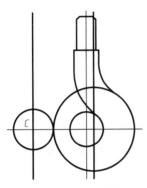

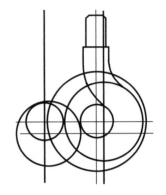

图 2-109　*R*14 圆的绘制　　　　　　　　　　图 2-110　*R*24 圆的绘制

5. *R*2 圆角的绘制

1）单击"修改"工具栏上的"圆角"按钮，或单击菜单栏"修

改"→"圆角"命令，命令行提示：

2-42 绘制圆弧

选取第一个对象或［放弃(U)/多段线(P)/半径(R)/修剪(T)/多个(M)］:(输入"R"，按〈Enter〉键)。

指定圆角半径<0.0000>:(输入"2"，按〈Enter〉键)。

选取第一个对象或［放弃(U)/多段线(P)/半径(R)/修剪(T)/多个(M)］:(单击，选取 *R*24 的圆)。

选择第二个对象，或按〈Shift〉选择要应用角点的对象:(单击，选取 *R*14 的圆)。

圆角的绘制如图 2-111 所示。

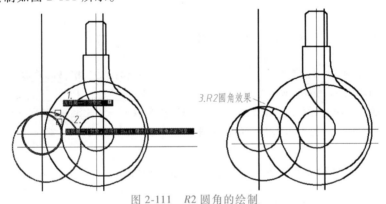

图 2-111　*R*2 圆角的绘制

2）利用修剪等命令，删除多余的线条，完成图 2-102 吊钩的绘制。

2.7.2　任务注释

1. 倒角命令

该命令用于将两条非平行直线或多段线以一斜线相连。

（1）输入命令

输入命令可以采用下列方法之一。

- 工具栏：单击"修改"工具栏的"倒角"按钮 ╱ 。
- 菜单栏：选取"修改"菜单→"倒角"命令。
- 功能区：单击"默认"选项卡"修改"面板中的"倒角"按钮 ╱ 。
- 命令行：键盘输入"CHAMFER"或"CHA"。

（2）操作格式

在 AutoCAD 中，系统提供了多种倒角方式，如指定距离方式，指定距离、角度方式，多段线倒角方式等。本书主要介绍指定距离方式倒角和指定距离、角度方式倒角。

2-43 指定距离方式绘制倒角

1）指定距离方式。

以绘制图 2-112 为例说明。输入命令后，系统提示如下：

选择第一条直线或［放弃（U）多段线（P）/距离（D）/角度（A）/修剪（T）/方式（E）/多个（M）］:（输入"D"，按〈Enter〉键）。

指定第一个倒角距离<0.0000>:（输入"8"，按〈Enter〉键）。

指定第二个倒角距离<2.0000>:（输入"6"，按〈Enter〉键）。

选择第一条直线或［放弃（U）多段线（P）/距离（D）/角度（A）/修剪（T）/方式（E）/多个（M）］:（单击，选取 L3 直线）。

选择第二条直线,或按〈Shift〉选择要应用角点的直线:（单击,选取 L4 直线）。

2）指定距离、角度方式。

以绘制图 2-113 为例说明。输入命令后，系统提示如下：

2-44 指定距离、角度方式绘制倒角

选择第一条直线或［放弃（U）多段线（P）/距离（D）/角度（A）/修剪（T）/方式（E）/多个（M）］:（输入"A"，按〈Enter〉键）。

指定第一条直线的倒角长度<0.0000>:（输入"13"，按〈Enter〉键）。

指定第一条直线的倒角角度<0>:（输入"35"，按〈Enter〉键）。

选择第一条直线或［放弃（U）多段线（P）/距离（D）/角度（A）/修剪（T）/方式（E）/多个（M）］:（单击，选取 L5 直线）。

选择第二条直线,或按〈Shift〉选择要应用角点的直线:（单击,选取 L6 直线）。

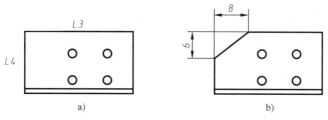

图 2-112 指定距离倒角示例

a）倒角前　b）倒角后

（3）说明

1）默认情况下，需要选择进行倒角的两条相邻直线，然后按当前的倒角大小对这

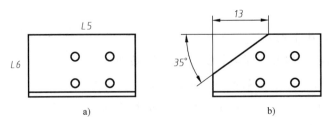

图 2-113　指定距离、角度倒角示例

a）倒角前　b）倒角后

两条直线倒角。除了指定距离方式和指定距离、角度方式倒角外，命令行提示中还有如下功能。

- 修剪（T）：倒角后是否保留原拐角边。
- 方式（E）：设置倒角方式，选择此选项，命令行显示"输入修剪方法［距离（D）/角度（A）］<距离>："提示信息。选择其中一项，进行倒角。
- 多个（M）：对多个对象进行倒角。

2）绘制倒角时，倒角距离或倒角角度不能太大，否则倒角无效。

2. 圆角命令

该命令与倒角相似，它主要将两个对象通过圆弧连接起来。以图 2-114 所示为例，其操作步骤如下。

（1）输入命令

输入命令可以采用下列方法之一。

- 工具栏：单击"修改"工具栏的"圆角"按钮。
- 菜单栏：选取"修改"菜单→"圆角"命令。
- 功能区：单击"默认"选项卡"修改"面板中的"圆角"按钮。
- 命令行：键盘输入"FILLET"。

2-45 圆角命令

（2）操作格式

执行上述命令之一，系统提示如下：

选取第一个对象或［放弃（U）/多段线（P）/半径（R）/修剪（T）/多个（M）］:（输入"R"，按〈Enter〉键）。

指定圆角半径<0.0000>:（输入"6"，按〈Enter〉键）。

选取第一个对象或［放弃（U）/多段线（P）/半径（R）/修剪（T）/多个（M）］:（单击，选取 L7 直线）。

选择第二个对象,或按〈Shift〉选择要应用角点的对象:（单击,选取 L8 直线）。

（按空格键或〈Enter〉键，重复圆角命令操作）。

选取第一个对象或［放弃（U）/多段线（P）/半径（R）/修剪（T）/多个（M）］:（输入"R"，按〈Enter〉键）。

指定圆角半径<0.0000>:（输入"3.5"，按〈Enter〉键）。

选取第一个对象或［放弃（U）/多段线（P）/半径（R）/修剪（T）/多个（M）］:（单击，选取 L9 直线）。

选择第二个对象,或按〈Shift〉选择要应用角点的对象:（单击,选取 L10 直线）。

完成图 2-114 圆角的绘制。

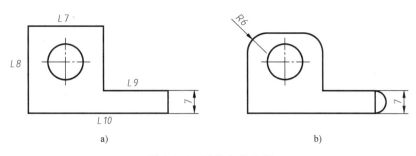

图 2-114　圆角命令示例

a）圆角前　b）圆角后

2.7.3　知识拓展

综合运用偏移命令、修剪命令和圆角命令完成图 2-115 的绘制。

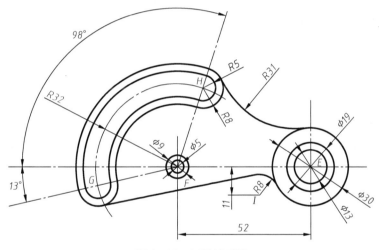

图 2-115　拓展练习图

（1）圆心 E 和圆心 F 的确定

1）单击"绘图"工具栏上的"直线"按钮 ⬩，命令行提示：

> 指定第一点：(输入起始点)(用鼠标在绘图区任意位置拾取一点)。
>
> 指定下一点或【放弃(U)】：(单击状态栏上的"正交"按钮 ⬩，向右移动光标确定直线前进方向，取任意长度，单击)。
>
> 指定下一点或【闭合(C)/放弃(U)】：(按〈Enter〉键或〈Esc〉键)。
>
> (按空格键或〈Enter〉键，重复直线命令操作)。
>
> 指定第一点：(输入起始点)(用鼠标在已画的直线上方任意位置拾取一点)。
>
> 指定下一点或【放弃(U)】：(向下移动光标确定直线前进方向，取任意长度，单击)。

两直线的交点即为图 2-115 所示点 E。

2）单击"修改"工具栏上的"偏移"按钮 ⬩，命令行提示：

指定偏移距离或[通过(T)/删除(E)/图层(L)]<1.0000>:(输入"52",按〈Enter〉键)。

指定要偏移的对象,或[退出(E)/放弃(U)]<退出>:(单击,选取竖直直线)。

指定要偏移的那一侧上的点,或[退出(E)/多个(M)/放弃(U)]<退出>:(光标向左移动,单击)。

指定要偏移的对象或[退出(E)/放弃(U)]<退出>:(按〈Enter〉键或〈Esc〉键)。

该直线与水平直线的交点即为图 2-115 所示点 F。

3）单击"绘图"工具栏上的"圆"按钮 ⊘，或单击菜单栏"绘图"→"圆"→"圆心、半径"命令，命令行提示：

指定圆的圆心或[三点(3P)/两点(2P)/相切、相切、半径(T)]:(拾取 E 点,状态栏上的"对象捕捉"须处于打开状态)。

指定圆的半径或[直径(D)]:(输入"15",按〈Enter〉键)。

4）完成圆 φ30 的绘制，同理可绘制圆 φ13 和圆 φ19。

5）单击"绘图"工具栏上的"圆"按钮 ⊘，命令行提示：

指定圆的圆心或[三点(3P)/两点(2P)/相切、相切、半径(T)]:(拾取 F 点)。

指定圆的半径或[直径(D)]:(输入"2.5",按〈Enter〉键)。

6）完成圆 φ5 的绘制，同理可绘制圆 φ9，如图 2-116 所示。

图 2-116　圆心 E 和 F 的确定

（2）圆心 G 和圆心 H 的确定

1）单击"绘图"工具栏上的"直线"按钮 ，命令行提示：

指定第一点:(输入起始点)(用鼠标在绘图区任意位置拾取点)。

指定下一点或[闭合(C)/放弃(U)]:(输入"@ 100<82",按〈Enter〉键)。

注： "100"为长度，长度取值可随意，"180°-98°=82°"旨在确定直线的方向。

(按空格键或〈Enter〉键,重复直线命令操作)。

指定第一点:(输入起始点)(用鼠标在绘图区任意位置拾取点)。

指定下一点或[闭合(C)/放弃(U)]:(输入"@ 100<-167",按〈Enter〉键)。

注： "100"为长度，长度取值可随意，"180°-13°=167°"，由于直线为从水平线顺时针旋转，故取负值"-167°"。

2）单击"绘图"工具栏上的"圆"按钮 ⊘，命令行提示：

指定圆的圆心或[三点(3P)/两点(2P)/相切、相切、半径(T)]:(拾取 F 点)。

指定圆的半径或[直径(D)]:(输入"32",按〈Enter〉键)。

该圆与两条直线的交点即为圆心 G 和圆心 H。

3）单击"绘图"工具栏上的"圆"按钮 ⊘，命令行提示：

指定圆的圆心或[三点(3P)/两点(2P)/相切、相切、半径(T)]:(拾取 *G* 点)。
指定圆的半径或[直径(D)]:(输入"5",按〈Enter〉键)。

4）同理可绘制其他圆，如图 2-117 所示。

（3）内圆与外圆的绘制

1）单击"绘图"工具栏上的"圆"按钮 ，命令行提示：

指定圆的圆心或[三点(3P)/两点(2P)/相切、相切、半径(T)]:(拾取 *F* 点)。
指定圆的半径或[直径(D)]:(捕捉交点,如图 2-118 所示,单击)。

注：利用对象捕捉功能，使用前单击状态栏上的"对象捕捉"按钮旁的下拉箭头 ，查看并确定"交点"一项已打勾。

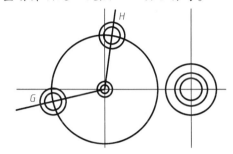

图 2-117　圆心 *G* 和圆心 *H* 的确定

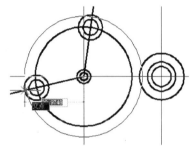

图 2-118　对象捕捉交点确定外圆

2）同理利用对象捕捉，绘制圆如图 2-119 所示。

3）单击"修改"工具栏上的"修剪"按钮 ，或单击菜单栏"修改"→"修剪"命令，命令行提示：

[剪切边(T)/窗交(C)/模式(O)/投影(P)/删除(R)]:(单击,选取要修剪的圆弧,如图 2-120a 和图 2-120b 所示,按<Enter>键或<Esc>键)。

完成修剪如图 2-120c 所示。

4）同理，应用圆命令和修剪命令完成与 *R*5 相切的内圆和外圆的修剪，如图 2-121 所示。

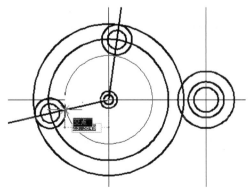

图 2-119　对象捕捉交点确定内圆

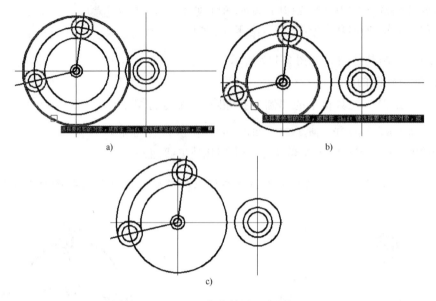

图 2-120　修剪外圆和内圆

a）选取要剪切的圆弧　b）选取要剪切的圆弧　c）修剪效果

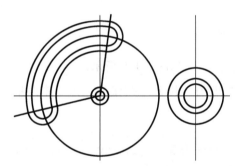

图 2-121　内圆和外圆修剪后效果

（4）连接曲线的绘制

1）单击"修改"工具栏上的"圆角"按钮，或单击菜单栏"修改"→"圆角"命令，命令行提示：

> 选取第一个对象或［放弃（U）/多段线（P）/半径（R）/修剪（T）/多个（M）］:（输入"T"，按〈Enter〉键）。
> 输入修剪模式选项［修剪（T）/不修剪（N）］<修剪>:（输入"N"，按〈Enter〉键）。
> 选取第一个对象或［放弃（U）/多段线（P）/半径（R）/修剪（T）/多个（M）］:（输入"R"，按〈Enter〉键）。
> 指定圆角半径<0.0000>:（输入"31"，按〈Enter〉键）。
> 选取第一个对象或［放弃（U）/多段线（P）/半径（R）/修剪（T）/多个（M）］:（单击，选取如图 2-122a 所示外圆）。
> 选择第二个对象，或按〈Shift〉选择要应用角点的对象:（单击，选取 φ30 的圆）。

完成的圆角绘制如图 2-122b 所示。

2）单击"修改"工具栏上的"偏移"按钮，命令行提示：

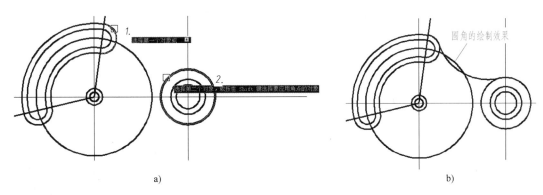

图 2-122　圆角的绘制

a）选取相切的对象　b）圆角绘制效果

指定偏移距离或[通过(T)/删除(E)/图层(L)]<1.0000>:(输入"11",按〈Enter〉键)。

指定要偏移的对象,或[退出(E)/放弃(U)]<退出>:(单击,选取水平直线)。

指定要偏移的那一侧上的点,或[退出(E)/多个(M)/放弃(U)] <退出>:(光标向下移动,单击)。

指定要偏移的对象,或[退出(E)/放弃(U)]<退出>:(按〈Enter〉键或〈Esc〉键)。

3）单击"绘图"工具栏上的"圆"按钮，命令行提示:

指定圆的圆心或[三点(3P)/两点(2P)/相切、相切、半径(T)]:(拾取图 2-115 所示 E 点)。

指定圆的半径或[直径(D)]:(输入"23",按〈Enter〉键)。

注: 数值"23"为圆 $\phi30$ 与圆弧 R8 两半径之和。

该圆与偏移直线的交点即为点 I。

4）单击"绘图"工具栏上的"圆"按钮，命令行提示:

指定圆的圆心或[三点(3P)/两点(2P)/相切、相切、半径(T)]:(拾取 I 点)。

指定圆的半径或[直径(D)]:(输入"8",按〈Enter〉键)。

绘制效果如图 2-123 所示。

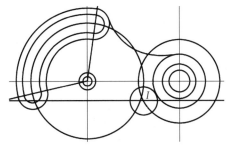

图 2-123　圆心 I 的确定

5）单击"绘图"工具栏上的"直线"按钮，命令行提示:

指定第一点:(输入起始点)(同时按下〈Shift〉键和右击鼠标,弹出快捷菜单,列出 AutoCAD 提供的对象捕捉模式,如图 2-124 所示。选择"切点",在 R8 圆弧任意位置单击,如图 2-125 所示)。

指定下一点或【放弃(U)】:(同时按下〈Shift〉键和右击鼠标,弹出快捷菜单,列出 AutoCAD 提供的对象捕捉模式。选择"切点",在 R8 圆上半圆弧任意位置单击,如图 2-125 所示)。

指定下一点或【闭合(C)/放弃(U)】:(按〈Enter〉键或〈Esc〉键)。

6）完成切线的绘制，利用删除和修剪命令最终完成图 2-115 所示图形的绘制。

2.7.4 课后练习

1. 绘制如图 2-126 所示平面图形。
2. 绘制如图 2-127 所示平面图形。

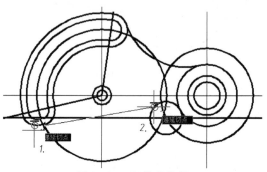

图 2-125 切线的绘制

图 2-124 "对象捕捉"快捷菜单

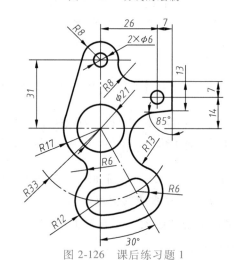

图 2-126 课后练习题 1

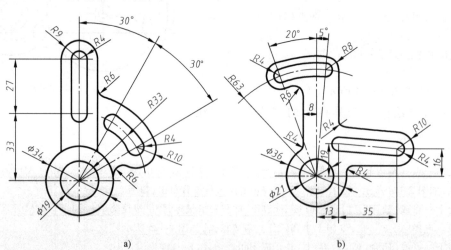

a)   b)

图 2-127 课后练习题 2

任务2.8 绘制卡盘——学习镜像命令

本任务将以绘制如图 2-128 所示卡盘为例，说明镜像命令的使用技巧与方法。

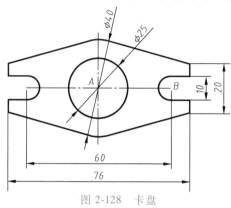

图 2-128 卡盘

2.8.1 任务学习

2-46 绘制1/4卡盘

1. 绘制 1/4 卡盘

1）单击"绘图"工具栏上的"直线"按钮 ，命令行提示：

指定第一点:(输入起始点)(用鼠标在绘图区任意位置拾取一点)。

指定下一点或【放弃(U)】:(单击状态栏上的"正交"按钮 ，向右移动光标确定直线前进方向,取任意长度,单击)。

指定下一点或【闭合(C)/放弃(U)】:(按〈Enter〉键或〈Esc〉键)。

(按空格键或〈Enter〉键,重复直线命令操作)。

指定第一点:(输入起始点)(用鼠标在已画的直线上方任意位置拾取一点)。

指定下一点或【放弃(U)】:(向下移动光标确定直线前进方向,取任意长度,单击)。

两直线的交点即为图 2-128 所示点 *A*。

2）单击"修改"工具栏上的"偏移"按钮 ，命令行提示：

指定偏移距离或[通过(T)/删除(E)/图层(L)]<1.0000>:(输入"30",按〈Enter〉键)。

指定要偏移的对象,或[退出(E)/放弃(U)]<退出>:(单击,选取竖直直线)。

指定要偏移的那一侧上的点,或[退出(E)/多个(M)/放弃(U)]<退出>:(光标向右移动,单击)。

指定要偏移的对象,或[退出(E)/放弃(U)]<退出>:(按〈Enter〉键或〈Esc〉键)。

该直线与水平直线的交点即为点 *B*。

3）单击"绘图"工具栏上的"圆"按钮 ，命令行提示：

指定圆的圆心或[三点(3P)/两点(2P)/相切、相切、半径(T)]:(拾取 *A* 点,状态栏上的"对象捕捉"须处于打开状态)。

指定圆的半径或[直径(D)]:(输入"12.5",按〈Enter〉键)。

（按空格键或〈Enter〉键，重复圆命令操作）。

指定圆的圆心或[三点(3P)/两点(2P)/相切、相切、半径(T)]：(拾取 A 点)。

指定圆的半径或[直径(D)]：(输入"20"，按〈Enter〉键)。

（按空格键或〈Enter〉键，重复圆命令操作）。

指定圆的圆心或[三点(3P)/两点(2P)/相切、相切、半径(T)]：(拾取 B 点)。

指定圆的半径或[直径(D)]：(输入"5"，按〈Enter〉键)。

效果如图 2-129 所示。

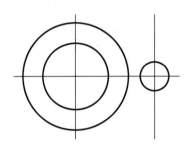

图 2-129　圆心位置的确定

4）单击"修改"工具栏上的"偏移"按钮 ⫏，命令行提示：

指定偏移距离或[通过(T)/删除(E)/图层(L)]<1.0000>：(输入"38"，按〈Enter〉键)。

指定要偏移的对象或[退出(E)/放弃(U)]<退出>：(单击，选取过 A 点的竖直直线)。

指定要偏移的那一侧上的点或[退出(E)/多个(M)/放弃(U)]<退出>：(光标向右移动，单击)。

指定要偏移的对象或[退出(E)/放弃(U)]<退出>：(按〈Enter〉键或〈Esc〉键)。

（按空格键或〈Enter〉键，重复偏移命令操作）。

指定偏移距离或[通过(T)/删除(E)/图层(L)]<1.0000>：(输入"10"，按〈Enter〉键)。

指定要偏移的对象或[退出(E)/放弃(U)]<退出>：(单击，选取水平直线)。

指定要偏移的那一侧上的点，或[退出(E)/多个(M)/放弃(U)]<退出>：(光标向上移动，单击)。

指定要偏移的对象或[退出(E)/放弃(U)]<退出>：(按〈Enter〉键或〈Esc〉键)。

5）单击"绘图"工具栏上的"直线"按钮 ⁄，命令行提示：

指定第一点：(输入起始点)(拾取半径为 5 的圆的象限点，如图 2-130a 所示)。

指定下一点或【放弃(U)】：(单击状态栏上的"正交"按钮 ⌐，向右移动光标，确定直线前进方向，捕捉垂足，如图 2-130b 所示，单击)。

指定下一点或【闭合(C)/放弃(U)】：(按〈Enter〉键或〈Esc〉键)。

（按空格键或〈Enter〉键，重复直线命令操作）。

指定第一点：(输入起始点)(拾取交点如图 2-131a 所示，单击)。

指定下一点或【放弃(U)】：(捕捉切点如图 2-131b 所示，单击)。

指定下一点或【闭合(C)/放弃(U)】：(按〈Enter〉键或〈Esc〉键)。

完成切线的绘制，如图 2-131c 所示。

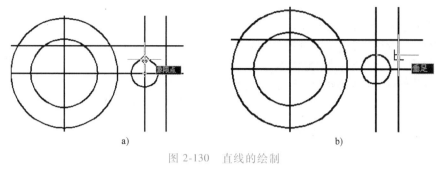

图 2-130 直线的绘制

a) 象限点捕捉　b) 垂足捕捉

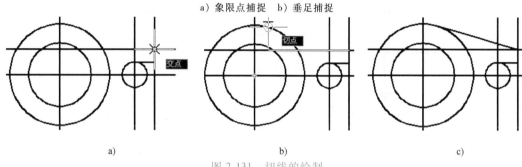

图 2-131 切线的绘制

a) 捕捉交点　b) 捕捉切点　c) 切线效果

6) 单击"修改"工具栏上的"修剪"按钮 ✂，命令行提示：

[剪切边(T)/窗交(C)/模式(O)/投影(P)/删除(R)]：(单击,选择要修剪的线段与圆弧,按<Enter>键或<Esc>键)。

7) 利用删除命令，删除多余的线条，效果如图 2-132 所示。

2. 卡盘的镜像

单击"修改"工具栏上的"镜像"按钮 ⚎，或单击菜单栏"修改"→"镜像"命令，命令行提示（镜像命令）：

2-47 卡盘的镜像

选择对象：(拾取要镜像的线条,如图 2-133 所示,按〈Enter〉键)。
指定镜像线的第一个点：(拾取点 A)。
指定镜像线的第二个点：(拾取点 B)。
要删除源对象吗？[是(Y)/否(N)]<N>：(输入"N",按〈Enter〉键)。

完成 1/2 卡盘的绘制，如图 2-134 所示。

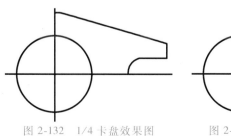

图 2-132 1/4 卡盘效果图　　图 2-133 拾取镜像的对象　　图 2-134 1/2 卡盘的绘制

（按空格键或〈Enter〉键，重复镜像命令操作）。

选择对象：(拾取要镜像的线条，如图 2-135a 所示，按〈Enter〉键)。

指定镜像线的第一个点：(拾取交点，如图 2-135b 所示)。

指定镜像线的第二个点：(拾取交点，如图 2-135b 所示)。

要删除源对象吗？［是(Y)/否(N)］<N>：(输入"N"，按〈Enter〉键)。

完成图 2-128 所示卡盘的绘制。

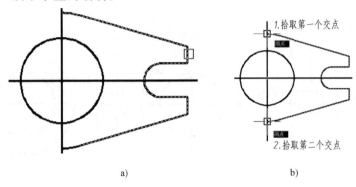

图 2-135 1/2 卡盘的镜像

a）拾取镜像的对象 b）选取镜像线

2.8.2 任务注释

镜像命令：该命令用于绘制结构规则且有对称特点的图形。以图 2-136 所示为例，其操作步骤如下。

2-48 镜像命令

（1）输入命令

输入命令可以采用下列方法之一。

- 工具栏：单击"修改"工具栏的"镜像"按钮。
- 菜单栏：选取"修改"菜单→"镜像"命令。
- 功能区：单击"默认"选项卡"修改"面板中的"镜像"按钮。
- 命令行：键盘输入"MIRROR"或"MI"。

（2）操作格式

执行上述命令之一，系统提示如下：

选择对象：(拾取要镜像的线条，按〈Enter〉键)。

指定镜像线的第一个点：(拾取点 C)。

指定镜像线的第二个点：(拾取点 D)。

要删除源对象吗？［是(Y)/否(N)］<N>：(系统默认为"N"，直接按〈Enter〉键)。

注：要删除源对象，则输入"Y"，按〈Enter〉键。

2.8.3 知识拓展

综合运用镜像命令、复制命令和圆角命令完成图 2-137 的绘制。

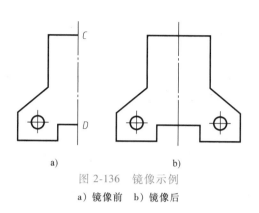

图 2-136 镜像示例

a) 镜像前 b) 镜像后

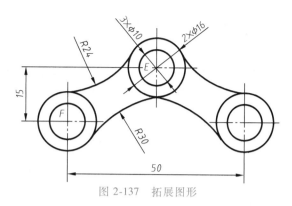

图 2-137 拓展图形

(1) 绘制 1/2 图形

1) 单击"绘图"工具栏上的"直线"按钮 ✏，命令行提示：

> 指定第一点：(输入起始点)(用鼠标在绘图区任意位置拾取一点)。
> 　指定下一点或【放弃(U)】：(单击状态栏上的"正交"按钮 ⌐，向右移动光标确定直线前进方向，取任意长度，单击)。
> 　指定下一点或【闭合(C)/放弃(U)】：(按〈Enter〉键或〈Esc〉键)。
> (按空格键或〈Enter〉键，重复直线命令操作)。
> 　指定第一点：(输入起始点)(用鼠标在已画的直线上方任意位置拾取一点)。
> 　指定下一点或【放弃(U)】：(向下移动光标确定直线前进方向，取任意长度，单击)。

两直线的交点即为图 2-137 所示点 E。

2) 单击"修改"工具栏上的"偏移"按钮 ⊏，命令行提示：

> 指定偏移距离或［通过(T)/删除(E)/图层(L)］<1.0000>：(输入"15"，按〈Enter〉键)。
> 指定要偏移的对象，或［退出(E)/放弃(U)］<退出>：(单击，选取水平直线)。
> 指定要偏移的那一侧上的点，或［退出(E)/多个(M)/放弃(U)］<退出>：(光标向下移动，单击)。
> 指定要偏移的对象，或［退出(E)/放弃(U)］<退出>：(按〈Enter〉键或〈Esc〉键)。
> (按空格键或〈Enter〉键，重复偏移命令操作)。
> 指定偏移距离或［通过(T)/删除(E)/图层(L)］<1.0000>：(输入"25"，按〈Enter〉键)。
> 指定要偏移的对象，或［退出(E)/放弃(U)］<退出>：(单击，选取竖直直线)。
> 指定要偏移的那一侧上的点，或［退出(E)/多个(M)/放弃(U)］<退出>：(光标向左移动，单击)。
> 指定要偏移的对象，或［退出(E)/放弃(U)］<退出>：(按〈Enter〉键或〈Esc〉键)。

两条偏移直线的交点即为点 F。

3) 单击"绘图"工具栏上的"圆"按钮 ⊙，命令行提示：

> 指定圆的圆心或［三点(3P)/两点(2P)/相切、相切、半径(T)］：(拾取 E 点，状态栏上的"对象捕捉"须处于打开状态)。
> 指定圆的半径或［直径(D)］：(输入"5"，按〈Enter〉键)。
> (按空格键或〈Enter〉键，重复圆命令操作)。
> 指定圆的圆心或［三点(3P)/两点(2P)/相切、相切、半径(T)］：(拾取 E 点，状态栏上的"对象捕捉"须处于打开状态)。
> 指定圆的半径或［直径(D)］：(输入"8"，按〈Enter〉键)。

4）单击"修改"工具栏上的"复制"按钮，命令行提示：

> 选择对象：(选择两个圆，按〈Enter〉键)。
> 指定基点或［位移(D)/模式(O)］<D>：(选取圆心 *E*)。
> 指定基点或［位移(D)/模式(O)］<位移>：指定第二个点或<使用第一个点作为位移>：(选取点 *F*)。
> 指定第二个点或［退出(E)/放弃(U)］<退出>：(按〈Enter〉键或〈Esc〉键)。

5）单击"修改"工具栏上的"圆角"按钮，命令行提示：

> 选取第一个对象或［放弃(U)/多段线(P)/半径(R)/修剪(T)/多个(M)］：(输入"R"，按〈Enter〉键)。
> 指定圆角半径<0.0000>：(输入"24"，按〈Enter〉键)。
> 选取第一个对象或［放弃(U)/多段线(P)/半径(R)/修剪(T)/多个(M)］：(单击，拾取与圆弧相切的一个圆，如图 2-138 所示)。
> 选择第二条直线，或按〈Shift〉键选择要应用角点的对象：(单击，拾取与圆弧相切的另一个圆，如图 2-138 所示)。

6）完成相切圆弧的绘制，同理，利用圆角命令完成如图 2-139 所示效果图。

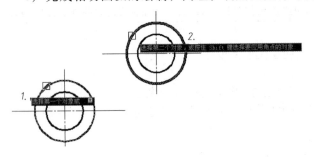

图 2-138　绘制圆角时圆的拾取

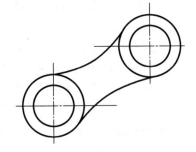

图 2-139　1/2 图形的绘制效果

（2）1/2 图形的镜像

单击"修改"工具栏上的"镜像"按钮，或单击菜单栏"修改"→"镜像"命令，命令行提示：

> 选择对象：(拾取要镜像的线条，如图 2-140 所示，按〈Enter〉键)。
> 指定镜像线的第一个点：(拾取点 *E*，如图 2-141 所示)。
> 指定镜像线的第二个点：(拾取一个交点，如图 2-141 所示)。
> 要删除源对象吗？［是(Y)/否(N)］<N>：(输入"N"，按〈Enter〉键)。

完成拓展图形一的绘制。

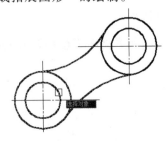

图 2-140　拾取镜像的对象

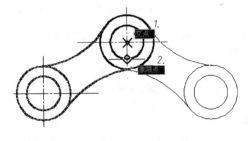

图 2-141　镜像线的选择

2.8.4 课后练习

绘制如图 2-142 所示平面图形。

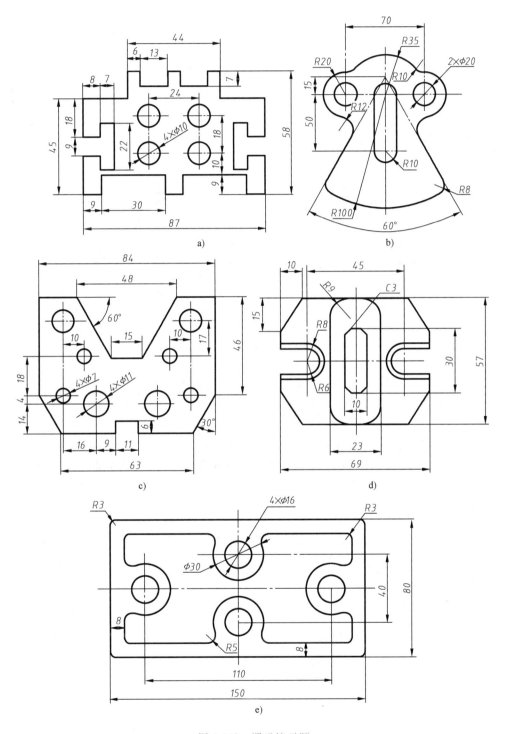

图 2-142 课后练习题

任务2.9　复杂图形的绘制——学习圆弧（椭圆弧）、延伸、移动、拉伸命令

本任务将以绘制如图2-143所示的复杂图形为例，说明圆弧（椭圆弧）、延伸、移动、拉伸命令的绘制技巧与方法。

2.9.1　任务学习

1. 绘制图2-143所示复杂图形中的1号图形

1）单击"绘图"工具栏上的"直线"按钮 ，命令行提示：

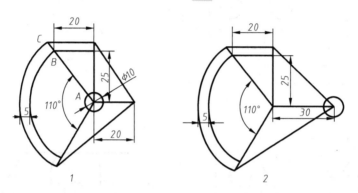

图2-143　复杂图形

指定第一点:(输入起始点)(用鼠标在绘图区任意位置拾取一点)。

指定下一点或【放弃(U)】:(单击状态栏上的"正交"按钮 ，向左移动光标确定直线前进方向,输入"20",按〈Enter〉键)。

指定下一点或【放弃(U)】:(向上移动光标确定直线前进方向,输入"25",按〈Enter〉键)。

指定下一点或【闭合(C)/放弃(U)】:(向左移动光标确定直线前进方向,输入"20",按〈Enter〉键)。

指定下一点或【闭合(C)/放弃(U)】:(按〈Enter〉键或〈Esc〉键)。

该直线的端点即为点B。

2）单击"绘图"工具栏上的"圆"按钮 ，命令行提示：

指定圆的圆心或[三点(3P)/两点(2P)/相切、相切、半径(T)]:(拾取A点,绘图中状态栏上的"对象捕捉"须处于打开状态)。

指定圆的半径或[直径(D)]:(输入"5",按〈Enter〉键)。

3）单击"绘图"工具栏"圆弧：起点、圆心、端点"按钮 ，或者选取"绘图"菜单→"圆弧"命令→"起点、圆心、端点"，命令行提示（圆弧命令）：

指定圆弧的起点或[圆心(C)]:(拾取点B,单击)。

指定圆弧的圆心:(拾取点A,单击)。

指定圆弧的端点或[角度(A)/弦长(L)]:(输入"A",按〈Enter〉键)。

指定包含角度:(输入"110",按〈Enter〉键)。

4）单击"绘图"工具栏上的"直线"按钮 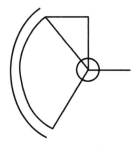，命令行提示：

> 指定第一点：（输入起始点）（拾取圆弧的端点）。
> 指定下一点或【放弃（U）】：（拾取点 A）。
> 指定下一点或【闭合（C）/放弃（U）】：（按〈Enter〉键或〈Esc〉键）。
> （按空格键或〈Enter〉键，重复直线命令操作）。
> 指定第一点：（输入起始点）（拾取端点 B）。
> 指定下一点或【放弃（U）】：（拾取点 A）。
> 指定下一点或【闭合（C）/放弃（U）】：（按〈Enter〉键或〈Esc〉键）。

5）单击"修改"工具栏上的"偏移"按钮 ，或单击菜单栏"修改"→"偏移"命令，命令行提示：

> 指定偏移距离或［通过（T）/删除（E）/图层（L）］<通过>：（输入"5"，按〈Enter〉键）。
> 指定要偏移的对象，或［退出（E）/放弃（U）］<退出>：（单击，选取圆弧）。
> 指定要偏移的那一侧上的点，或［退出（E）/多个（M）/放弃（U）］<退出>：（光标向左移动，单击）。
> 指定要偏移的对象，或［退出（E）/放弃（U）］<退出>：（按〈Enter〉键或〈Esc〉键）。

图形效果如图 2-144 所示。

6）单击"修改"工具栏上的"延伸"按钮 ，或单击菜单栏"修改"→"延伸"命令，命令行提示（延伸命令）：

> ［边界边（B）/窗交（C）/模式（O）/投影（P）］（选取要延伸的直线，按〈Enter〉键或〈Esc〉键）。

图形效果如图 2-145 所示。

图 2-144 偏移后效果图

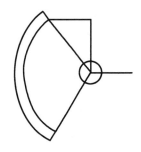

图 2-145 延伸后效果图

7）单击"绘图"工具栏上的"直线"按钮 ，命令行提示：

> 指定第一点：（输入起始点）（拾取圆弧的端点 C）。
> 指定下一点或【放弃（U）】：（单击状态栏上的"正交"按钮 ，向右移动光标确定直线前进方向，输入任意长度，单击）。
> 指定下一点或【闭合（C）/放弃（U）】：（按〈Enter〉键或〈Esc〉键）。

8）单击"修改"工具栏上的"延伸"按钮 →，或单击菜单栏"修改"→"延伸"命令，命令行提示：

[边界边（B）/窗交（C）/模式（O）/投影（P）]：(选取要延伸的图 2-146 所示直线，按〈Enter〉键或〈Esc〉键)。

9）单击"修改"工具栏上的"修剪"按钮 ✄，或单击菜单栏"修改"→"修剪"命令，命令行提示：

[剪切边（T）/窗交（C）/模式（O）/投影（P）/删除（R）]：(单击，选择要修剪的线段，如图 2-147 所示线段，按<Enter>键或<Esc>键)。

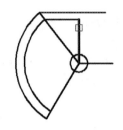

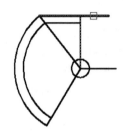

图 2-146　延伸命令的运用　　　　　　图 2-147　修剪命令的运用

10）利用直线命令将线段连接，完成图 2-143 中 1 号图形的绘制。

2. 绘制图 2-143 所示复杂图形中的 2 号图形

1）单击"修改"工具栏上的"复制"按钮 ✁，命令行提示：

2-50　绘制2号图形

选择对象：(选择 1 号图形，按〈Enter〉键)。

指定基点或[位移（D）/模式（O）]<D>：(选取图面任意一点)。

指定基点或[位移（D）/模式（O）]<位移>：指定第二个点或<使用第一个点作为位移>：(打开"正交"按钮 □，向右移动光标，在适当的位置单击确定)。

指定第二个点或[退出（E）/放弃（U）]<退出>：(按〈Enter〉键或〈Esc〉键)。

复制生成一个新的图形。

2）单击"修改"工具栏上的"移动"按钮 ✚，或单击菜单栏"修改"→"移动"命令，命令行提示（移动命令）：

选择对象：(选择直径为 10 的小圆，按〈Enter〉键)。

指定基点或位移[位移（D）]<位移>：(拾取圆心，如图 2-148a 所示)。

指定第二个点或<使用第一个点作为位移>：(拾取端点，如图 2-148b 所示)。

3）单击"修改"工具栏上的"拉伸"按钮 ⬓，或单击菜单栏"修改"→"拉伸"命令，命令行提示（拉伸命令）：

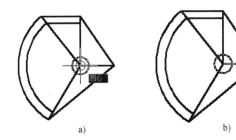

图 2-148　移动命令的运用

a）指定基点　b）指定第二个点

选择对象：(用交叉窗口方式从右上角往左下角选择要拉伸的对象，如图 2-149a 所示，按〈Enter〉键)。

指定基点或[位移(D)] <位移>：(选取交点，如图 2-149b 所示)。

指定第二个点或<使用第一个点作为位移>：(单击状态栏上的"正交"按钮 ⌐，向右移动光标确定拉伸方向，输入"10"，按〈Enter〉键)。

注：拉伸长度为"30-20＝10"。

完成复杂图形中 2 号图形的绘制。

2.9.2　任务注释

1. 圆弧命令

该命令可以根据指定的命令来绘制圆弧，AutoCAD 提供了 11 种绘制圆弧的方式，如图 2-150 所示。本书主要介绍"三点"方式、"起点、圆心、端点"方式、"起点、圆心、角

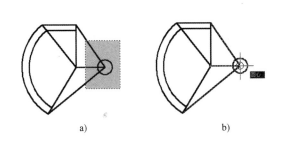

图 2-149　拉伸命令的运用

a）从右上角往左下角选择　b）指定基点

图 2-150　绘制圆弧的 11 种方式

度"方式和"起点、圆心、长度"方式共4种。

2-51 三点方式
绘制圆弧

（1）三点方式

以绘制图 2-151 为例，其操作步骤如下。

1）输入命令。

输入命令可以采用下列方法之一。

- 工具栏：单击"绘图"工具栏的"圆弧：三点"按钮 。
- 菜单栏：选取"绘图"菜单→"圆弧"→"三点"命令。
- 功能区：单击"默认"选项卡"绘图"面板中的"圆弧：三点"按钮 。
- 命令行：键盘输入"ARC"。

注：使用 ARC 命令绘制圆弧时，可以指定圆心、端点、起点、半径、角度、弦长和方向值的各种组合形式。默认情况下，以逆时针方向绘制圆弧。按住〈Ctrl〉键的同时拖动，以顺时针方向绘制圆弧。

2）操作格式。

执行上述命令之一，系统提示如下：

指定圆弧的起点或[圆心(C)]：(拾取如图 2-151 所示点 A，单击)。
指定圆弧的第二点或[圆心(C)/端点(E)]：(拾取点 C，单击)。
指定圆弧的端点：(拾取点 B，单击)。

（2）起点、圆心、端点方式

以绘制图 2-152 为例，其操作步骤如下。

1）输入命令。

输入命令可以采用下列方法之一。

2-52 起点、圆心、端点方式绘制圆弧

- 工具栏：单击"绘图"工具栏的"圆弧：起点、圆心、端点"按钮 。
- 菜单栏：选取"绘图"菜单→"圆弧"→"起点、圆心、端点"命令。
- 功能区：单击"默认"选项卡"绘图"面板中的"圆弧：起点、圆心、端点"按钮 。
- 命令行：键盘输入"ARC"。

2）操作格式。

执行上述命令之一，系统提示如下：

指定圆弧的起点或[圆心(C)]：(拾取如图 2-152 所示点 C，单击)。
指定圆弧的圆心：(拾取中点 A，单击)。
指定圆弧的端点或[角度(A)/弦长(L)]：(拾取点 B，单击)。

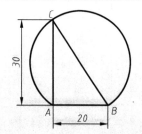

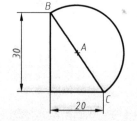

图 2-151 "三点方式"绘制圆弧示例   图 2-152 "起点、圆心、端点"绘制圆弧示例

（3）起点、圆心、角度方式

还是以绘制图 2-152 为例，其操作步骤如下。

1）输入命令。

输入命令可以采用下列方法之一。

2-53 起点、圆心、角度方式绘制圆弧

- 工具栏：单击"绘图"工具栏的"圆弧：起点、圆心、角度"按钮 。
- 菜单栏：选取"绘图"菜单→"圆弧"→"起点、圆心、角度"命令。
- 功能区：单击"默认"选项卡"绘图"面板中的"圆弧：起点、圆心、角度"按钮 。
- 命令行：键盘输入"ARC"。

2）操作格式。

执行上述命令之一，系统提示如下：

指定圆弧的起点或［圆心（C）］：（拾取如图 2-152 所示点 C，单击）。

指定圆弧的圆心：（拾取中点 A，单击）。

指定夹角：（输入"180"，按〈Enter〉键）。

3）说明。

默认状态下，角度方向设置为逆时针，如果输入正值，绘制的圆弧从起点绕圆心沿逆时针方向绘出；如果输入负值，则沿顺时针方向绘出。

（4）起点、圆心、长度方式

以绘制图 2-153 为例，其操作步骤如下。

1）输入命令。

输入命令可以采用下列方法之一。

2-54 起点、圆心、长度方式绘制圆弧

- 工具栏：单击"绘图"工具栏的"圆弧：起点、圆心、长度"按钮 。
- 菜单栏：选取"绘图"菜单→"圆弧"→"起点、圆心、长度"命令。
- 功能区：单击"默认"选项卡"绘图"面板中的"圆弧：起点、圆心、长度"按钮 。
- 命令行：键盘输入"ARC"。

2）操作格式。

执行上述命令之一，系统提示如下：

指定圆弧的起点或［圆心（C）］：（拾取如图 2-153 所示点 C，单击）。

指定圆弧的圆心：（拾取中点 A，单击）。

指定弦长：（输入"30"，按〈Enter〉键）。

注：弦长有正负之分。

（5）椭圆弧命令

椭圆弧命令是椭圆命令的一部分，和椭圆不同的是它的起点和终点没有闭合。绘制椭圆弧需要确定的参数有椭圆弧所在椭圆的两条轴及椭圆弧起点和终点的角度。

以绘制图 2-154 为例，其操作步骤如下。

1）输入命令。

输入命令可以采用下列方法之一。

- 工具栏：单击"绘图"工具栏的"椭圆弧"按钮 。

- 菜单栏：选取"绘图"菜单→"椭圆"→"圆弧"命令。
- 功能区：单击"默认"选项卡"绘图"面板中的"椭圆弧"按钮⌒。

2）操作格式。

执行上述命令之一，系统提示如下：

指定椭圆弧的轴端点或[中心点(C)]:（输入"C"，按〈Enter〉键）。

指定椭圆弧的中心:（单击,拾取点 D）。

指定轴的端点:（单击状态栏上的"正交"按钮⌐,向右移动光标确定直线前进方向,输入"40",按〈Enter〉键）。

指定另一条半轴长度或[旋转(R)]:（输入"15",按〈Enter〉键）。

指定起始角度或[参数(P)]:（输入"-120",按〈Enter〉键）。

指定终止角度或[参数(P)/夹角(I)]:（输入"160",按〈Enter〉键）。

完成图 2-154 椭圆弧的绘制。

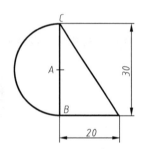

图 2-153 "起点、圆心、长度"绘制圆弧示例

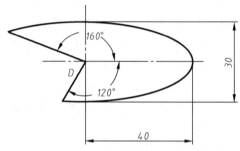

图 2-154 椭圆弧绘制示例

2. 延伸命令

延伸命令的使用方法与修剪命令的使用方法相似。该功能可以将对象延伸到指定的边界。以图 2-155a 为例，其操作步骤如下。

（1）输入命令

输入命令可以采用下列方法之一。

- 工具栏：单击"修改"工具栏的"延伸"按钮→。
- 菜单栏：选取"修改"菜单→"延伸"命令。
- 功能区：单击"默认"选项卡"修改"面板中的"延伸"按钮→。
- 命令行：键盘输入"EXTEND"或"EX"。

2-55 延伸命令

（2）操作格式

执行上述命令之一，系统提示如下：

[边界边(B)/窗交(C)/模式(O)/投影(P)]:（拾取直线,按<Enter>键或<Esc>键）。

完成直线的延伸，如图 2-155b 所示。

3. 移动命令

该功能可以将对象移动到指定位置。以图 2-156 为例，其操作步骤如下。

（1）输入命令

输入命令可以采用下列方法之一。

- 工具栏：单击"修改"工具栏的"移动"按钮 。

- 菜单栏：选取"修改"菜单→"移动"命令。

- 功能区：单击"默认"选项卡"修改"面板中的"移动"按钮 。

- 命令行：键盘输入"MOVE"或"M"。

（2）操作格式

执行上述命令之一，系统提示如下：

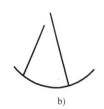

图 2-155　延伸命令示例

a）延伸对象前　b）延伸对象后

选择对象:(拾取要移动的对象,按〈Enter〉键)。
指定基点或位移[位移(D)]:(拾取点 E)。
指定第二个点或(使用第一个点作为位移):(拾取点 f)。

（3）说明

在命令"指定基点或位移［位移（D）］"中，有两个选择：选择基点和输入位移量。

1）选择基点：选一个点作为基点，根据提示指定第二个点，按〈Enter〉键，系统将对象沿两点确定的位置矢量移动到新的位置。此选项为默认选项。

2）输入位移量：在提示基点或位移时，输入当前对象沿 X 轴和 Y 轴的位移量，然后在"指定第二个点或（使用第一个点作为位移）:"指示时，按〈Enter〉键，系统将移动到矢量确定的新位置。

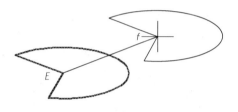

图 2-156　移动命令示例

4. 拉伸命令

该功能可以将对象进行拉伸或移动。执行该命令必须使用窗口方式选择对象。若整个对象位于窗口内，则执行结果是移动对象；当对象与选择窗口相交时，执行结果则是拉伸或压缩对象。以图 2-157a 为例，实现拉伸，其操作步骤如下。

（1）输入命令

输入命令可以采用下列方法之一。

- 工具栏：单击"修改"工具栏的"拉伸"按钮。

- 菜单栏：选取"修改"菜单→"拉伸"命令。

- 功能区：单击"默认"选项卡"修改"面板中的"拉伸"按钮。

- 命令行：键盘输入"STRETCH"或"S"。

（2）操作格式

执行上述命令之一，系统提示如下：

2-57 拉伸命令

选择对象:(用交叉窗口方式选择要拉伸的对象,如图 2-157b 所示,按〈Enter〉键)。

注：用交叉窗口方式选择时，从右上角向左下角拉出窗口。

指定基点或［位移(D)］<位移>:（选取图面上任意一点）。

指定第二个点或<使用第一个点作为位移>:（单击状态栏上的"正交"按钮 └┐ ，向上移动光标确定拉伸方向，输入"10"，按〈Enter〉键）。

完成图形的拉伸，如图 2-157c 所示。

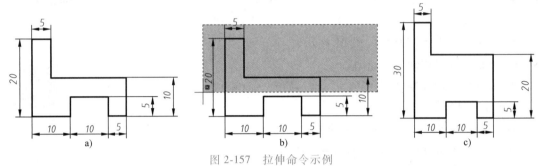

图 2-157 拉伸命令示例

a）拉伸前 b）交叉窗口选择拉伸对象 c）拉伸后

2.9.3 课后练习

综合运用绘图命令和修改命令，绘制如图 2-158 所示平面图形。

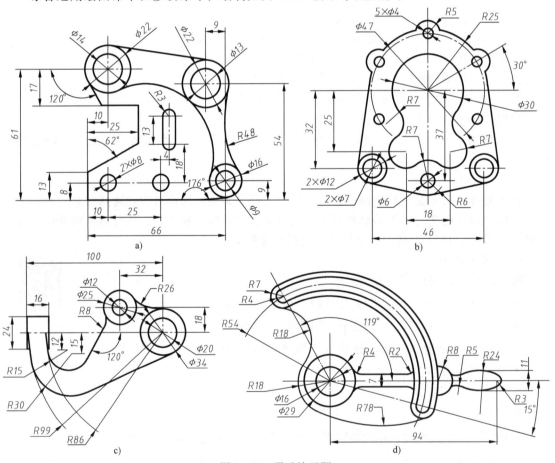

图 2-158 课后练习题

绘制三视图

知识目标

1. 理解图层的含义和对象追踪的含义
2. 理解图层冻结与图层锁定的含义与区别
3. 学会打断命令和尺寸标注
4. 区别打断命令与打断于点命令
5. 理解图样填充的含义、学会样条曲线命令

技能目标

1. 掌握图层设置的方法、对象追踪的设置
2. 掌握多种尺寸标注方法
3. 掌握打断命令的操作方法
4. 掌握剖面线的填充方法和样条曲线的绘制方法

素养目标

1. 通过三视图基础训练，培养学生的空间想象力，在实践中注重学思结合、知行统一
2. 培养学生认真、细致、一丝不苟的工作作风和精益求精的职业精神
3. 培养学生勇于探索的精神

参考学时

8

任务3.1　绘制轴承座（一）——学习图层设置及对象追踪、尺寸标注和打断命令

本任务将以绘制如图 3-1 所示的轴承座（一）为例（图层设置见表 3-1），说明图层设置、对象追踪、尺寸标注和打断命令的使用方法。

3.1.1 任务学习

3-1 设置图层

1. 图层的设置

单击"图层"工具栏→"图层特性"按钮 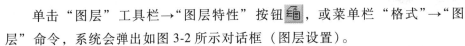，或菜单栏"格式"→"图层"命令，系统会弹出如图 3-2 所示对话框（图层设置）。

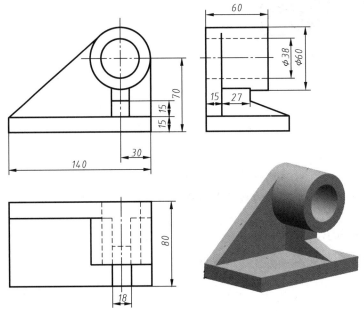

图 3-1　轴承座（一）

表 3-1　图层设置

名　称	颜　色	线　型	线　宽
轮廓线	白色	Continuous（连续线）	0.35mm
尺寸标注线	绿色	Continuous	0.15mm
虚线	蓝色	ACAD_ISO02W100	0.15mm
中心线	红色	CENTER	0.15mm

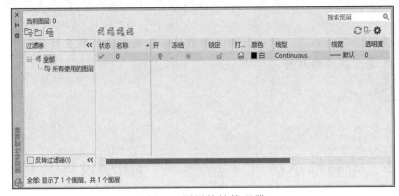

图 3-2　图层特性管理器

（1）新建图层

单击"图层特性管理器"对话框中的"新建"按钮 ，可以新建一个图层，此时，

"名称"文本框处于可编辑状态，输入名称"轮廓线"。

利用同样的方法新建多个图层，分别为图层"中心线""虚线"和"尺寸标注线"，如图 3-3 所示。

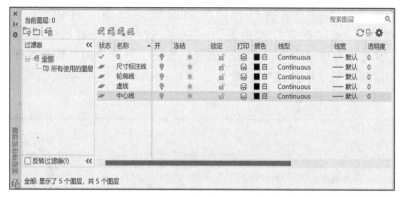

图 3-3 新建图层

（2）设置图层颜色

单击"中心线"层对应的"颜色"项，打开"选择颜色"对话框，如图 3-4 所示，选择红色为该层颜色，单击"确定"按钮，返回"图层特性管理器"对话框。

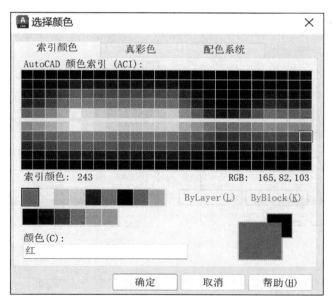

图 3-4 "选择颜色"对话框

利用同样的方法设置"轮廓线"为白色，"尺寸标注线"为"绿色"，虚线为"蓝色"。如图 3-5 所示。

（3）设置图层线型

单击"中心线"层对应的"线型"项，打开"选择线型"对话框，如图 3-6 所示。

在"选择线型"对话框中，单击"加载"按钮，系统打开"加载或重载线型"对话框，如图 3-7 所示。选择"CENTER"线型，单击"确定"按钮退出。在"选择线型"对话框中，选择"CENTER"（中心线）为该层线型，如图 3-8 所示，单击"确定"按钮，返回

"图层特性管理器"对话框。

利用同样的方法设置"虚线"层的"线型"项。

单击"虚线"层对应的"线型"项，打开"选择线型"对话框，在"选择线型"对话框中，单击"加载"按钮，系统打开"加载或重载线型"对话框，选择"ACAD_ISO02W100"线型，单击"确定"按钮退出。在"选择线型"对话框中，选择"ACAD_ISO02W100"（虚线）为该层线型，单击"确定"按钮，返回"图层特性管理器"对话框。

"轮廓线"层和"尺寸标注线"层默认为"Continuous"（连续线），不做修改，如图3-9所示。

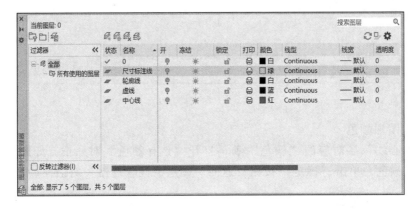

图 3-5 图层颜色的设置

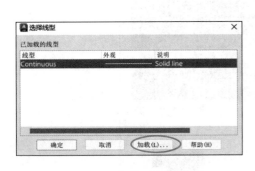

图 3-6 "选择线型"对话框

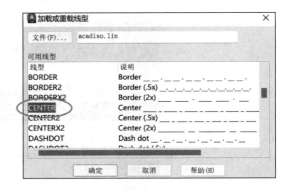

图 3-7 "加载或重载线型"对话框

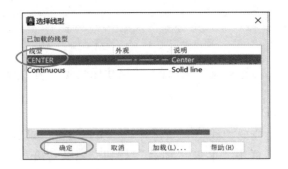

图 3-8 选择"CENTER"为该层线型

（4）设置图层线宽

单击"中心线"层对应的"线宽"项，打开"线宽"对话框，如图3-10所示。

选择"0.15mm"作为线宽，单击"确定"按钮退出。

利用同样的方法设置"轮廓线"线宽为0.35mm，"尺寸标注线"线宽为0.15mm，虚线线宽为0.15mm，如图3-11所示。

选择"中心线"层，单击"置为当前"按钮，将其设置为当前层，然后关闭"图层特性管理器"对话框。

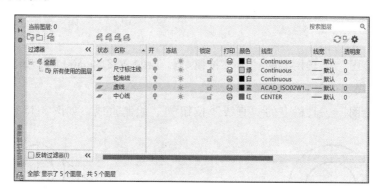

图3-9　图层线型的设置

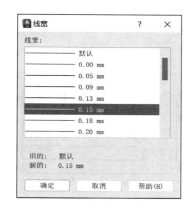

图3-10　"线宽"对话框

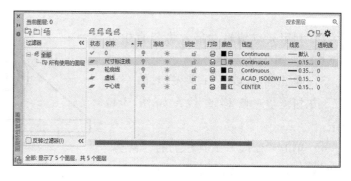

图3-11　图层线宽的设置

3-2 绘制主视图

2. 绘制主视图

（1）绘制中心线

绘图中状态栏上的"对象捕捉"按钮、"正交"按钮、"显示线宽"按钮均处于打开状态。

注："显示线宽"可以在绘图中按图层设置，显示线宽。

单击"绘图"工具栏上的"直线"按钮，绘制中心线，如图3-12所示。

（2）绘制$\phi38$和$\phi60$圆

1）单击"图层"工具栏中"图层"下拉列表的下三角按钮，选中"轮廓线"层，将"轮廓线"层设置为当前图层，如图3-13所示。

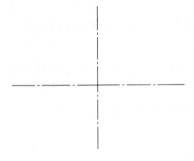

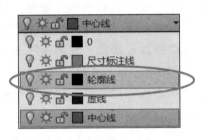

<table>
<tr><td>图 3-12　绘制中心线</td><td>图 3-13　"图层"下拉列表</td></tr>
</table>

2）单击"绘图"工具栏上的"圆"按钮 ⊘，绘制 φ38 和 φ60 圆，如图 3-14 所示。

（3）绘制直线

1）单击"绘图"工具栏上的"直线"按钮 ∕，绘制直线，如图 3-15 所示。

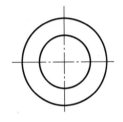

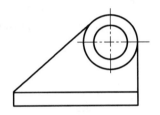

图 3-14　绘制圆　　　　　　　　　图 3-15　绘制直线

2）利用夹点编辑功能，将竖直中心线拉长，如图 3-16 所示。

3）单击"修改"工具栏上的"偏移"按钮 ⊏，偏移直线，如图 3-17 所示。

4）单击"修改"工具栏上的"修剪"按钮 ✂，修剪多余的线条，如图 3-18 所示。

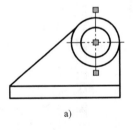

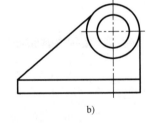

a)　　　　　　　　　　b)

图 3-16　中心线拉长

a）拉长前　b）拉长后

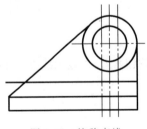

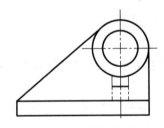

图 3-17　偏移直线　　　　　　　　图 3-18　修剪直线

5）选中主视图中偏移并修剪后的中心线，单击"图层"工具栏中"图层"下拉列表的下三角按钮，选中"轮廓线"层，将偏移后的线段转换成"轮廓线"层，按〈Esc〉结束选择，如图 3-19 所示。完成主视图的绘制。

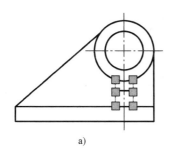 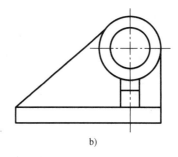

a)   b)

图 3-19 转换图层

a）选择偏移的中心线 b）"中心线"层的线段转换成"轮廓线"层

3. 绘制俯视图

3-3 绘制俯视图

1）单击"绘图"工具栏上的"直线"按钮 ／，绘制直线。

注：利用"对象捕捉追踪"功能实现主视图和俯视图的长对正（对象追踪）。

指定第一点：(输入起始点)(将鼠标移至端点处,向下移动光标适当的距离后单击,如图3-20所示)。

注：将光标移至端点处时，不要单击。

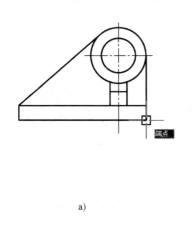 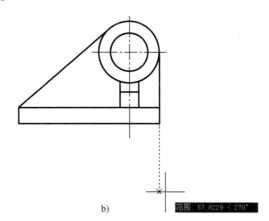

a)   b)

图 3-20 对象追踪应用

a）移光标到端点 b）对象捕捉追踪

指定下一点或【闭合(C)/放弃(U)】：(向下移动光标,输入"80",按〈Enter〉键)。
指定下一点或【闭合(C)/放弃(U)】：(向左移动光标,输入"140",按〈Enter〉键)。
指定下一点或【闭合(C)/放弃(U)】：(向上移动光标,输入"80",按〈Enter〉键)。
指定下一点或【闭合(C)/放弃(U)】：(输入"C",按〈Enter〉键)。

完成底板俯视图的绘制，如图 3-21 所示。

2）单击"修改"工具栏上的"偏移"按钮 ⊑，以上部水平直线边缘为基准，向下偏移距离分别为 15 和 60，如图 3-22 所示。

3）利用夹点编辑功能，将竖直中心线拉长，如图 3-23 所示。

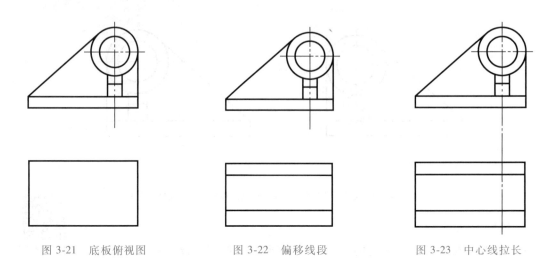

图 3-21　底板俯视图　　　　图 3-22　偏移线段　　　　图 3-23　中心线拉长

4）单击"修改"工具栏上的"打断"按钮 ，或单击菜单栏"修改"→"打断"命令，命令行提示（打断命令）：

选择对象:(选择中心线,如图 3-24a 所示)。

注： 此时鼠标单击的位置将作为第一个打断点的位置。

指定第二个打断点或[第一个点(F)]:(指定第二个打断点,如图 3-24b 所示)。

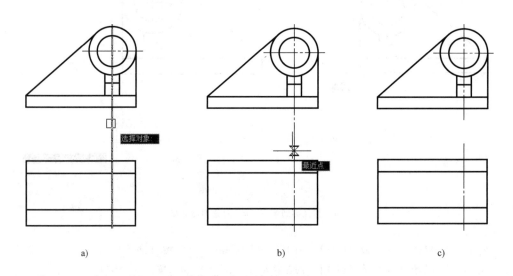

图 3-24　打断中心线

a）选择打断对象　b）指定第二个打断点　c）打断效果

5）单击"绘图"工具栏上的"直线"按钮 ，绘制辅助直线。

6）单击"修改"工具栏上的"偏移"按钮 ，偏移距离为 42，如图 3-25 所示。

注： 从左视图中可得到偏移距离 15+27＝42。

7）单击"修改"工具栏上的"修剪"按钮 ，修剪多余的线条，效果如图 3-26 所示。

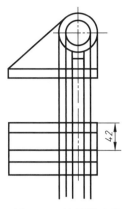

图 3-25　绘制辅助线

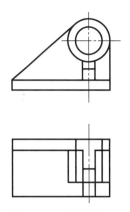

图 3-26　修剪线段

8）单击"修改"工具栏上的"打断于点"按钮 ⌐¹，命令行提示：

选择对象:（拾取将要打断的线段,如图 3-27a 所示）。

注：此时鼠标单击的位置将作为第一个打断点的位置。

指定第二个打断点或[第一点（F）]:"_f"（系统当前的信息提示）。
指定第一个打断点:（拾取交点,如图 3-27b 所示）。
指定第二个打断点:"@"（系统当前的信息提示）。

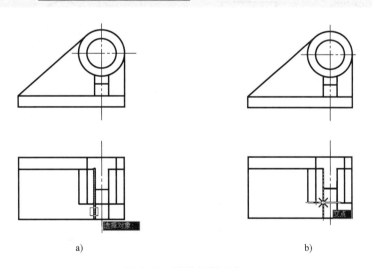

图 3-27　线段打断于点
a）选择对象　b）选择打断点

此时，该点将线段一分为二。

9）将打断后的线段一部分转换到"虚线"层，如图 3-28 所示。

10）利用同样的方法，结合"打断于点"与图层转换，完成俯视图的绘制，如图 3-29 所示。

特别提醒：主视图切线的位置应满足长对正，如图 3-30 所示，俯视图中的线段 ab 为粗实线。

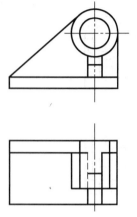 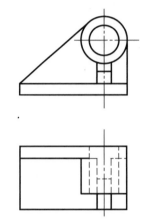 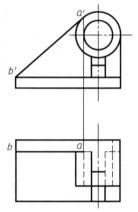

图 3-28　线段转换到"虚线"层　　　图 3-29　俯视图效果　　　图 3-30　线段 *ab* 为粗实线

4. 绘制左视图

1）单击"绘图"工具栏上的"直线"按钮 ⁄ ，绘制直线，如图 3-31 所示。

注：利用"对象捕捉追踪"功能实现主视图和左视图的高平齐。

3-4　绘制左视图

2）单击"修改"工具栏上的"偏移"按钮 ⊆ ，以左视图左侧为基准向右偏移距离为 15 和 27，如图 3-32 所示。

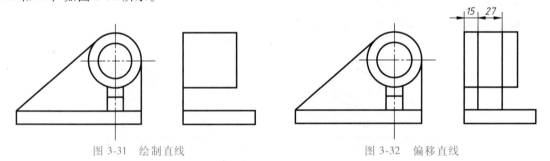

　　　　　图 3-31　绘制直线　　　　　　　　　　　图 3-32　偏移直线

3）单击"绘图"工具栏上的"直线"按钮 ⁄ ，绘制辅助直线，如图 3-33 所示。

4）单击"修改"工具栏上的"修剪"按钮 ✄ ，修剪多余的线条，如图 3-34 所示。

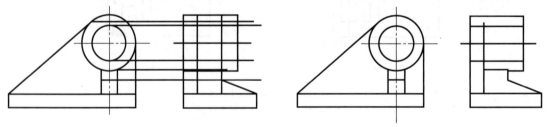

　　　　　图 3-33　绘制辅助直线　　　　　　　　　图 3-34　修剪线段

5）将修剪后的线段转换到相应的"虚线"层和"中心线"层，左视图效果如图 3-35 所示。

3-5　标注尺寸

5. 标注尺寸

（1）主视图的标注

1）单击"标注"工具栏上的"线性标注"按钮 ├┤ ，或单击菜单栏"标注"→"线性"

命令，命令行提示（尺寸标注）：

　　　　指定第一条延伸线原点或<选择对象>：(拾取第一条尺寸界线的起点，如图 3-36a 所示)。

　　　　指定第二条延伸线原点：(拾取第二条尺寸界线的起点，如图 3-36b 所示)。

　　　　指定尺寸线位置或［多行文字(M)/文字(T)/角度(A)/水平(H)/垂直(V)/旋转(R)］：(指定尺寸放置位置，单击)。

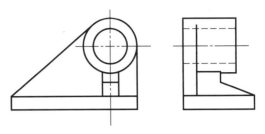

图 3-35　左视图效果

标注结果如图 3-36c 所示。

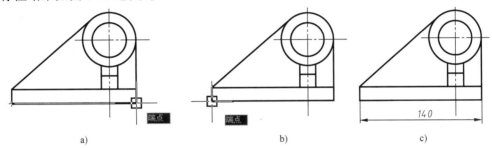

a)　　　　　　　　　　　b)　　　　　　　　　　c)

图 3-36　线性尺寸标注
a）拾取第一条尺寸界线的起点　b）拾取第二条尺寸界线的起点　c）标注效果

2）用同样的方法完成主视图的标注，如图 3-37 所示。

（2）俯视图的标注

利用同样的方法，完成俯视图的标注，如图 3-38 所示。

（3）左视图的标注

利用同样的方法，标注左视图，如图 3-39 所示。

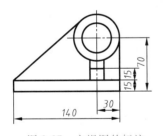

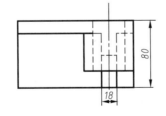

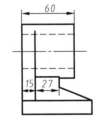

图 3-37　主视图的标注　　　　图 3-38　俯视图的标注　　　　图 3-39　左视图的线性标注

单击"标注"工具栏中"线性尺寸标注"按钮╟┤，或单击菜单栏"标注"→"线性"命令，命令行提示：

　　　　指定第一条延伸线原点或<选择对象>：(拾取第一条尺寸界线的起点，如图 3-40a 所示)。

　　　　指定第二条延伸线原点：(拾取第二条尺寸界线的起点，如图 3-40b 所示)。

　　　　［多行文字(M)/文字(T)/角度(A)/水平(H)/垂直(V)/旋转(R)］：(输入"T"，按〈Enter〉键)。

　　　　输入标注文字<38>：(输入"%%c38"，按〈Enter〉键)。

　　　　［多行文字(M)/文字(T)/角度(A)/水平(H)/垂直(V)/旋转(R)］：(指定尺寸放置位置，单击)。

标注效果如图 3-40c 所示。

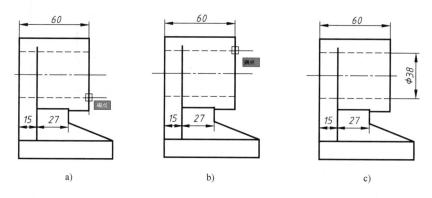

图 3-40　直径的标注

a）拾取第一条尺寸界线的起点　b）拾取第二条尺寸界线的起点　c）标注效果

利用同样的方法标注 ϕ60，完成左视图的标注。

3.1.2　任务注释

1. 图层设置

图层是 AutoCAD 提供组织图形的强有力工具。我们可以把图层假想成一张没有厚度的透明纸，各图层之间完全对齐，用户可以给每一图层指定所用的线型、颜色和线宽等，并将具有相同线型和颜色的对象放在同一层里，这样就构成了一幅完整的图形。AutoCAD 提供了大量的图层管理功能（打开/关闭、冻结/解冻、加锁/解锁等），这些功能在组织图层时非常方便。

（1）创建图层

1）输入命令。

输入命令可以采用下列方法之一。

3-6 创建图层和
图层颜色设置

- 工具栏：单击"图层"工具栏的"图层特性管理"按钮 。
- 菜单栏：选取"格式"菜单→"图层"命令。
- 功能区：单击"默认"选项卡"图层"面板中的"图层特性管理"按钮 。
- 命令行：键盘输入"LAYER"或"LA"。

执行完命令后，系统会弹出"图层特性管理器"对话框，如图 3-41 所示。

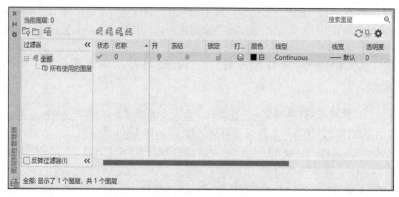

图 3-41　图层特性管理器

2）操作说明。

① 单击"图层特性管理器"对话框中的"新建"按钮 ，可以新建一个图层。默认情况下，创建的图层会依次以"图层1""图层2"等进行命名。

② 重命名的方法：一是在"名称"文本框呈可编辑状态时，直接输入新的名称即可；二是右击创建的图层，在弹出的快捷菜单中选择"重命名图层"选项，此时"名称"文本框呈可编辑状态，直接输入新的名称即可。

③ 单击"图层特性管理器"对话框中的"删除"按钮 ，可以删除选定图层。

④ 在图层列表中选中某一图层，然后单击"图层特性管理器"对话框中的"置为当前"按钮 ，则把该图层设置为当前图层。

3-7 图层中图标功能

在图层列表中，每一个图层都有一列图标，图标功能见表3-2。

表3-2 图层中图标功能

图 标	名 称	功 能
💡/💡	打开/关闭	将图层设置为打开或关闭状态。当呈现关闭状态时，该图层上所有的对象将隐藏不显示，只有处于打开状态的图层才会在绘图区显示并由打印机打印出来。绘制复杂零件时，可先将不编辑的图层暂时关闭，可降低图形的复杂性
☀/❄	解冻/冻结	将图层设定为解冻/冻结状态。当图层冻结时，该图层的对象均不会显示在绘图区，也不能由打印机打印，而且不会执行缩放和平移等操作。冻结时，可以加快绘图编辑的速度。而 💡/💡（打开/关闭）功能只能单纯将图形隐藏，不会加快绘图编辑的执行速度
🔓/🔒	解锁/锁定	将图层设定为解锁/锁定状态。被锁定的图层仍然在绘图区显示，但不能编辑修改，只能绘制新的图形，可防止重要图形被修改
🖨/🖨	打印/不打印	设定图层是否可以打印

3）备注。

AutoCAD中规定以下4类图层不能删除：

① "0"层和"Defpoints"图层。

② 当前层。要删除当前层，可以先改变当前层到其他图层。

③ 插入外部参照图层。要删除该层，必须先删除外部参照。

④ 包含了可见图形对象的图层。要删除该层，必须先删除该图层中所有的图形对象。

（2）设置图层颜色

在实际绘图中，为了区分不同的图层，可将不同的图层设置不同的颜色。每一个图层可以设置一种颜色。

新建图层后，要改变图层的颜色，可以在"图层特性管理器"对话框中单击该图层的"颜色"对应图标，系统弹出"选择颜色"对话框，如图3-42所示。

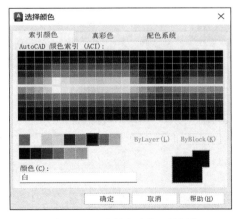

图3-42 "选择颜色"对话框

根据需要选择相应的颜色，单击"确定"按钮，完成图层颜色设置。

（3）设置图层线型

线型是图形基本元素中线条的组成和显示方式，如中心线和虚线等。

3-8 设置图层线型

1）加载线型。单击图层对应的"线型"项，打开"选择线型"对话框，在默认状态下，系统已加载线型"Continuous"，如图3-43所示。

如果要使用其他线型，在"选择线型"对话框中，单击"加载"按钮，系统打开"加载或重载线型"对话框，从对话框中选择相应线型，单击"确定"按钮退出。在"选择线型"对话框中，选择已加载线型为该层线型，单击"确定"按钮，返回"图层特性管理器"对话框，即完成图层中新线型的加载与应用，如图3-44所示。

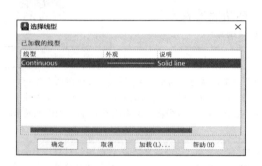

图 3-43 "选择线型"对话框

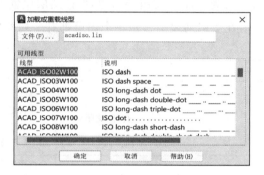

图 3-44 "加载或重载线型"对话框

2）设置线型比例。选取"格式"菜单中的"线型"命令，系统弹出"线型管理器"对话框，可设置图形中的线型比例，如图3-45所示。

单击"显示细节"按钮，在"详细信息"区域中可以设置线型的"全局比例因子"和"当前对象缩放比例"。其中，"全局比例因子"用于设置图形中所有线型的比例，"当前对象缩放比例"用于设置当前选中线型的比例。

（4）设置图层线宽

线宽设置就是改变线条的宽度。在"图形特征管理器"对话框中，单击图层对应的"线宽"项，打开"线宽"对话框，如图3-46所示。选择所需要的线宽，单击"确定"按钮退出。

3-9 设置图层线宽

图 3-45 线型管理器

图 3-46 "线宽"对话框

选择菜单栏"格式"中的"线宽"命令，打开"线宽设置"对话框，通过调整线宽比例，改变图形中线条显示的宽窄，如图3-47所示。

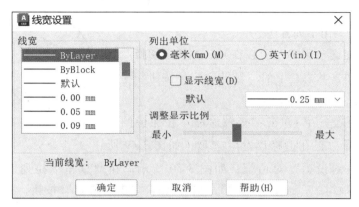

图 3-47 "线宽设置"对话框

我国国家标准 GB/T 4457.4—2002《机械制图 图样画法 图线》中，对机械制图中使用的各种线型、线宽和用途做出了具体规定。国家标准规定，在机械图样中采用粗、细两种线宽，它们之间的比例为 2∶1。粗线的宽度应该按图样的大小和图形的复杂程度确定。通常，图纸的图框线、零件的可见轮廓线为粗实线，线宽优先选取 0.7mm，其他细线的宽度设置为 0.35mm。图层设置见表3-3。

表 3-3 图层设置

图层名	线性比例	颜色	线型	线宽/mm	主要用途
粗实线	————————	白色	Continuous	0.7	可见轮廓线、相贯线
细实线	————————	绿色	Continuous	0.35	尺寸线、尺寸界线、剖面线、指引线
波浪线	∿∿∿∿	绿色	Continuous	0.35	断裂处的边界线
双折线	⋀⋁⋀	绿色	Continuous	0.35	断裂处的边界线
细点画线	—·—·—·—	红色	CENTER	0.35	轴线、对称中心线
细虚线	– – – – – –	黄色	ACAD_ISO02W100	0.35	不可见轮廓线
细双点画线	—··—··—	洋红色	Phantom	0.35	相邻辅助零件的轮廓线、极限位置的轮廓线、假想位置的轮廓线
尺寸标注	————————	绿色	Continuous	0.35	标注尺寸
文字	————————	绿色	Continuous	0.35	注释文字

2. 对象追踪

对象追踪包括"极轴追踪"和"对象捕捉追踪"两种方式。"极轴追踪"可以在设定的角度上精确移动光标和捕捉任意点；"对象捕捉追踪"是对象捕捉与极轴追踪的综合，可以通过制定对象点及制定角度线的延长线上的任意点来进行捕捉。

（1）极轴追踪

以绘制图 3-48 中 200 的直线为例说明。

1）输入命令。

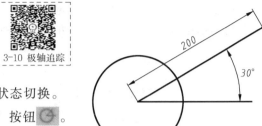

3-10 极轴追踪

输入命令可以采用下列方法之一。

● 连续按功能键〈F10〉，可以在开、关状态切换。

● 状态栏：单击状态栏上的"极轴追踪"按钮 ⟳。

2）操作格式。

执行上述命令之一后，单击"极轴追踪"按钮旁的下

拉箭头 ⟳ ▼，选择"正在追踪设置"选项，如图 3-49 所

图 3-48 极轴追踪示例

示，系统弹出"草图设置"对话框，如图 3-50 所示。在增量角下拉列表选择"30"。在
"极轴角测量"选项组中，选中"绝对"单选按钮。单击"确定"按钮，完成设置。

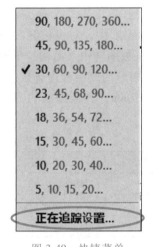

图 3-49 快捷菜单

图 3-50 "草图设置"对话框

利用直线命令绘制，此时系统自动捕捉 30°增量角的方向，输入"200"，确定直线的长
度，完成绘制，如图 3-51 所示。

3）说明。

在"草图设置"→"极轴追踪"对话框中，各选项的功能如下。

①"启用极轴追踪（F10）"复选框：此复选框用于控制极轴追踪方式的打开与关闭。

② 在"极轴角设置"选项组中：

"增量角"用于设置角度增量的大小。

"附加角"复选框用来设置附加的角度。附加角与增量角不同，在极轴追踪中会捕捉增
量角及其整数倍角度，并且捕捉附加角设定的角度，但不能捕捉附加角的整数倍角度。

"新建"按钮用于新增一个附加角。

"删除"按钮用于删除一个选定的附加角。

③ 在"对象捕捉追踪设置"选项组中：

"仅正交追踪"用于在对象捕捉追踪时采用正交方式。

"用所有极轴角设置追踪"用于在对象捕捉追踪时采用所有极轴角。

④ 在"极轴角测量"选项组中：

"绝对"用于设置极轴角为当前坐标系统绝对角度。

"相对上一段"用于设置极轴角为前一个绘制对象的相对角度。

（2）对象捕捉追踪

以绘制图3-52所示，过交点 a 作长度为100的直线为例说明。

1）输入命令。

输入命令可以采用下列方法之一。

● 连续按功能键〈F11〉，可以在开、关状态间切换。

● 状态栏：单击状态栏上的"对象捕捉追踪"按钮。

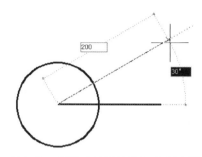

图 3-51 利用"极轴追踪"绘制直线

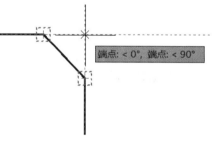

图 3-52 "对象追踪"示例

2）操作格式。

执行上述命令之一后，单击"直线"命令，捕捉斜线上方端点向右移动，再捕捉斜线下方端点向上移动，其虚线为对象捕捉追踪线，如图 3-53 所示，确定交点，绘制直线。

3. 打断命令

该命令可以删除对象上的某一部分或把对象分成两部分。在 AutoCAD 中，有"打断"和"打断于点"两种。

图 3-53 利用"对象捕捉追踪"确定交点

（1）"打断"命令

打断是指在线条上创建两个点，从而将线条打断。

1）输入命令。

输入命令可以采用下列方法之一。

● 工具栏：单击"修改"工具栏的"打断"按钮。

● 菜单栏：选取"修改"菜单→"打断"命令。

● 功能区：单击"默认"选项卡"修改"面板中的"打断"按钮。

● 命令行：键盘输入"BREAK"或"BR"。

2）操作格式。

"打断"命令有两种方式，一种是直接指定两个断点，另一种是先选取对象，再指定两个断点。

① 直接指定两个断点。

执行上述命令之一，系统提示如下：

选择对象：(拾取直线,指定打断点1,如图3-54a所示)。
指定第二个打断点或[第一点(F)]：(指定打断点2,如图3-54b所示)。

完成直线的打断，如图3-54c所示。

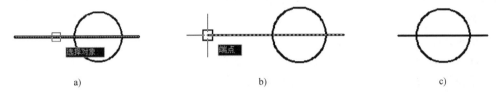

图3-54 "直接指定两个打断点"打断方式

a）拾取直线，指定打断点1 b）指定打断点2 c）打断效果图

② 先选取对象，再指定两个断点。

执行上述命令之一，系统提示如下：

选择对象：(拾取直线,如图3-55a所示)。
指定第二个打断点或[第一点(F)]：(输入"F",按〈Enter〉键)。
指定第一个打断点：(指定打断点1,如图3-55b所示)。
指定第二个打断点：(指定打断点2,如图3-55c所示)。

完成直线的打断，如图3-55d所示。

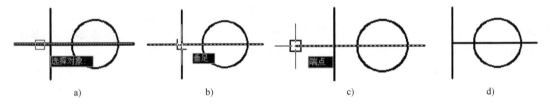

图3-55 "先选取对象，再指定两个断点"打断方式

a）选取打断对象 b）指定打断点1 c）指定打断点2 d）打断效果图

（2）"打断于点"命令

"打断于点"可以将对象断开分成两部分，需要输入的参数有打断对象和一个打断点。打断对象之间没有间隙。

3-13 打断于
点命令

1）输入命令。

● 工具栏：单击"修改"工具栏的"打断于点"按钮 。

● 功能区：单击"默认"选项卡"修改"面板中的"打断于点"按钮 。

2）操作格式。

执行上述命令，系统提示如下：

选择对象：(拾取圆弧,如图3-56a所示)。
指定第二个打断点或[第一点(F)]："_f"(系统当前的信息提示)。
指定第一个打断点：(拾取交点,如图3-56b所示)。
指定第二个打断点："@"(系统当前的信息提示)。

"打断于点"效果如图 3-56c 所示。

注：打断于点后，在拾取点处对象被分成两个部分，外观上没有任何变化，此时可利用选择对象的夹点显示来识别是否已打断，夹点显示效果如图 3-56c 所示。

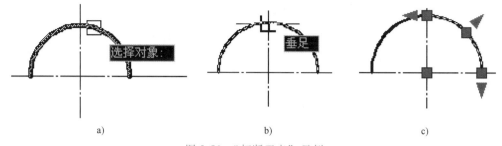

a)   b)   c)

图 3-56 "打断于点"示例

a）拾取圆 b）拾取打断点 c）"打断于点"效果

4. 尺寸标注

（1）线性标注。

以标注图 3-57 矩形为例说明。

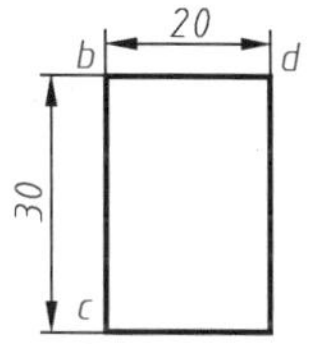

1）输入命令。

输入命令可以采用下列方法之一。

图 3-57 线性标注示例

- 工具栏：单击"标注"工具栏的"线性"按钮⊢┤。
- 菜单栏：选取"标注"菜单→"线性"命令。
- 功能区：单击"默认"选项卡"注释"面板中的"线性"按钮⊢┤。
- 命令行：键盘输入"DIMLINEAR"。

3-14 线性标注、对齐标注和弧长标注

2）操作格式。

执行上述命令之一，系统提示如下：

指定第一个尺寸界线原点或<选择对象>:(拾取第一条尺寸界线的起点 b)。

指定第二个尺寸界线原点:(拾取第二条尺寸界线的起点 d)。
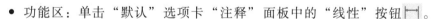
[多行文字(M)/文字(T)/角度(A)/水平(H)/垂直(V)/旋转(R)]:(移动鼠标指定尺寸放置位置,单击)。

利用同样的方法完成竖直尺寸的标注。

3）说明。

命令中各选项功能如下。

- "多行文字"：用于使用"多行文字编辑器"编辑尺寸数字。
- "文字"：用于使用单行文字方式标注尺寸数字。
- "角度"：用于设置尺寸数字的旋转角度。
- "水平"：用于尺寸线水平标注。
- "垂直"：用于尺寸线垂直标注。
- "旋转"：用于尺寸线旋转标注。

（2）对齐标注

以标注图 3-58 为例说明对齐标注。

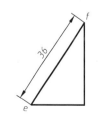

图 3-58 对齐标注示例

1）输入命令。

输入命令可以采用下列方法之一。

- 工具栏：单击"标注"工具栏"对齐"按钮 。
- 菜单栏：选取"标注"菜单→"对齐"命令。
- 功能区：单击"默认"选项卡"注释"面板中的"对齐"按钮 。
- 命令行：键盘输入"DIMALIGNED"。

2）操作格式。

执行上述命令之一，系统提示如下：

指定第一个尺寸界线原点或<选择对象>:(拾取第一条尺寸界线的起点 e)。

指定第二个尺寸界限原点:(拾取第二条尺寸界线的起点 f)。

[多行文字(M)/文字(T)/角度(A)]:(移动鼠标指定尺寸放置位置,单击)。

（3）弧长标注

以标注图 3-59 为例说明弧长标注。

1）输入命令。

输入命令可以采用下列方法之一。

- 工具栏：单击"标注"工具栏的"弧长"按钮 。

图 3-59　弧长标注示例

- 菜单栏：选取"标注"菜单→"弧长"命令。
- 功能区：单击"默认"选项卡"注释"面板中的"弧长"按钮 。
- 命令行：键盘输入"DIMARC"。

2）操作格式。

执行上述命令之一，系统提示如下：

选择弧线段或多线段弧线段:(拾取圆弧)。

指定弧长标注位置或[多行文字(M)/文字(T)/角度(A)/部分(P)/引线(L)]:(移动鼠标指定尺寸放置位置,单击)。

（4）基线标注

该功能可以把已存在的一个线性尺寸的尺寸界限作为基线，来引出多条尺寸线。以图 3-60 为例说明基线标注。

1）输入命令。

输入命令可以采用下列方法之一。

- 工具栏：单击"标注"工具栏中的"基线"按钮 。

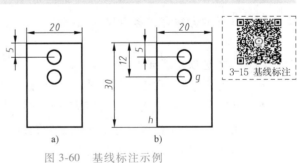

3-15 基线标注

图 3-60　基线标注示例

a）基线标注前　b）基本标注后

- 菜单栏：选取"标注"菜单→"基线"命令。
- 功能区：单击"注释"选项卡"标注"面板中的"基线"按钮 。

● 命令行：键盘输入"DIMBASELINE"。

2）操作格式。

执行上述命令之一，系统提示如下：

选择基准标注：(拾取已存在的线性尺寸"5")。

指定第二个尺寸界线原点或［选择(S)/放弃(U)］<选择>：(指定第一个尺寸界限圆心 g)。

指定第二个尺寸界线原点或［选择(S)/放弃(U)］<选择>：(指定第二个尺寸界限端点 h，按〈Enter〉键结束命令)。

3）说明。

命令中各选项含义如下。

● "选择"：用于确定另一尺寸界限进行基线标注。

● "放弃"：用于取消上一次操作。

（5）连续标注

该功能用于在同一尺寸线水平或垂直方向连续标注尺寸。以图 3-61 为例说明连续标注。

1）输入命令。

输入命令可以采用下列方法之一。

● 工具栏：单击"标注"工具栏中的"连续"按钮 |†|†|。

● 菜单栏：选取"标注"菜单→"连续"命令。

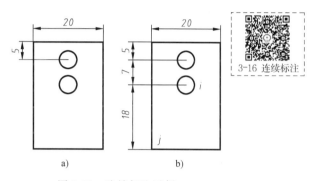

图 3-61　连续标注示例

a）连续标注前　b）连续标注后

● 功能区：单击"注释"选项卡"标注"面板中的"连续"按钮 |†|†|。

● 命令行：键盘输入"DIMCONTINUE"。

2）操作格式。

执行上述命令之一，系统提示如下：

选择连续标注：(拾取已存在的线性尺寸)。

指定第二个尺寸界线原点或［选择(S)/放弃(U)］<选择>：(指定第一个尺寸界线圆心 i)。

指定第二个尺寸界线原点或［选择(S)/放弃(U)］<选择>：(指定第二个尺寸界线端点 j，按〈Enter〉键结束命令)。

3）说明。

标注连续尺寸前，必须存在一个尺寸界限起点。进行连续标注时，系统默认上一个尺寸线终点作为连续标注的起点，提示用户选择第二条尺寸界线起点，重复指定第二条尺寸界线起点，则创建出连续标注。命令中各选项含义与基线标注相似。

（6）半径标注

以标注图 3-62 为例说明半径标注。

1）输入命令。

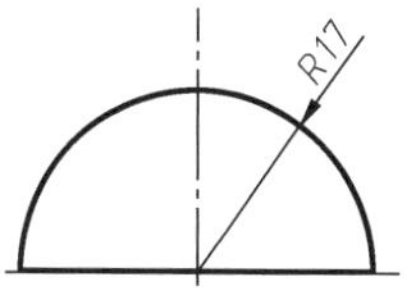

图 3-62　半径标注示例

输入命令可以采用下列方法之一。

- 工具栏：单击"标注"工具栏的"半径"按钮 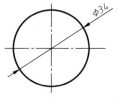。
- 菜单栏：选取"标注"菜单→"半径"命令。
- 功能区：单击"默认"选项卡"注释"面板中的"半径"按钮 。
- 命令行：键盘输入"DIMRADIUS"。

2）操作格式。

执行上述命令之一，系统提示如下：

选择圆弧或圆：(拾取圆弧)。
指定尺寸线位置或［多行文字（M）/文字（T）/角度（A）］：(移动鼠标指定尺寸放置位置,单击)。

（7）直径标注

以标注图 3-63 为例说明直径标注。

1）输入命令。

输入命令可以采用下列方法之一。

- 工具栏：单击"标注"工具栏的"直径"按钮 。
- 菜单栏：选取"标注"菜单→"直径"命令。
- 功能区：单击"默认"选项卡"注释"面板中的"直径"按钮 。
- 命令行：键盘输入"DIMDIAMETER"。

图 3-63　直径标注示例

2）操作格式。

执行上述命令之一，系统提示如下：

选择圆弧或圆：(拾取圆)。
指定尺寸线位置或［多行文字（M）/文字（T）/角度（A）］：(移动鼠标指定尺寸放置位置,单击)。

（8）折弯标注

该功能用于折弯标注圆或圆弧的半径。以标注图 3-64 为例说明折弯标注。

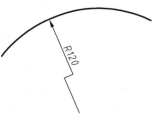

1）输入命令。

输入命令可以采用下列方法之一。

- 工具栏：单击"标注"工具栏的"折弯"按钮 。
- 菜单栏：选取"标注"菜单→"折弯"命令。

图 3-64　折弯标注示例

- 功能区：单击"默认"选项卡"注释"面板中的"折弯"按钮 。
- 命令行：键盘输入"DIMJOGED"。

3-18　折弯标注

2）操作格式。

执行上述命令之一，系统提示如下：

选择圆弧或圆：(拾取圆弧)。
指定图示中心位置：(指定折弯线起点的位置)。
指定尺寸线位置或［多行文字（M）/文字（T）/角度（A）］：(移动鼠标指定尺寸放置位置,单击)。
指定折弯位置：(移动鼠标指定折弯的位置)。

（9）角度标注

以标注图 3-65 为例说明角度标注。

1）输入命令。

输入命令可以采用下列方法之一。

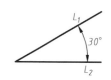
图 3-65　角度标注示例

- 工具栏：单击"标注"工具栏的"角度"按钮△。
- 菜单栏：选取"标注"菜单→"角度"命令。
- 功能区：单击"默认"选项卡"注释"面板中的"角度"按钮△。
- 命令行：键盘输入"DIMANGULAR"。

2）操作格式。

执行上述命令之一，系统提示如下：

选择圆弧、圆、直线或<指定顶点>:(拾取直线 L_1)。

选择第二条直线:(拾取直线 L_2)。

指定标注弧线位置或[多行文字(M)/文字(T)/角度(A)/象限点(O)]:(移动鼠标指定尺寸放置位置,单击)。

（10）坐标标注

该功能用于标注某点相对于 UCS 坐标系原点的 X 和 Y 坐标。以标注图 3-66 为例说明坐标标注。

1）输入命令。

输入命令可以采用下列方法之一。

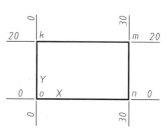
图 3-66　坐标标注示例

- 工具栏：单击"标注"工具栏的"坐标"按钮。
- 菜单栏：选取"标注"菜单→"坐标"命令。
- 功能区：单击"默认"选项卡"注释"面板中的"坐标"按钮。
- 命令行：键盘输入"DIMORDINATE"。

2）操作格式。

执行上述命令之一，系统提示如下：

指定点坐标:(拾取 k 点)。

指定引线端点或[X 基准(X)/Y 基准(Y)/多行文字(M)/文字(T)/角度(A)]:(指定引线端点,单击)。

利用同样的方法，标注 k 点、m 点、n 点和 o 点。

3）说明。

命令中各选项含义。

- 指定引线端点：拾取绘图区的点确定标注文字的位置。
- X 基准：系统自动测量 X 坐标值并确定引线和标注文字的方向。
- Y 基准：系统自动测量 Y 坐标值并确定引线和标注文字的方向。
- 文字：可通过输入单行文字的方式输入文字。

- 多行文字：可通过输入多行文字的方式输入文字。
- 角度：可以设置标注文字的方向与 X（Y）轴的夹角，系统默认为 0°。

（11）折弯线性标注

在标注一些长度较大的轴类打断视图的长度尺寸时，可以使用折弯线性标注。以标注图 3-67 为例说明折弯标注。

1）输入命令。

输入命令可以采用下列方法之一。

- 工具栏：单击"标注"工具栏的"折弯线性"按钮 ⚡。
- 菜单栏：选取"标注"菜单→"折弯线性"命令。
- 功能区：单击"注释"选项卡"标注"面板中的"折弯线性"按钮 ⚡。
- 命令行：键盘输入"DIMJOGLINE"。

2）操作格式。

执行上述命令之一，系统提示如下：

选择要添加折弯的标注或［删除（R）］：（拾取标注 135）。
指定折弯位置（或按〈Enter〉键）：（按〈Enter〉键）。

注：在提示指定位置时直接按〈Enter〉键，则将折弯放在标注文字与第一条尺寸界线之间的中点处，或基于标注文字位置的尺寸线的中点处，如图 3-67 所示。

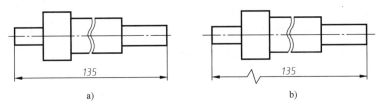

图 3-67　折弯线性标注示例

a）折弯前　b）折弯后

3）说明。

① 在将折弯添加到线性标注后，用户可以使用夹点的方式调整折弯的位置。操作方法：先选择标注，然后选择折弯处的夹点，沿着尺寸线将夹点移动到另一个合适点。

② 对于已经添加的线性折弯，如果不需要折弯标注，可以从线性标注中删除，操作方法：单击"标注"工具栏的"折弯线性"按钮 ⚡（在"注释"选项卡"标注"工具栏中选择），系统提示如下：

选择要添加折弯的标注或［删除（R）］：（输入"R"，按〈Enter〉键）。
选择要删除的折弯：（拾取要删除的折弯标注）。

（12）圆心标记

圆心标记用于标记圆或圆弧的圆心点位置。以标注图 3-68 为例说明圆心标记。

1）输入命令。

输入命令可以采用下列方法之一。

● 工具栏：单击"标注"工具栏的"圆心标记"按钮⊕。

● 菜单栏：选取"标注"菜单→"圆心标记"命令。

● 功能区：单击"注释"选项卡"中心线"面板中的"圆心标记"按钮⊕。

● 命令行：键盘输入"DIMCENTER"。

2）操作格式。

执行上述命令之一，系统提示如下：

选择要添加圆心标记的圆或圆弧：(拾取 φ60 的圆)。

注：圆心标记可以通过夹点调整至合适的尺寸。

（13）快速尺寸标注

快速尺寸标注可以同时选择多个圆或圆弧标注直径或半径，也可同时选择多个对象进行基线标注和连续标注，选择一次即可完成多个标注，既节省时间，又可提高工作效率，以图3-69为例说明快速尺寸标注。

1）输入命令。

输入命令可以采用下列方法之一。

● 工具栏：单击"标注"工具栏的"快速标注"按钮。

● 菜单栏：选取"标注"菜单→"快速标注"命令。

● 功能区：单击"注释"选项卡"标注"面板中的"快速标注"按钮。

● 命令行：键盘输入"QDIM"。

2）操作格式。

执行上述命令之一，系统提示如下：

选择要标注的几何图形：(分别拾取竖直线段 *AB、CD、EF*，按〈Enter〉键)。
指定尺寸线位置或[连续(C)并列(S)基线(B)坐标(O)半径(R)直径(D)基准点(P)编辑(E)设置(T)]<连续>：(移动鼠标指定尺寸放置位置，单击)。

利用同样的方法，完成水平尺寸的快速标注。

3）说明。

● 连续（C）：产生一系列连续标注的尺寸。连续标注为系统默认。

● 并列（S）：产生一系列交错的尺寸标注。

● 基线（B）：产生一系列基准标注尺寸。后续坐标（O）、半径（R）和直径（D）与之含义类似。

● 基准点（P）：为基线标注与连续标注指定一个新的基准点。

● 编辑（E）：对多个尺寸标注进行编辑，将提示用户在现有标注中添加或删除点。

● 设置（T）：用于为指定尺寸界线原点（交点或端点）设置对象捕捉优先级。

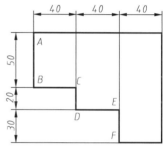

图 3-68　圆心标记示例

a）圆心标注前　b）圆心标注前后

图 3-69　快速尺寸标注示例

（14）标注

"标注"命令用于在同一命令任务中创建各种类型的尺寸标注。

1）输入命令。

输入命令可以采用下列方法之一。

- 功能区：单击"默认"选项卡"注释"面板中的"标注"按钮 ▦。
- 命令行：键盘输入"DIM"。

2）操作格式。

执行上述命令之一，系统提示如下：

> 指定第一个尺寸界线原点或［角度（A）基线（B）继续（C）坐标（O）对齐（G）分发（D）图层（L）放弃（U）］：

此时将光标悬停在标注对象上，该命令将自动预览要使用的合适标注类型，然后选择对象、线或点进行标注即可。如有需要，用户可用命令选项更改标注类型。

3.1.3　知识拓展

综合运用图层设置、尺寸标注和对象追踪等命令完成图3-70的绘制。

1. 图层设置

用"图层特性管理器"设置新图层，图层设置要求见表3-4。

设置完成如图3-71所示。

选择"中心线"层，单击"置为当前"按钮 ▥，将其设置为当前层，然后关闭"图层特性管理器"对话框。

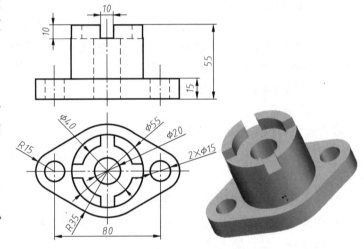

图 3-70　拓展练习

表 3-4　新图层设置

名　称	颜　色	线　型	线　宽
轮廓线	白色	Continuous	0.5mm
尺寸标注线	绿色	Continuous	0.15mm
虚线	洋红色	ACAD_ISO02W100	0.15mm
中心线	红色	CENTER	0.15mm

2. 绘制左视图

（1）绘制中心线

1）绘图中状态栏上的"对象捕捉"按钮 ▣、"正交"按钮 ┗、"显示线宽"按钮 ▤ 均处于打开状态。

注："显示线宽"可以在绘图中按图层设置显示线宽。

2）单击"绘图"工具栏上的"直线"按钮 ／，绘制中心线，如图3-72所示。

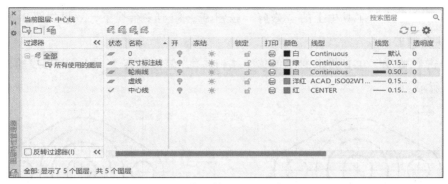

图 3-71 "图层特性管理器"新建图层的设置

3）单击"修改"工具栏上的"偏移"按钮⊏，偏移距离 40mm，完成中心线的两次偏移，如图 3-73 所示。

（2）绘制圆

1）单击"图层"工具栏中"图层"下拉列表的下三角按钮，选中"轮廓线"层，将"轮廓线"层设置为当前图层，如图 3-74 所示。

图 3-72 绘制中心线　　　　　图 3-73 中心线的偏移　　　　　图 3-74 "图层"下拉列表

2）单击"绘图"工具栏上的"圆"按钮⊘，绘制圆，如图 3-75 所示。

3）单击"绘图"工具栏上的"直线"按钮╱，命令行提示：

指定第一点:(输入起始点)(同时按下〈Shift〉键和右击鼠标,弹出快捷菜单,列出 AutoCAD 提供的"对象捕捉"模式,选择"切点",在 R15 圆弧任意位置单击)。

指定下一点或【放弃(U)】:(同时按下〈Shift〉键和右击鼠标,弹出快捷菜单,列出 AutoCAD 提供的"对象捕捉"模式,选择"切点",在 R35 圆弧任意位置单击)。

指定下一点或【闭合(C)/放弃(U)】:(按〈Enter〉键或〈Esc〉键)。

同理，绘制另外 3 条切线，如图 3-76 所示。

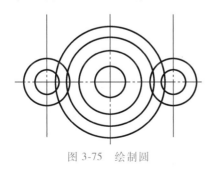

图 3-75 绘制圆

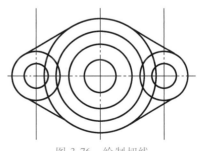

图 3-76 绘制切线

4）单击"修改"工具栏上的"修剪"按钮，修剪多余线条，效果如图 3-77 所示。

（3）4 个槽的绘制

1）单击"修改"工具栏上的"偏移"按钮，偏移距离 5，完成中心线的二次偏移，如图 3-78 所示。

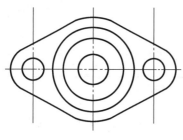 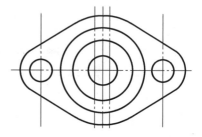

图 3-77　修剪多余线条　　　　　　　　图 3-78　中心线的偏移

2）选中主视图中偏移后的中心线，单击"图层"工具栏中"图层"下拉列表的下三角按钮，选中"轮廓线"层，将偏移后线段转换到"轮廓线"层，按〈Esc〉键结束选择，如图 3-79 所示。

3）单击"修改"工具栏上的"修剪"按钮，修剪多余的线条，效果如图 3-80 所示。

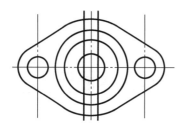 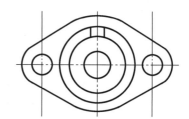

图 3-79　将图线由"中心线"　　　　　　　图 3-80　修剪多余的线条
层转换为"轮廓线"层

4）单击"修改"工具栏上的"环形阵列"按钮，或单击菜单栏"修改"→"阵列"→"环形阵列"命令，命令行提示：

选择对象:（选取槽,按〈Enter〉键）。
指定阵列中心点或[基点(B)/旋转轴(A)]:（选取中心,单击）。

系统会打开"阵列创建"选项卡，在该选项卡中进行参数设置，如图 3-81 所示。参数设置分别为："项目数"值为"4"，"填充"值为"360"，单击"关闭阵列"按钮，完成环形阵列，如图 3-82 所示。

图 3-81　"阵列创建"选项卡

5）单击"修改"工具栏上的"打断"按钮 凸 和工具栏上的"修剪"按钮 ✂ 修剪多余的线条，同时将多余的中心线打断，效果如图3-83所示。完成主视图的绘制。

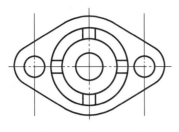

图3-82 阵列4个槽

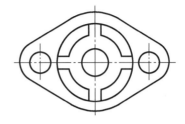

图3-83 修剪图线和打断中心线

3. 绘制俯视图

1）单击"绘图"工具栏上的"直线"按钮 ∕，绘制直线。

注：利用"对象捕捉追踪"功能实现主视图和俯视图的长对正。

指定第一点:(输入起始点)(将光标移至左象限点处,向下移动光标适当的距离后单击,如图3-84所示)。

注：将光标移至端点处时，不要单击。

指定下一点或【闭合(C)/放弃(U)】:(向右移动光标,再将光标移至右象限点处,向下移动光标,系统自动追踪长对正,单击,如图3-85所示)。

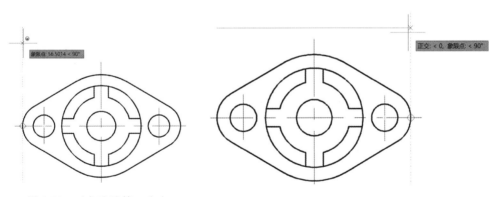

图3-84 对象追踪第一个点   图3-85 对象追踪第二个点

2）单击"绘图"工具栏上的"直线"按钮 ∕，绘制直线，完成如图3-86所示图形绘制。

3）利用夹点编辑功能，将竖直中心线拉长，如图3-87所示。

4）单击"修改"工具栏上的"打断"按钮 凸，完成中心线的打断，如图3-88所示。

5）单击"修改"工具栏上的"偏移"按钮 ⊂，偏移距离10，如图3-89所示。

6）单击"绘图"工具栏上的"直线"按钮 ∕，绘制直线，如图3-90所示。

注：利用"对象捕捉追踪"功能实现主视图和俯视图的长对正。

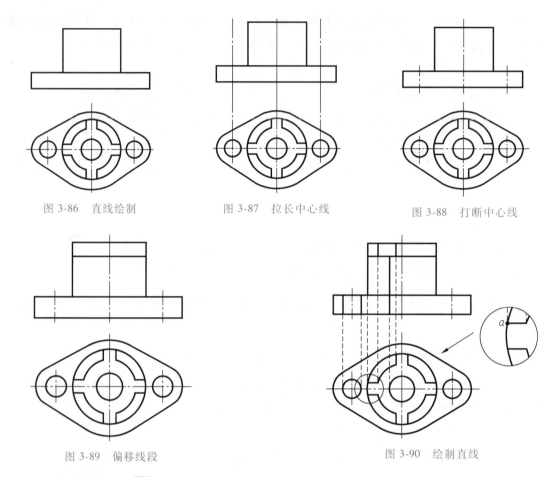

图 3-86　直线绘制　　　　　图 3-87　拉长中心线　　　　　图 3-88　打断中心线

图 3-89　偏移线段　　　　　　　　　　　图 3-90　绘制直线

7）利用修剪命令 ✂ 与删除命令，修剪并删除多余的线条，效果如图 3-91 所示。

8）选中俯视图中线条，如图 3-92 所示，单击"图层"工具栏中"图层"下拉列表的下三角按钮，选中"虚线"层，将线段转换到"虚线"层，按〈Esc〉键结束选择，如图 3-93 所示。

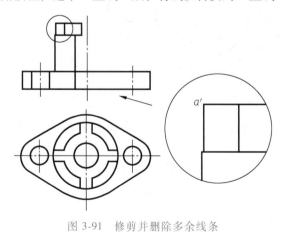

图 3-91　修剪并删除多余线条

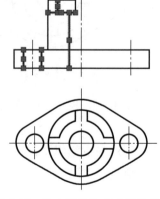

图 3-92　选中需转换成虚线的线段

9）单击"修改"工具栏上的"镜像"按钮 ⚠，或单击菜单栏"修改"→"镜像"命令，选取镜像线条，完成图形的镜像，如图 3-94 所示。

10）单击"绘图"工具栏上的"直线"按钮 ✏，补全俯视图，如图 3-95 所示。

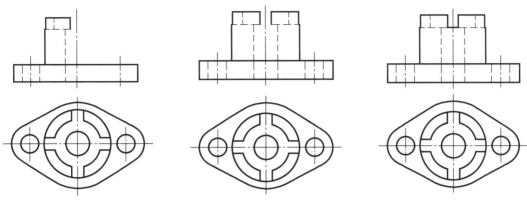

图 3-93 图层转换效果图   图 3-94 镜像   图 3-95 主视图效果图

4. 尺寸标注

（1）俯视图的标注

1）单击"图层"工具栏中"图层"下拉列表的下三角按

钮，选中"尺寸标注线"层，将"尺寸标注线"层设置为当前图层，如图 3-96 所示。

💡 ☼ 🔒 ■尺寸标注线

图 3-96 "图层"下拉列表

2）单击"标注"工具栏中的"线性尺寸标注"按钮 ⊢⊣，标注 80。

3）单击"标注"工具栏中的"直径尺寸标注"按钮 ⊘，标注 $\phi20$，$\phi40$ 和 $\phi55$。

4）单击"标注"工具栏中的"半径尺寸标注"按钮 ⟍，标注 $R35$ 和 $R15$，如图 3-97 所示。

5）单击"标注"工具栏中的"直径尺寸标注"按钮 ⊘，系统提示：

选择圆弧或圆:(拾取圆)。
指定尺寸的位置或[多行文字(M)/文字(T)/角度(A)]:(输入"T",按〈Enter〉键)。
输入标注文字<38>:(输入"2×%%c15",按〈Enter〉键)。
指定尺寸线位置或[多行文字(M)/文字(T)/角度(A)/水平(H)/垂直(V)/旋转(R)]:(指定尺寸放置位置,单击)。

如图 3-98 所示，完成主视图的标注。

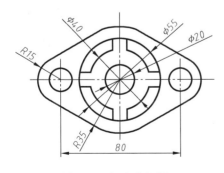

图 3-97 标注俯视图

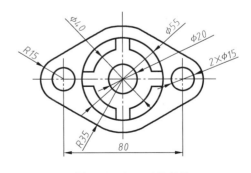

图 3-98 2×ϕ15 的标注

（2）主视图的标注

单击"标注"工具栏中的"线性尺寸标注"按钮 ⊢⊣，标注 10、55 和 15，如图 3-99 所示。

3.1.4 课后练习

1. 绘制如图 3-100 所示零件的三视图，要求图层设置见表 3-5。

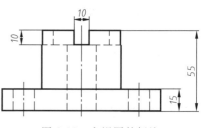

图 3-99 主视图的标注

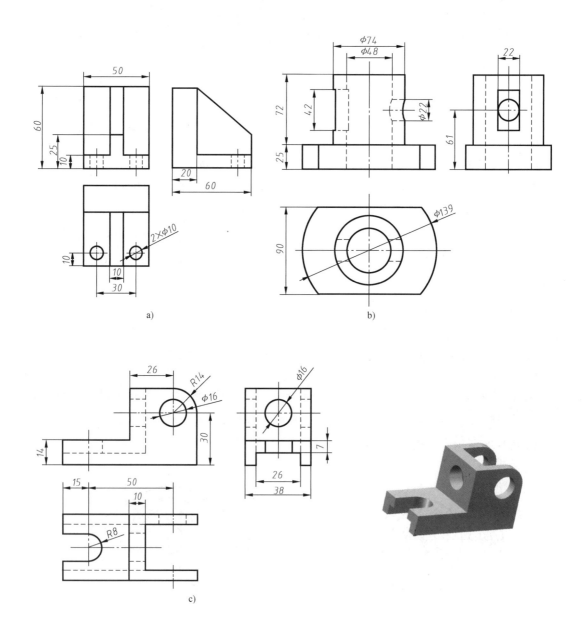

a)

b)

c)

图 3-100 零件三视图

表 3-5　图层设置

名　称	颜　色	线　型	线　宽
轮廓线	白色	Continuous	0.7mm
尺寸线	绿色	Continuous	默认
中心线	红色	CENTER	默认
虚线	黄色	ACAD_ISO02W100	0.35mm

2. 根据图 3-101 所示轴测图，绘制零件的三视图。

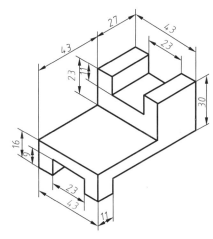

图 3-101　轴测图

任务 3.2　绘制轴承座（二）——学习样条曲线、图案填充命令

本任务将以绘制如图 3-102 所示的轴承座（二）为例，说明样条曲线、图案填充与尺寸编辑的使用方法。

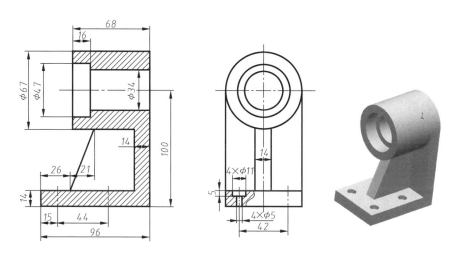

图 3-102　轴承座（二）

3.2.1 任务学习

3-20 设置图层

1. 图层的设置

用"图层特性管理器"设置新图层，图层设置要求见表3-6。

设置完成如图3-103所示。选择"中心线"层，单击"置为当前"按钮 ，将其设置为当前层，然后关闭"图层特性管理器"对话框。

表 3-6　图层的设置

名称	颜色	线型	线宽
轮廓线	白色	Continuous	0.3mm
尺寸标注线	绿色	Continuous	0.15mm
虚线	洋红色	ACAD_ISO02W100	0.15mm
中心线	红色	CENTER	0.15mm
剖面线	蓝色	Continuous	0.15mm

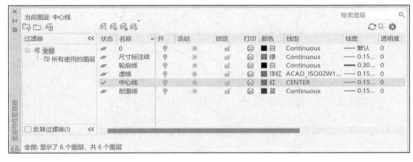

图 3-103　"图层特性管理器"新建图层的设置

2. 绘制左视图

（1）绘制中心线

3-21 绘制左视图

绘图中状态栏上的"对象捕捉"按钮 、"正交"按钮 、"显示线宽"按钮 均处于打开状态。

单击"绘图"工具栏上的"直线"按钮 ，绘制中心线，如图3-104所示。

注：在对象捕捉设置中，需打开"端点""圆心""交点"和"垂足"捕捉。

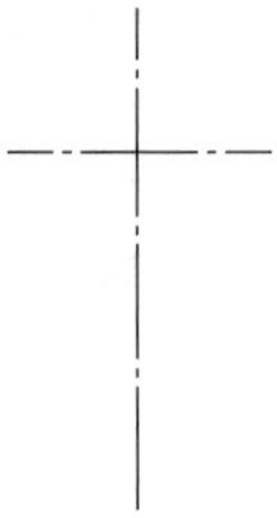

（2）绘制圆

1）单击"图层"工具栏中"图层"下拉列表的下三角按钮，选中"轮廓线"层，将"轮廓线"层设置为当前图层，如图3-105所示。

2）单击"绘图"工具栏上的"圆"按钮 ，绘制圆 φ34、φ47、φ67，如图3-106所示。

图 3-104　绘制中心线

（3）绘制直线

1）单击"绘图"工具栏上的"直线"按钮 ，绘制直线，如图3-106所示。

图 3-105　"图层"下拉列表

2）单击"修改"工具栏上的"偏移"按钮⊏，偏移距离 7、7、14，如图 3-107 所示。

3）单击"修改"工具栏上的"修剪"按钮✂，修剪多余的线条，效果如图 3-108 所示。

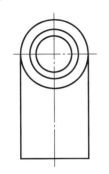
图 3-106　绘制圆和直线

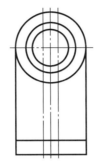
图 3-107　偏移线段

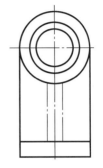
图 3-108　修剪线条

4）选中偏移后的线条，单击"图层"工具栏中"图层"下拉列表的下三角按钮，选中"轮廓线"层，将偏移后线段转换到"轮廓线"层，按〈Esc〉键结束选择，如图 3-109 所示。

（4）绘制底板孔

1）单击"修改"工具栏上的"偏移"按钮⊏，单侧偏移距离 21，如图 3-110 所示。

2）单击"修改"工具栏上的"打断"按钮凹，将中心线多余的部分打断，效果如图 3-111 所示。

3）单击"修改"工具栏上的"偏移"按钮⊏，偏移距离 5.5、5 和 2.5，如图 3-112 所示。

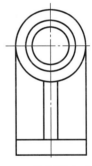
图 3-109　将图线由"中心线"层转换为"轮廓线"层

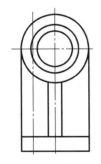
图 3-110　偏移中心线

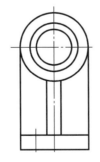
图 3-111　打断中心线

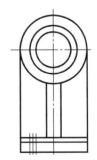
图 3-112　偏移沉头孔相关线条

4）单击"修改"工具栏上的"修剪"按钮✂，修剪多余的线条，效果如图 3-113 所示。选中偏移后的线条，单击"图层"工具栏中"图层"下拉列表的下三角按钮，选中"轮廓线"层，将偏移后线段转换到"轮廓线"层，按〈Esc〉键结束选择，如图 3-114 所示。

5）单击"修改"工具栏上的"镜像"按钮◢◣，或单击菜单栏"修改"→"镜像"命令，分别完成沉头孔与中心线的镜像，如图 3-115 所示。

6）单击"图层"工具栏中"图层"下拉列表的下三角按钮，选中"剖面线"层，将

"剖面线"层设置为当前图层，如图 3-116 所示。

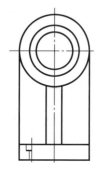
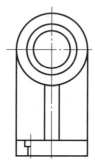
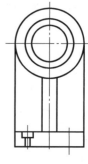

图 3-113 修剪沉头孔线　　　　图 3-114 图层转换　　　　图 3-115 镜像

图 3-116 "图层"下拉列表

7）单击"绘图"工具栏上的"样条曲线拟合"按钮 ，或单击菜单栏"绘图"→"样条曲线"→"拟合点"命令，命令行提示（样条曲线命令）：

> 指定第一个点或［方式(M)节点(K)对象(O)］:(在适当位置拾取起点)。

注：绘制样条曲线时，建议关闭"正交"按钮 和"对象捕捉"按钮 。

> 输入下一个点或［起点切向(T)公差(L)］:(拾取第二个点,如图 3-117a 所示)。
> 输入下一个点或［端点相切(T)公差(L)放弃(U)］:(拾取第三个点,如图 3-117b 所示)。
> 输入下一个点或［端点相切(T)公差(L)放弃(U)闭合(C)］:(拾取第四个点,如图 3-117c 所示)。
> 输入下一个点或［端点相切(T)公差(L)放弃(U)闭合(C)］:(按〈Enter〉键)。

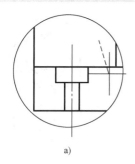
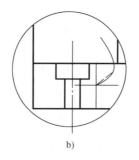
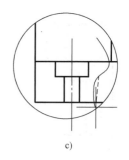

a)　　　　　　　　　　b)　　　　　　　　　　c)

图 3-117 样条曲线的绘制

a）拾取第二个点　b）拾取第三个点　c）拾取第四个点

完成样条曲线的绘制，如图 3-118 所示。

8）单击"修改"工具栏上的"修剪"按钮 ，修剪多余的样条曲线，效果如图 3-119 所示。

9）单击"绘图"工具栏上的"图案填充"按钮 ，或单击菜单栏"绘图"→"图案填充"命令，系统会打开"图案填充创建"选项卡，如图 3-120 所示。

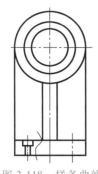

图 3-118　样条曲线　　　　　　　　　　　　图 3-119　修剪样条曲线

图 3-120　"图案填充创建"选项卡

在"图案"面板中选择填充图案"ANSI31",单击"边界"面板中的"拾取点"按钮，命令行提示：

拾取内部点或［选择对象(S)放弃(U)设置(T)］:(在绘图区的封闭框内,单击任意一点,需拾取两个部分,如图 3-121 所示)。

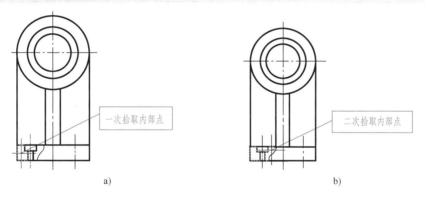

一次拾取内部点

二次拾取内部点

a)　　　　　　　　　　　　　　　　b)

图 3-121　"图案填充"拾取点
a) 一次拾取内部点　b) 二次拾取内部点

单击"关闭"按钮，完成剖面线的填充，从而完成左视图的绘制，如图 3-122 所示。

3. 绘制主视图

1) 单击"图层"工具栏中"图层"下拉列表的下三角按钮，选中"轮廓线"层，将"轮廓线"层设置为当前图层。

3-22 绘制主视图

绘图中状态栏上的"对象捕捉"按钮、"正交"按钮、"显示线宽"按钮均处于打开状态。

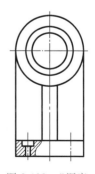

图 3-122　"图案填充"效果图

注：利用"对象捕捉追踪"功能实现主视图和左视图的高平齐。

2）单击"绘图"工具栏上的"直线"按钮 ∕ ，绘制直线。

指定第一点:(输入起始点)(将鼠标移至最高点,向左移动光标适当的距离后单击,如图 3-123 所示)。

注: 将鼠标移至端点处时，不要单击。

指定下一点或【闭合(C)/放弃(U)】:(向下移动光标,再将鼠标移至最低点,向右移动光标,系统自动追踪高平齐,单击,如图 3-124 所示,按〈Enter〉键)。

3）单击"绘图"工具栏上的"直线"按钮 ∕ ，绘制直线，完成如图 3-125 所示图形绘制。

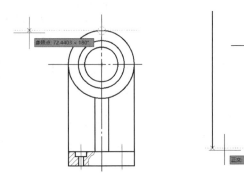
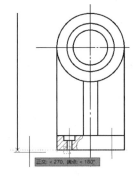
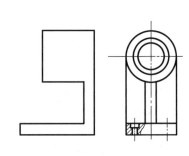

图 3-123　对象追踪第一个点　　图 3-124　对象追踪第二个点　　图 3-125　直线的绘制

4）单击"绘图"工具栏上的"直线"按钮 ∕ ，利用"对象捕捉追踪"功能绘制图形，如图 3-126 所示。

5）选中主视图中的孔中心线，单击"图层"工具栏中"图层"下拉列表的下三角按钮，选中"中心线"层，将线段转换到"中心线"层，按〈Esc〉键结束选择，如图 3-127 所示。

6）单击"修改"工具栏上的"偏移"按钮 ⊂ ，偏移距离 26 和 21，如图 3-128 所示。

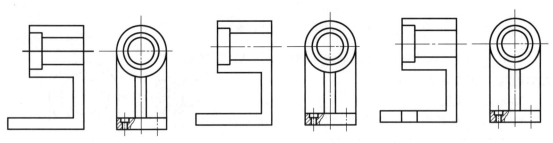

图 3-126　利用"对象捕捉　　图 3-127　转换到"中心线"层　　图 3-128　偏移直线
追踪"绘制直线

7）单击"修改"工具栏上的"延伸"按钮 →| ，延伸线条，如图 3-129 所示，利用直线命令连接，并删除多余的线段，如图 3-130 所示。

8）单击"图层"工具栏中"图层"下拉列表的下三角按钮，选中"剖面线"层，将

"剖面线"层设置为当前图层。

9）单击"绘图"工具栏上的"图案填充"按钮▨，或单击菜单栏"绘图"→"图案填充"命令，系统会打开"图案填充创建"选项卡，如图3-131所示。

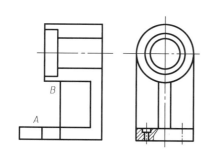 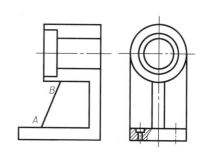

图3-129 线条的延伸　　　　　　　图3-130 肋板的绘制

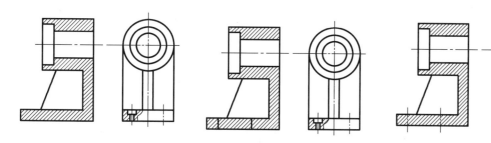

图3-131 "图案填充创建"选项卡

在"图案"面板中选择填充图案"ANSI31"，命令行提示：

拾取内部点或［选择对象（S）放弃（U）设置（T）］:（在绘图区的封闭框内，单击内部任意点）。

单击"关闭"按钮✔，完成剖面线的填充，从而完成左视图的绘制，如图3-132所示。

10）单击"修改"工具栏上的"偏移"按钮⊂，偏移距离15、44，如图3-133所示。

11）选中主视图中的孔中心线，单击"图层"工具栏中"图层"下拉列表的下三角按钮，选中"中心线"层，将线段转换到"中心线"层，按〈Esc〉键结束选择，利用夹点编辑功能，将竖直中心线拉长，完成主视图的绘制，如图3-134所示。

图3-132 主视图中图案填充　　　图3-133 偏移直线　　　图3-134 主视图效果

4. 尺寸标注

（1）主视图的标注

1）单击"图层"工具栏中"图层"下拉列表的下三角按钮，选中"尺寸标注线"层，将"尺寸标注线"层设置为当前图层，如图3-135所示。

3-23 标注尺寸

图3-135 图层下拉列表

2）单击"标注"工具栏上的"线性标注"按钮，或单击菜单栏"标注"→"线性"命令进行标注，如图3-136所示。

3）单击"标注"工具栏上的"线性标注"按钮，或单击菜单栏"标注"→"线性"命令进行标注，系统提示如下：

指定第一条延伸线原点或<选择对象>:(拾取第一条尺寸界线的起点)。
指定第二条延伸线原点:(拾取第二条尺寸界线的起点)。
[多行文字(M)/文字(T)/角度(A)/水平(H)/垂直(V)/旋转(R)]:(输入"T"，按〈Enter〉键)。
输入标注文字<47>:(输入"%%c47"，按〈Enter〉键)。
[多行文字(M)/文字(T)/角度(A)/水平(H)/垂直(V)/旋转(R)]:(指定尺寸放置位置,单击)。

完成 ϕ47 的标注，利用同样的方法标注 ϕ67 和 ϕ34，完成主视图的标注，如图3-137所示。

（2）左视图的标注

利用"标注"工具栏上的"线性标注"按钮，或单击菜单栏"标注"→"线性"命令，完成左视图的标注，如图3-138所示。

完成轴承座（二）的绘制。

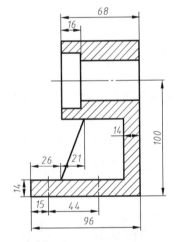

图 3-136　主视图线性标注

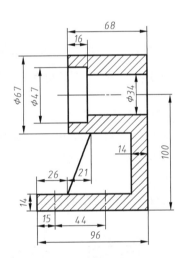

图 3-137　非圆视图中直径的标注

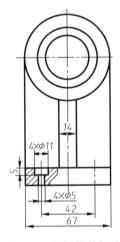

图 3-138　左视图的标注

3.2.2　任务注释

1. 样条曲线命令

样条曲线是经过或接近一系列给定点的光滑曲线。在 AutoCAD 中，绘制样条曲线可利用拟合点绘制，也可利用控制点绘制。该命令常用于绘制波浪线、折断线等。运用拟合点的方式绘制样条曲线，以图3-139所示为例说明。

[图中二维码] 3-24 样条曲线命令

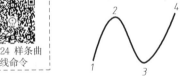

图 3-139　样条曲线命令示例

（1）输入命令

输入命令可以采用下列方法之一。

● 工具栏：单击"绘图"工具栏的"样条曲线拟合"按钮。

- 菜单栏：选取"绘图"菜单→"样条曲线"→"拟合点"命令。
- 功能区：单击"默认"选项卡"绘图"面板中的"样条曲线拟合"按钮 。
- 命令行：键盘输入"SPLINE"或"SPL"。

（2）操作格式

执行上述命令之一，系统提示如下：

指定第一个点或[方式(M)节点(K)对象(O)]:(在适当位置拾取第1点)。

注：绘制样条曲线时，建议关闭"正交"按钮 和"对象捕捉"按钮 。

输入下一个点或[起点切向(T)公差(L)]:(拾取第2点)。
输入下一个点或[端点相切(T)公差(L)放弃(U)]:(拾取第3点)。
输入下一个点或[端点相切(T)公差(L)放弃(U)闭合(C)]:(拾取第4点)。
输入下一个点或[端点相切(T)公差(L)放弃(U)闭合(C)]:(按〈Enter〉键)。

完成图3-139所示样条曲线的绘制。

2. 图案填充命令

（1）创建图案填充

该命令用于设置填充的图案、样式和比例等参数。在工程图中，用该命 令来表达一个剖切的区域，也可使用不同的图案填充表达不同的零件或材料。

3-25 创建图案填充

1）输入命令。

输入命令可以采用下列方法之一。

- 工具栏：单击"绘图"工具栏的"图案填充"按钮 。
- 菜单栏：选取"绘图"菜单→"图案填充"命令。
- 功能区：单击"默认"选项卡"绘图"面板中的"图案填充"按钮 。
- 命令行：键盘输入"BHATCH"或"BH"。

2）操作格式。

执行上述命令之一，系统会打开"图案填充创建"选项卡，如图3-140所示。

图3-140 "图案填充创建"选项卡

①"边界"面板。

- "拾取点"：通过选择由一个或多个对象形成的封闭区域内的点，来选取填充区域。如图3-141所示。如果所选区域边界不封闭，系统会提示信息。如图3-142所示。
- "选择"：以选取对象的方式确定填充区域的边界。其方法与拾取点方法类似。此方法可以用于所选对象组成不封闭的区域边界，但在不封闭处会发生填充断裂或不均匀现象，如图3-143所示。
- "删除"：用于取消系统自动计算或用户指定的边界。
- "重新创建"：围绕选定的图案填充或填充对象创建多段线或面域，并使其与图案填充对象相关联。

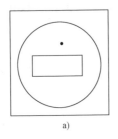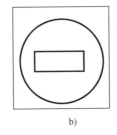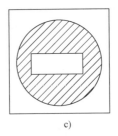

a)　　　　　　　　　　b)　　　　　　　　　　c)

图 3-141　边界确定

a）选择一点　b）填充区域　c）填充效果

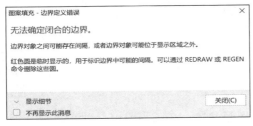

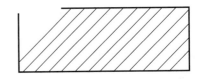

图 3-142　"图案填充-边界定义错误"对话框　　　　图 3-143　"选择对象"方式边界
　　　　　　　　　　　　　　　　　　　　　　　　　　　　　　　　不封闭的填充效果

- "显示"：选择构成选定关联图案填充对象的边界对象，使用显示夹点可修改图案填充边界。
- "保留"：指定如何处理图案填充边界对象。包括如下选项。
◇ 不保留边界：不创建独立的图案填充边界对象。
◇ 保留边界-多段线：创建封闭图案填充对象的多段线。
◇ 保留边界-面域：创建封闭图案填充对象的面域对象。
◇ 选择新边界集：指定对象的有限集（称为边界集），以便通过创建图案填充时的拾取点进行计算。

② "图案"面板。

显示系统所有预定义和自定义图案的预览图像。

③ "特性"面板。

- "图案填充类型"：指定使用纯色、渐变色、图案或是用户定义的填充。

- "图案填充颜色"：使用为实体填充和填充图案指定的颜色替代当前颜色。

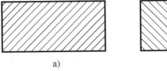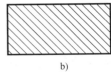

a)　　　　　　　　　　b)

图 3-144　填充图案"角度"设置示例

a）角度为 0 时　b）角度为 90 时

- "背景色"：指定填充图案背景的颜色。

- "图案填充透明度"：设定新图案填充或填充的透明度，替代当前对象的透明度。

- "角度"：用于指定填充图案相对于当前 UCS 坐标系统的 X 轴的角度。角度默认设置为"0"。以绘制图 3-144 所示的金属剖面为例。

● "填充图案比例"：用于指定填充图案的比例。默认设置为"1"，可以根据需要进行缩小或放大，以绘制图 3-145 所示的金属剖面为例，说明"比例"的设置。

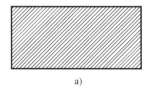 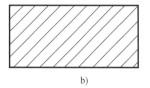

图 3-145　填充图案"比例"设置示例

a）比例为 1 时　b）比例为 4 时

● "相对图纸空间"：相对于图纸空间单位缩放填充图案（仅在布局中可用）。使用此选项，可较容易地做到以适合于布局的比例显示填充图案。

● "双向"：可以使用相互垂直的两组平行线填充图案，此选项只有在"类型"下拉列表框中选择"用户定义"时使用。

● "ISO 笔宽"：基于选定的笔宽缩放 ISO 图案（仅对于预定义的 ISO 图案可用）。

④"原点"面板。

用于指定某个点作为图案填充的原点。

⑤"选项"面板。

● "关联"：图案填充对象与填充边界对象关联，即对已填充好的图形修改时，填充图案会随边界的变化而自动填充，如图 3-146b 所示。否则，图案填充对象和填充边界对象不关联，即对已填充的图形修改时，填充图案不随边界修改而变化，如图 3-146c 所示。

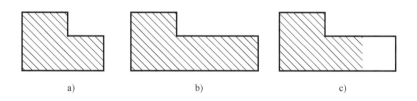

图 3-146　"关联"设置示例

a）拉伸前　b）选中"关联"的拉伸结果　c）未选中"关联"的拉伸结果

● "注释性"：指定图案填充为注释性。此特性会自动完成缩放注释过程，从而使注释能够以正确的大小在图纸上打印或表示。

● "特性匹配"：一种是"使用当前原点"特性匹配，另一种是"使用源图案填充的原点"特性匹配。

● "允许的间隙"：设定将对象用作图案填充边界时可以忽略的最大间隙。默认值为 0，此值指定对象必须封闭区间而没有间隙。

● "创建独立的图案填充"：用于创建独立的图案填充。

● "孤岛检测"：用于指定在最外层边界内填充对象的方法。包括：普通孤岛检测、外部孤岛检测、忽略孤岛检测。

◇ 普通孤岛检测：从最外边向里面填充线，遇到与之相交的边界，断开填充线，再遇到一下个内部边界时，继续画填充线，如图 3-147a 所示。

◇ 外部孤岛检测：从最外边界向里面绘制填充线，遇到与之相交的内部边界时就断开填充线，并不再继续往里面绘制，如图 3-147b 所示。

◇ 忽略孤岛检测：忽略所有的孤岛，所有内部结构都被填充覆盖，如图 3-147c 所示。

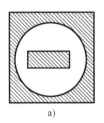 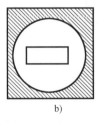 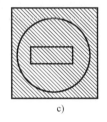

图 3-147 "孤岛显示样式"设置示例

a)"普通"样式 b)"外部"样式 c)"忽略"样式

● "绘图次序"：用于指定图案填充的绘图顺序，图案填充可以放在图案填充边界及其他对象之后或之前。选项包括不更改、后置、前置、置于边界之后和置于边界之前。

⑥ "关闭"面板。

关闭图案填充创建：退出图案填充，也可按〈Enter〉键或〈Esc〉键退出图案填充。

（2）编辑图案填充

通过执行编辑填充图案，可以修改已经生成的填充图案，而且通过指定一个新的图案来替换以前生成的图案。

3-26 编辑图案填充

1）输入命令。

输入命令可以采用下列方法之一。

● 工具栏：单击"修改"工具栏的"编辑图案填充"按钮 ⬚。

● 菜单栏：选取"修改"菜单→"对象"→"图案填充"命令。

● 功能区：单击"默认"选项卡"修改"面板中的"编辑图案填充"按钮 ⬚。

● 命令行：键盘输入"HATCHEDIT"或"H"。

● 快捷菜单：选中填充的图案，右击，在打开的快捷菜单中选择"图案填充编辑"命令。

2）操作格式。

执行上述命令之一，系统打开"图案填充编辑"对话框，直接单击填充的图案，系统会打开"图案填充编辑器"选项卡，可以对填充图案进行修改。

3.2.3 知识拓展

轴承有多种类型，是机械中最常用的标准件之一。国家标准对轴承绘制有具体的规定。运用图案填充命令完成图 3-148 所示深沟球轴承 6206 GB/T 276—2013 的绘制。其中主要尺寸：$D=62$；$d=30$；$B=16$；$A=16$。

（1）图层的设置

1）用"图层特性管理器"设置新图层，图层设置要求见表 3-7。

表 3-7 图层的设置

名称	颜色	线型	线宽
轮廓线	白色	Continuous（连续线）	0.5mm
尺寸标注线	绿色	Continuous	0.25mm
中心线	红色	CENTER	0.25mm
剖面线	蓝色	Continuous	0.25mm

2）选择"中心线"层，单击"置为当前"按钮 ![按钮]，将其设置为当前层，然后关闭"图层特性管理器"对话框。

（2）绘制轴承

绘图中状态栏上的"对象捕捉"按钮 ![按钮]、"正交"按钮 ![按钮]、"显示线宽"按钮 ![按钮] 均处于打开状态。

1）单击"绘图"工具栏上的"直线"按钮 ![按钮]，绘制中心线。

2）单击"图层"工具栏中图层下拉列表的下三角按钮，选中"轮廓线"层，将"轮廓线"层设置为当前图层。

3）利用绘图与修改命令，绘制轴承的一半图形，如图 3-149 所示。

4）单击"修改"工具栏上的"镜像"按钮 ![按钮]，镜像一半图形，如图 3-150 所示。

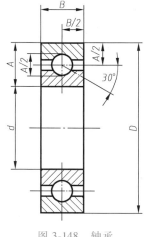

图 3-148 轴承

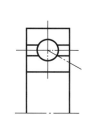

图 3-149 绘制 1/2 轴承

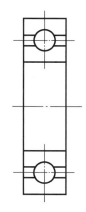

图 3-150 镜像轴承

5）单击"图层"工具栏中图层下拉列表的下三角按钮，选中"剖面线"层，将"剖面线"层设置为当前图层。

6）单击"绘图"工具栏上的"图案填充"按钮 ![按钮]，或单击菜单项"绘图"→"图案填充"命令，系统会打开"图案填充创建"选项卡，如图 3-151 所示。

图 3-151 "图案填充创建"选项卡

在"图案"面板中选择填充图案"ANSI31"，命令行提示：

拾取内部点或［选择对象(S)放弃(U)设置(T)］:（在绘图区的封闭框内,单击内部任意点）。

单击"关闭"按钮 ✓，完成剖面线的填充，最终完成轴承的绘制，如图 3-152 所示。

注：标准件不需要单独绘制图纸，而是直接绘制在装配图中。标准件无需尺寸标注，但需在装配图明细表中注明其规格（型式、结构和尺寸）和标准。

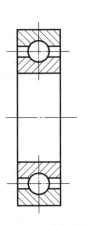

图 3-152 剖面线
填充效果

3.2.4 课后练习

1. 绘制如图 3-153 所示零件，要求图层设置见表 3-8。

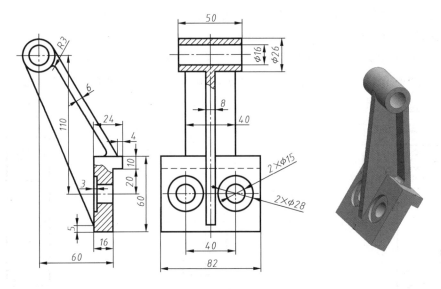

图 3-153 课后练习题

表 3-8 图层设置要求

名　称	颜　色	线　型	线　宽
轮廓线	白色	Continuous	0.7mm
尺寸标注线	蓝色	Continuous	0.3mm
中心线	红色	CENTER	0.3mm
剖面线	洋红色	Continuous	0.3mm
虚线	黄色	ACAD_ISO02W100	0.3mm

2. 绘制如图 3-154 所示零件。

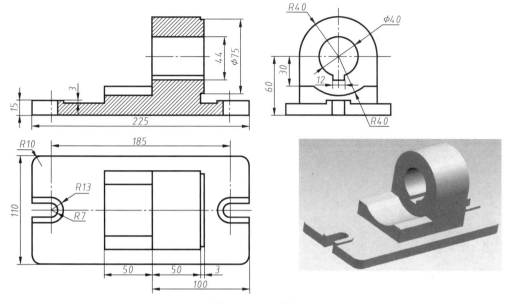

图 3-154 零件图

3. 完成图 3-155 所示圆锥滚子轴承 30206　GB/T 297—2015 的绘制。其中主要尺寸：$D = 62$；$d = 30$；$T = 17.25$；$B = 16$；$C = 14$；$A = 16$。

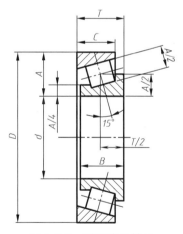

图 3-155　圆锥滚子轴承

项目 4

绘制零件图

 知识目标

1. 学会矩形命令、文字添加和表格命令
2. 理解尺寸标注样式设置的含义
3. 理解几何公差的含义
4. 学会引线命令
5. 理解图块的定义和属性的含义

技能目标

1. 掌握文字添加和标题栏绘制的方法
2. 掌握尺寸标注样式设置的操作方法
3. 掌握几何公差的添加和引线的绘制
4. 掌握定义块属性、创建块和插入块的方法与步骤
5. 掌握表面粗糙度的绘制方法

素养目标

1. 通过绘制零件图的项目训练，在实践中应用国家标准，"不以规矩，不能成方圆"，强化学生工程伦理教育
2. 增强学生解决实际问题的实践能力

参考学时

8

任务 4.1　绘制 A4 图框与标题栏——学习矩形、文字和表格命令

本任务将以绘制如图 4-1 所示的图框和标题栏为例，说明矩形、文字和表格的使用方法。

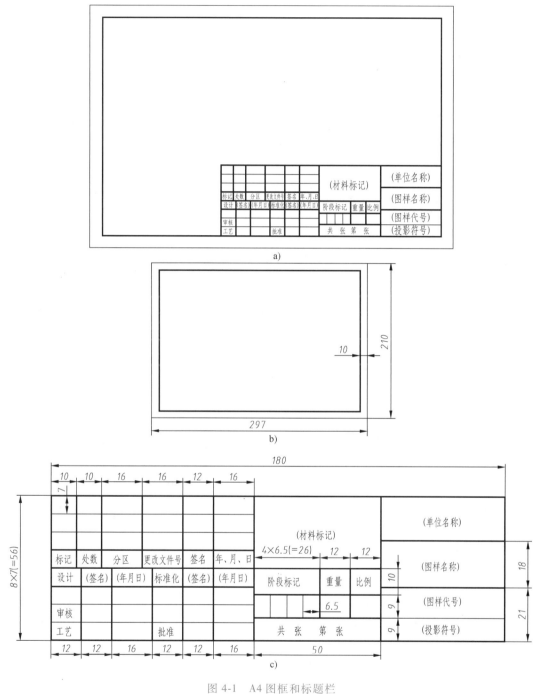

图 4-1 A4 图框和标题栏

a）A4 图框和标题栏样式　b）图框尺寸　c）标题栏尺寸

4.1.1　任务学习

1. 图层的设置

用"图层特性管理器"设置新图层，图层设置要求见表 4-1。

表 4-1 图层的设置

名　　称	颜　　色	线　　型	线　　宽
外框线	白色	Continuous	0.35mm
内框线	黄色	Continuous	0.70mm
文字	洋红色	Continuous	0.35mm

设置完成后如图 4-2 所示。选择"外框线"层，单击"置为当前"按钮 ，将其设置为当前层，然后关闭"图层特性管理器"对话框。

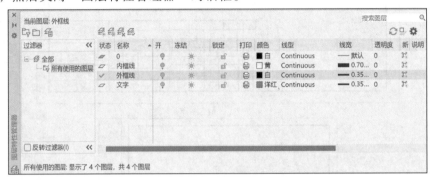

图 4-2 "图层特性管理器"新建图层的设置

2. 绘制外框

单击"绘图"工具栏上的"矩形"按钮 ，或单击菜单栏"绘图"→"矩形"命令，命令行提示（矩形命令）：

指定第一个角点或［倒角（C）/标高（E）/圆角（F）/厚度（T）/宽度（W）］：（用鼠标在绘图区任意位置拾取一点）。

指定另一个角点［面积（A）/尺寸（D）/旋转（R）］：（输入"@297，210"，按〈Enter〉键）。

完成外框的绘制，如图 4-3 所示。

注：A4 图纸的幅面尺寸为 297mm×210mm。

3. 绘制内框

1）单击"修改"工具栏上的"偏移"按钮 ，偏移距离 10，如图 4-4 所示。

2）选中偏移后的矩形，单击"图层"工具栏中"图层"下拉列表的下三角按钮，选中"内框线"层，将偏移后矩形转换到"内框线"层，按〈Esc〉键结束选择，完成内框的绘制，如图 4-5 所示。

注：本例绘制的图框为不留装订边的图纸，因而偏移距离为 10。

图 4-3 外框的绘制　　　　图 4-4 内框的绘制　　　　图 4-5 图层转换

4. 绘制标题栏

1) 利用直线命令、偏移命令和修剪命令绘制标题栏，尺寸要求如图4-6所示。

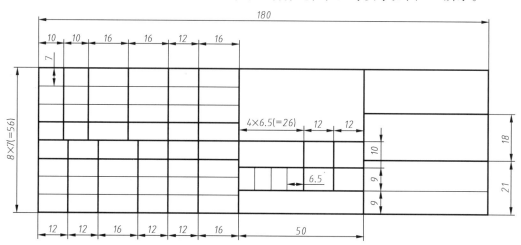

图4-6 绘制标题栏

注：添加标题栏也可使用添加表格的方法完成。添加表格前，需先设置表格样式（表格命令）。

2) 单击"图层"工具栏中"图层"下拉列表的下三角按钮，选中"文字"层，将该图层设置为当前图层，如图4-7所示。

图4-7 "文字"层设为当前图层

3) 新建文字样式。选取菜单栏中"格式"→"文字样式"命令，系统弹出"文字样式"对话框，如图4-8所示。单击"新建"按钮，系统打开"新建文字样式"对话框，输入样式名"文字"，单击"确定"按钮退出，如图4-9所示（文字命令）。

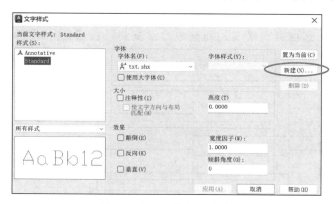

图4-8 "文字样式"对话框

图4-9 "新建文字样式"对话框

系统返回"文字样式"对话框，在"字体名"下拉列表框中选择"仿宋"选项，在"宽度因子"文本框中将宽度比例设置为0.7，在"高度"文本框中设置文字高度为4，单击"应用"按钮，然后单击"关闭"按钮，如图4-10所示。

4) 添加"设计"二字。选取"绘图"菜单→"文字"→"多行文字"命令，系统提示如下：

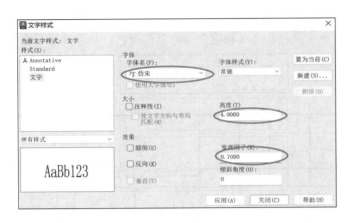

图4-10　文字样式设置

指定第一个角点：（单击，拾取表格中 A 点，如图4-11所示）。

指定对角点或 ［高度（H）/对正（J）/行距（L）/旋转（R）/样式（S）/宽度（W）/栏
（C）］：（单击，拾取表格中 B 点，如图4-11所示）。

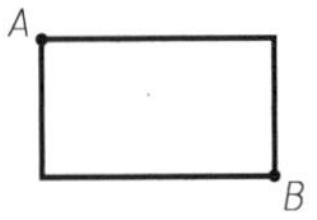

图4-11　拾取点

系统打开多行文字编辑器，如图4-12所示，在文本框中输入"设计"，
单击"关闭文字编辑器"按钮 退出。

图4-12　"文字编辑器"选项卡

单击"默认"选项卡"修改"面板中的"移动"按钮 ✥，将标注的文字"设计"移
动到表格中合适的位置。

5）添加其他文字。单击"默认"选项卡"修改"面板中的"复制"按钮 %，将标注
的文字"设计"复制到另外的表格中，如图4-13所示。

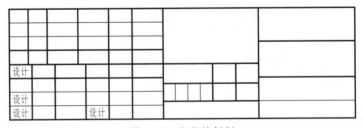

图4-13　文字的复制

双击表格中要修改的文字，然后在打开的多行文字编辑器中将它们分别修改为"审核"
"工艺""批准"，如图4-14所示。

通过复制文字和修改文字，完成其他文字的添加。最终完成标题栏的绘制，如图4-15
所示。

注：将文件保存成＊.dwt格式，每次新文件可以打开调用该模板绘图，便于使用。

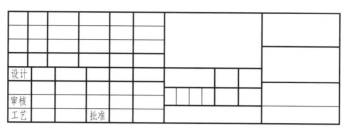

图 4-14　修改文字

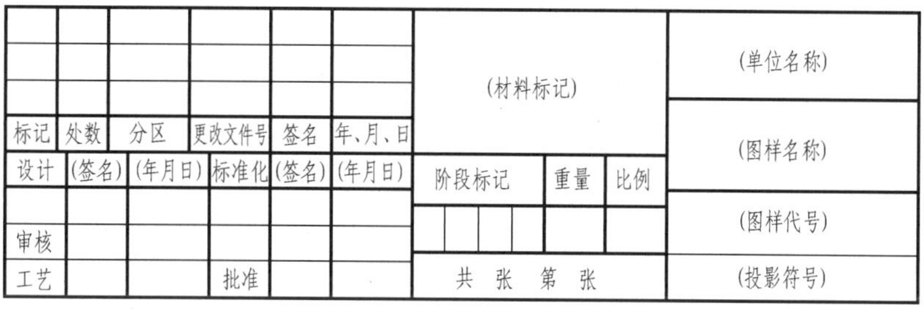

						(材料标记)			(单位名称)
标记	处数	分区	更改文件号	签名	年、月、日				(图样名称)
设计	(签名)	(年月日)	标准化	(签名)	(年月日)	阶段标记	重量	比例	
审核									(图样代号)
工艺			批准			共 张 第 张			(投影符号)

图 4-15　添加文字

4.1.2　任务注释

1. 矩形命令

该命令用于绘制矩形。以图 4-16 为例，其操作步骤如下。

（1）输入命令

可以采用下列方法之一。

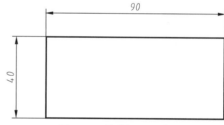

图 4-16　绘制矩形示例

- 工具栏：单击"绘图"工具栏的"矩形"按钮 ▭。
- 菜单栏：选取"绘图"菜单→"矩形"命令。
- 功能区：单击"默认"选项卡"绘图"面板中的"矩形"按钮 ▭。

4-1 矩形命令

- 命令行：键盘输入"RECTANG"或"REC"。

（2）操作格式

执行上述命令之一，系统提示如下：

指定第一个角点或［倒角（C）/标高（E）/圆角（F）/厚度（T）/宽度（W）］：(用鼠标在绘图区任意位置拾取一点)。

指定另一个角点［面积（A）/尺寸（D）/旋转（R）］：(输入"@90，-40"，按〈Enter〉键)。

完成矩形的绘制，如图 4-16 所示。

（3）说明

该命令可以绘制倒角矩形和倒圆角矩形。

4-2 倒角矩形

1）绘制倒角矩形。

以绘制图 4-17 倒角矩形为例说明。

① 输入命令：与一般矩形输入命令方式相同。

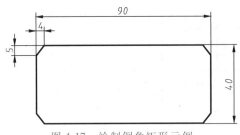

图 4-17 绘制倒角矩形示例

② 操作格式。执行矩形命令，系统提示如下：

指定第一个角点或 ［倒角（C）/标高（E）/圆角（F）/厚度（T）/宽度（W）］：（输入 "C"，按〈Enter〉键）。

指定矩形的第一个倒角距离<0.0000>：（输入 "5"，按〈Enter〉键）。
指定矩形的第二个倒角距离<0.0000>：（输入 "4"，按〈Enter〉键）。
指定第一个角点或 ［倒角（C）/标高（E）/圆角（F）/厚度（T）/宽度（W）］：（用鼠标在绘图区任意位置拾取一点）。
指定另一个角点 ［面积（A）/尺寸（D）/旋转（R）］：（输入 "@90，-40"，按〈Enter〉键）。

完成矩形的绘制，如图 4-17 所示。

2）绘制倒圆角矩形。

以绘制图 4-18 圆角矩形为例说明。

4-3 倒圆角矩形

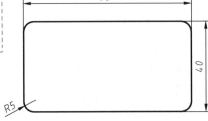

① 输入命令：与一般矩形输入命令方式相同。

② 操作格式。执行矩形命令，系统提示如下：

完成矩形的绘制，如图 4-18 所示。

图 4-18 绘制圆角矩形示例

指定第一个角点或 ［倒角（C）/标高（E）/圆角（F）/厚度（T）/宽度（W）］：（输入 "F"，按〈Enter〉键）。
指定矩形的圆角半径<0.0000>：（输入 "5"，按〈Enter〉键）。
指定第一个角点或 ［倒角（C）/标高（E）/圆角（F）/厚度（T）/宽度（W）］：（用鼠标在绘图区任意位置拾取一点）。
指定另一个角点 ［面积（A）/尺寸（D）/旋转（R）］：（输入 "@90，-40"，按〈Enter〉键）。

2. 表格命令

（1）表格样式

1）输入命令。

输入命令可以采用下列方法之一。

- 工具栏：单击 "样式" 工具栏的 "表格样式" 按钮。

- 菜单栏：选取 "格式" 菜单→"表格样式" 命令。

- 功能区：单击 "默认" 选项卡 "注释" 面板中的 "表格样式" 按钮，或者单击 "注释" 选项卡 "表格" 面板 "表格" 下拉菜单中的 "管理表格样式" 按钮，或单击 "注释" 选项卡 "表格" 面板中的 "对话框启动器" 按钮。

- 命令行：键盘输入 "TABLESTYLE" 或 "TS"。

2）操作格式。

执行上述命令之一，系统会弹出"表格样式"对话框，如图4-19所示。

单击"新建"按钮，系统会弹出"创建新的表格样式"对话框，在"新样式名"文本框中输入样式名称，如"表格"，如图4-20所示。

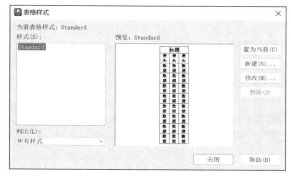

图4-19　"表格样式"对话框　　　　　　图4-20　创建新的表格样式

单击"继续"按钮，系统弹出"新建表格样式：表格"对话框，如图4-21所示，该对话框由"起始表格""常规""单元样式"和"单元样式预览"4个选项组组成。

①"起始表格"选项组。

该选项组允许用户在图形中指定一个表格作为表格样式的起始表格。单击"选择表格"按钮▦，进入绘图区，可以在绘图区选择表格录入。"删除表格"按钮▦与"选择表格"按钮作用相反。

②"常规"选项组。

该选项组用于更改表格的方向，通过"表格方向"下拉列表框选择"向上"或"向下"来设置表格的方向。"向上"创建由下而上读取的表格，标题行和列标题行都在表格的底部；"预览框"显示当前表格样式设置效果的样例。

③"单元样式"选项组。

◇"单元样式"下拉列表。该下拉列表中有"数据""表头""标题"3个选项。

◇"常规"选项卡。该选项卡用于控制数据栏与标题栏的上下位置关系。

◇"文字"选项卡。该选项卡用于设置文字的属性。单击此选项卡，在"文字样式"下拉列表中可以选择已定义的文字样式，也可以单击右侧的 ⋯ 按钮，重新定义文字样式，如图4-22所示。

◇"边框"选项卡。该选项卡用于设置表格的边框格式、表格线宽和表格颜色等。

④"单元样式预览"选项组。

在预览框中显示创建的表格单元样式。单击"确定"按钮，关闭对话框，返回绘图区。

（2）创建表格

1）输入命令。

输入命令可以采用下列方法之一。

- 工具栏：单击"绘图"工具栏的"表格"按钮▦。
- 菜单栏：选取"绘图"菜单→"表格"命令。

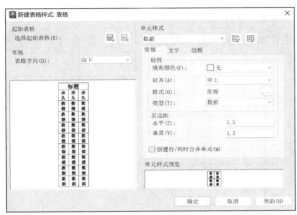

图 4-21 "新建表格样式：表格"对话框

图 4-22 "文字样式"对话框

- 功能区：单击"默认"选项卡"注释"面板中的"表格"按钮 ▦，或者单击"注释"选项卡"表格"面板中的"表格"按钮 ▦。

- 命令行：键盘输入"TABLE"或"TB"。

2）操作格式。

执行上述命令之一，系统会弹出"插入表格"对话框，如图 4-23 所示。

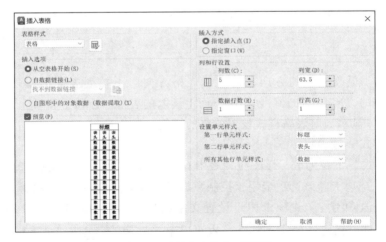

图 4-23 "插入表格"对话框

"插入表格"对话框中各选项功能如下。

①"表格样式"下拉列表：用于选择系统提供或用户已创建的表格样式。

②"插入选项"选项组：在该选项组中包含 3 个单选按钮，"从空表格开始"可以创建一个空的表格，"自数据链接"可以从外部导入数据来创建表格，"自图形中的对象数据（数据提取）"可以用于从可输入到表格或外部的图形中提取数据来创建表格。

③"插入方式"选项组：在该选项组中包含两个单选按钮，其中"指导插入点"可以在绘图窗口中的某点插入固定大小的表格；"指定窗口"可以在绘图窗口中通过指定表格两对角点的方式来创建任意大小的表格。

④ "列和行设置"选项组：可以通过改变"列数""列宽""数据行数"和"行高"文本框中的数值来调整表格的外观大小。

⑤ "设置单元样式"选项组：在该选项组中可以设置"第一行单元样式""第二行单元样式"和"所有其他行单元样式"选项。

单击"确定"按钮，并在绘图区指定插入点，将会在当前位置插入一个表格。

3. 文字命令

（1）文字样式

4-4 文字样式设置

文字样式是对同一类文字的格式设置的集合，包括字体、高度等。在标注文字前，应首先设置文字样式，指定字体的样式、字高等，然后用定义好的文字样式来书写文字。

1）输入命令可以采用下列方法之一。

- 工具栏：单击"文字"工具栏的"文字样式"按钮 A。
- 菜单栏：选取"格式"菜单→"文字样式"命令。
- 功能区：单击"默认"选项卡"注释"面板中的"文字样式"按钮 A，或者单击"注释"选项卡"文字"面板"文字样式"下拉菜单中的"管理文字样式"按钮，或者单击"注释"选项卡"文字"面板中的"对话框启动器"按钮 。
- 命令行：键盘输入"STYLE"或"ST"。

2）操作格式：执行上述命令之一，系统会弹出"文字样式"对话框，如图4-24所示。

3）说明。

① 设置样式名。

在对话框中，可以显示文件样式的名称、创建新的文字样式、删除文件样式和已有文字样式的重命名。各选项含义如下。

- "样式"列表：列出当前可以使用的文字样式，默认文字样式为"Standard"。
- "置为当前"按钮：单击该按钮，可以将选择的文字样式置为当前的文字样式。
- "新建"按钮：单击该按钮，系统会弹出"新建文字样式"对话框，如图4-25所示。在"样式名"文本框中输入新建样式的名称，单击"确定"按钮，新建文字样式将显示在"样式"列表框中。
- "删除"按钮：单击该按钮，可以删除选中的文字样式，"Standard"样式和已经被使用的文字样式无法删除。

图4-24 "文字样式"对话框

图4-25 "新建文字样式"对话框

② 设置字体和大小。

● "字体名"下拉列表：可以指定任意一种文字类型作为当前的文字类型。当该字体的后缀为".shx"字体时，才能使用大字体。

● "大小"选项组：可以进行注释性和文字高度设置。

③ 设置效果。

● "颠倒"复选框：用于确定字体是否上下颠倒。

● "反向"复选框：用于确定字体是否反向排列。

● "垂直"复选框：用于确定字体是否垂直排列。

● "宽度因子"文本框：用于确定字体宽度和高度的比值。

● "倾斜角度"文本框：用于设置字体的倾斜角度。角度为正值时，字体向右倾斜；负值则向左倾斜。

④ 预览与应用。

● "预览"选项区：可以预览所选择或设置的文字样式效果。

● "应用"按钮：单击该按钮，即可应用所选择的文字样式。

文字样式设置完毕后，单击"关闭"按钮，退出"文字样式"对话框。

（2）添加与编辑文字

1）添加单行文字。对于单行文字而言，每一行文字就是一个文字对象，可以单独针对一行文字进行编辑。

4-5 添加单行文字

① 输入命令。

以图 4-26 输入文字"机械制图设计与审核"为例说明。

输入命令可以采用下列方法之一。

● 菜单栏：选取"绘图"菜单→"文字"→"单行文字"命令。

机械制图设计与审核

图 4-26　单行文字效果

● 工具栏：单击"文字"工具栏中的"单行文字"按钮 A。

● 功能区：单击"默认"选项卡"注释"面板中的"单行文字"按钮 A，或者单击"注释"选项卡"文字"面板中的"单行文字"按钮 A。

● 命令行：键盘输入"DTEXT"或"DT"。

② 操作格式。

执行上述命令之一，系统提示如下：

指定文字的起点或[对正(J)/样式(S)]:（单击,指定文字的起点位置）。
指定高度<0>:（输入"5"，按〈Enter〉键）。
指定文字的旋转角度<0>:（按〈Enter〉键）。

执行上述命令后，在绘图区指定的位置输入文字"机械制图设计与审核"，按两次〈Enter〉键，退出命令，完成单行文字的输入。

注：若"文字样式"设置了文字的高度，则在执行命令中，系统不会要求"指定高度"，而默认使用"文字样式"中的文字高度。

③ 说明。

若"指定文字的起点或［对正（J)/样式（S)］:（输入'J'，按〈Enter〉键）"，用来确定文本的对齐方式。在此提示下，选择一个选项作为文本的对齐方式。当文本文字水平排列时，系统为标注的文字定义了顶线、中线、基线和底线，如图4-27所示，各种对齐方式如图4-28所示。

图4-27 文字的顶线、中线、基线和底线

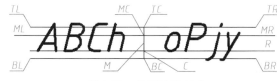

图4-28 文字对齐方式

以绘制"基于AutoCAD的二维制图"为例，简要说明"对齐"方式。

> 指定文字的起点或［对正(J)/样式(S)］:（输入"J"，按〈Enter〉键）。
> 输入选项［左(L)居中(C)右(R)对齐(A)中间(M)布满(F)左上(TL)右上(TR)左中(ML)正中(MC)右中(MR)左下(BL)中下(BC)右下(BR)］:（输入"A"，按〈Enter〉键）。
> 指定文字基线的第一个端点:（单击，指定文字基线的起点位置）。
> 指定文字基线的第二个端点:（单击，指定文字基线的终点位置）。
> 输入文字:（输入"基于AutoCAD的二维制图"，按两次〈Enter〉键）。

执行后，输入的文字将均匀分布于指定的两点之间。

2) 添加多行文字。

① 输入命令。

以输入图4-29文字为例说明。

输入命令可以采用下列方法之一。

● 工具栏：单击"绘图"工具栏中的"多行文字"按钮**A**，或单击"文字"工具栏中的"多行文字"按钮**A**。

● 菜单栏：选取"绘图"菜单→"文字"→"多行文字"命令。

4-6 添加多行文字

> 1. 未注倒角C1
> 2. Φ45的轴孔需配作，公差为±0.02

图4-29 多行文字添加示例

● 功能区：单击"默认"选项卡"注释"面板中的"多行文字"按钮**A**，或者单击"注释"选项卡"文字"面板中的"多行文字"按钮**A**。

● 命令行：键盘输入"MTEXT"或"MT"。

② 操作格式。

执行上述命令之一，系统提示如下：

> 指定第一个角点:（单击，拾取绘图区任意一点）。
> 指定对角点或［高度(H)/对正(J)/行距(L)/旋转(R)/样式(S)/宽度(W)/栏(C)］:（单击，拾取绘图区另一点）。
> 系统会打开"文字编辑器"选项卡，如图4-30所示，同时弹出文本框，在文本框中输入文字:（输入"1. 未注倒角C1"，按〈Enter〉键，"2. %%c45的轴孔需配作，公差为%%p0.02"，按〈Enter〉键）。

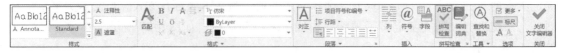

图 4-30 "文字编辑器"选项卡

注：若添加文字 $^{+0.03}_{-0.02}$，则需输入"+0.03^-0.02"并选中，然后单击"文字编辑器"选项卡"格式"面板中的"堆叠"按钮 。

③ 说明。

"文字编辑器"选项卡包括"样式""格式""段落""插入""拼写检查""工具""选项""关闭"和"触摸"9 个面板。

选项卡中部分选项功能如下。

- "文字高度" 下拉列表：用于确定文本的高度，可在文本编辑器中设置输入新的文字高度。

- "加粗" **B** 和"斜体" **I** 按钮：用于设置加粗和斜体效果，但两个按钮只对 Truetype 字体有效。

- "下画线" 和"上画线" 按钮：用于设置或取消文字的下画线或上画线。

- "倾斜角度" 下拉列表框：用于设置文字的倾斜角度。

- "追踪" 按钮：用于增大或减小选定文字之间的空间，常规设置间距为 1.0000，设置大于 1.0000，表示增大间距；设置小于 1.0000，表示减小间距。

- "宽度因子" 下拉列表：用于扩展或收缩选定的文字。

- "符号" 按钮：用于输入各种符号。单击此按钮，系统打开符号列表，如图 4-31 所示。

- "插入字段" 按钮：用于插入一些常用或预设字段。单击此按钮，系统会打开"字段"对话框，如图 4-32 所示，用户可选择字段，插入到文本中。

3）编辑文字。

① 输入命令。

输入命令可以采用下列方法之一。

4-7 编辑文字

- 工具栏：单击"文字"工具栏中的"编辑"按钮 。
- 菜单栏：选取"修改"菜单→"对象"→"文字"→"编辑"命令。
- 命令行：键盘输入"DDEDIT"。

② 操作格式。

执行上述命令之一，系统提示如下：

选择注释对象或[放弃(U)]:（单击,选择要编辑的文字）。

③ 说明。

图 4-31 符号列表

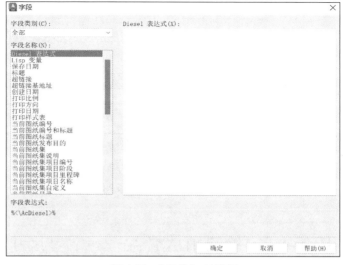

图 4-32 "字段"对话框

选择要修改的文本时，如果选择的是单行文字，则先选该文本，对其进行修改；如果选择的是多行文字，则选择对象后，系统会自动打开文字编辑器，进行修改。

4.1.3 课后练习

1. 完成图 4-33 所示表格的绘制。

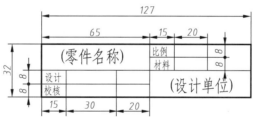

图 4-33 课后练习

2. 完成图 4-34 所示机用虎钳明细栏的绘制，明细栏的尺寸请参考图 4-35 所示。

11		螺杆	1	45		
10		垫圈	1	Q235		
9	GB/T 68—2016	螺钉	4	Q235		M8×6
8		护口板	2	45		
7		螺钉	1	Q235		
6		螺母	1	35		
5		活动钳身	1	HT200		
4		固定钳身	1	HT200		
3	GB/T 97.2—2002	垫圈	1	Q235		12-A140
2	GB/T 117—2000	销	1	35		A4×26
1		圆环	1	Q235		
序号	代 号	名 称	数量	材 料	单件 总计 重量	备注

图 4-34 机用虎钳明细栏

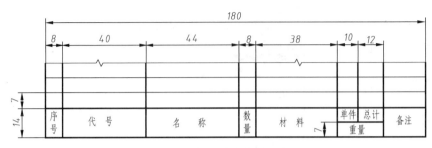

图 4-35　明细栏的绘制尺寸

注：明细栏一般位于标题栏上方，并与标题栏对齐，用于填写组成零件的序号、名称、材料、数量、
标准件规格等内容，相关内容请可参照国家标准《GB/T 10609.2—2009 技术制图　明细栏》。

任务 4.2　绘制轴承端盖——学习尺寸标注样式的设置

本任务将以绘制如图 4-36 所示的轴承端盖为例，说明尺寸标注样式的设置与使用方法。

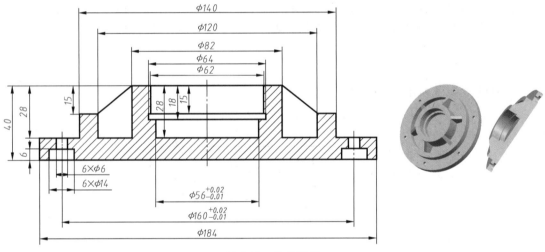

图 4-36　轴承端盖

4.2.1　任务学习

4-8 设置图层

1. 图层的设置

用"图层特性管理器"设置新图层，图层设置要求见表 4-2。

表 4-2　图层的设置

名　称	颜　色	线　型	线　宽
轮廓线	白色	Continuous	0.3mm
尺寸标注线	绿色	Continuous	0.15mm
虚线	洋红色	ACAD_ISO02W100	0.15mm
中心线	红色	CENTER	0.15mm
剖面线	蓝色	Continuous	0.15mm

设置完成如图 4-37 所示。选择"中心线"层,单击"置为当前"按钮 ,将其设置为当前层,然后关闭"图层特性管理器"对话框。

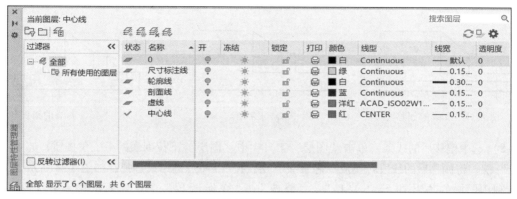

图 4-37 "图层特性管理器"新建图层的设置

2. 绘制轴承端盖

（1）绘制中心线

绘图中状态栏上的"对象捕捉"按钮 、"正交"按钮 、"显示线宽"按钮 均处于打开状态。单击"绘图"工具栏上的"直线"按钮 ,绘制中心线,如图 4-38 所示。

注：在对象捕捉设置中,打开"端点""圆心""交点"和"垂足"捕捉。

（2）绘制轴承端盖

1）单击"图层"工具栏中"图层"下拉列表的下三角按钮,选中"轮廓线"层,将"轮廓线"层设置为当前图层。

2）单击"绘图"工具栏上的"直线"按钮 ,绘制图形,如图 4-39 所示。

3）单击"修改"工具栏上的"偏移"按钮 ,偏移距离 80。

4）单击"修改"工具栏上的"打断"按钮 ,将中心线多余的部分打断,效果如图 4-40 所示。

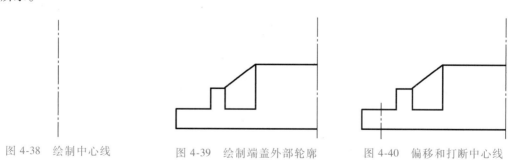

图 4-38 绘制中心线　　　图 4-39 绘制端盖外部轮廓　　　图 4-40 偏移和打断中心线

5）单击"修改"工具栏上的"偏移"按钮 ,将中心线向左偏移距离 3、7,将底边线向上偏移距离 6,如图 4-41 所示。

6）单击"修改"工具栏上的"修剪"按钮 ,修剪多余的线条,效果如图 4-42 所示。

7）单击"修改"工具栏上的"镜像"按钮 ◢◣，完成沉头孔的镜像，如图4-43所示。

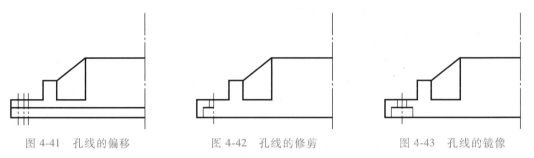

图4-41　孔线的偏移　　　　图4-42　孔线的修剪　　　　图4-43　孔线的镜像

8）选中偏移后的线条，单击"图层"工具栏中"图层"下拉列表的下三角按钮，选中"轮廓线"层，将偏移后的线段转换成"轮廓线"层，按〈Esc〉键结束选择，如图4-44所示。

利用同样的方法进行"偏移"→"修改"→"变换图层"，绘制轴承端盖中心孔，如图4-45所示。

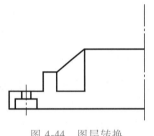
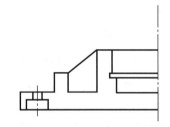

图4-44　图层转换　　　　　　　　图4-45　轴承端盖中心孔的绘制

9）单击"修改"工具栏上的"镜像"按钮 ◢◣，镜像1/2轴承端盖，再利用"打断"按钮 ，将中心线多余的部分打断，效果如图4-46所示。

3. 添加剖面线

1）单击"图层"工具栏中"图层"下拉列表的下三角按钮，选中"剖面线"层，将"剖面线"层设置为当前图层。

图4-46　1/2轴承端盖的镜像

2）单击"绘图"工具栏上的"图案填充"按钮 ，系统会打开"图案填充创建"选项卡，如图4-47所示。

图4-47　"图案填充创建"选项卡

在"图案"面板中选择填充图案"ANSI31"，单击"边界"面板中"拾取点"按钮 ，命令行提示：

拾取内部点或［选择对象（S）放弃（U）设置（T）］：（在绘图区的封闭框内，单击任意点）。

单击"关闭"按钮 ，完成剖面线的填充，从而完成轴承端盖的绘制，如图 4-48 所示。

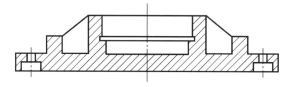

图 4-48　轴承端盖的剖面线填充

4-10 尺寸标注

4. 尺寸标注

轴承端盖的尺寸标注将设置 1 种文字样式和 3 种标注样式，如表 4-3 和表 4-4 所示。

表 4-3　文字样式设置

序号	样式名	字体名	设置要求
1	数字	Gbeitc.shx	选中"使用大字体"复选框；大字体为 gbcbig.shx

表 4-4　标注样式设置

序号	样式名	基础样式	设置要求
1	直径标注	ISO-25	"文字"选项卡：文字高度为"2.5"，文字对齐为"ISO 标准"，文字位置垂直方向为"上"，文字样式为"数字" "主单位"选项卡：设置主单位精度为"0.0"，小数分隔符为"."（句点），设置前缀为"%%c"
2	公差标注	直径标注	"公差"选项卡："方式"下拉列表中选择"极限偏差"，"精度"为"0.00"，"上偏差"输入"0.02"，"下偏差"输入"0.01"，"高度比例"输入"0.7"
3	非圆标注	ISO-25	"文字"选项卡：文字高度为"2.5"，文字样式为"数字"

（1）文字样式设置

新建文字样式。单击"注释"工具栏上的"文字样式"按钮 A，或单击菜单栏中"格式"→"文字样式"命令，系统弹出"文字样式"对话框，如图 4-49 所示。单击"新建"按钮，系统打开"新建文字样式"对话框，输入样式名"数字"，单击"确定"按钮退出，如图 4-50 所示。

图 4-49　"文字样式"对话框

图 4-50　"新建文字样式"对话框

系统返回"文字样式"对话框，在"字体名"下拉列表中选择"gbeitc.shx"选项，勾选"使用大字体"复选框，选择大字体"gbcbig.shx"，单击"应用"按钮，然后单击"关闭"按钮，如图4-51所示，完成文字样式的设置。

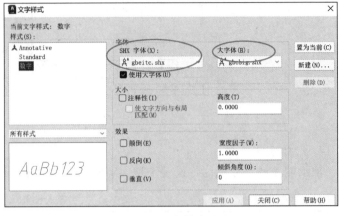

图4-51　文字样式设置

（2）尺寸标注样式设置

1）单击"图层"工具栏中"图层"下拉列表的下三角按钮，选中"尺寸标注线"层，将"尺寸标注线"层设置为当前图层。

2）单击"注释"工具栏上的"标注样式"按钮，或单击菜单栏"标注"→"标注样式"命令，系统弹出"标注样式管理器"对话框，如图4-52所示。

3）单击"新建"按钮，系统弹出"创建新标注样式"对话框，如图4-53所示，在"新样式名"文本框中输入"直径标注"，单击"继续"按钮，系统弹出"新建标注样式：直径标注"对话框。

4）在选项卡中进行参数设置，设置文字高度为"2.5"，文字对齐为"ISO标准"，文字样式选择"数字"，如图4-54a所示；设置主单位精度为"0.0"，小数分隔符为"."（句点），设置前缀为"%%c"，如图4-54b所示，单击"确定"按钮，完成"直径标注"的设置。

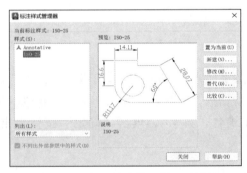

图4-52　"标注样式管理器"对话框

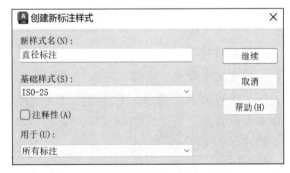

图4-53　"创建新标注样式"对话框

5）单击"新建"按钮，系统弹出"创建新标注样式"对话框，在"新样式名"文本框中输入"公差标注"，在"基础样式"下拉列表中选择"直径标注"，单击"继续"按钮，系统弹出"新建标注样式：公差标注"对话框，在"公差"选项卡"方式"下拉列表中选择"极限偏差"，"精度"为"0.00"，"上偏差"输入"0.02"，"下偏差"输入"0.01"，"高度比例"输入"0.7"，如图4-54c所示，单击"确定"按钮，完成"公差标注"的设置。

6）单击"新建"按钮，系统弹出"创建新标注样式"对话框，在"新样式名"文本框中输入"非圆标注"，在"基础样式"下拉列表中选择"ISO-25"，单击"继续"按钮，系统弹出"新建标注样式：非圆标注"对话框，在"文字"选项卡中进行参数设置，设置

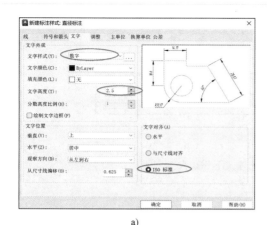
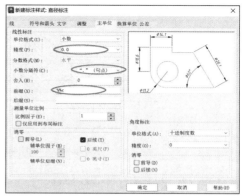

a)   b)

c)

图 4-54 "新建标注样式"对话框

a)"文字"选项卡 b)"主单位"选项卡 c)"公差"选项卡

文字高度为"2.5",文字对齐为"与尺寸线对齐",单击"确定"按钮,完成"非圆标注"的设置。

系统返回到"标注样式管理器"对话框。单击"关闭"按钮。

7)单击"标注"工具栏中"标注样式"下拉列表的下三角按钮,选中"非圆标注",将"非圆标注"层设置为当前标注样式,如图 4-55 所示。

图 4-55 "标注样式"下拉列表

8)单击"标注"工具栏中的"线性尺寸标注"按钮，添加尺寸 15，28，40，18。

9)单击"标注"工具栏中的"线性尺寸标注"按钮，单击需标注 $6×\phi6$ 区域的两个边界点,添加尺寸,系统提示如下:

[多行文字(M)/文字(T)/角度(A)/水平(H)/垂直(V)/旋转(R)]:(输入"T",按〈Enter〉键)。
输入标注文字<38>:(输入"6×%%c6",按〈Enter〉键)。
[多行文字(M)/文字(T)/角度(A)/水平(H)/垂直(V)/旋转(R)]:(指定尺寸放置位置,单击)。

10)利用同样的方法添加尺寸 $6×\phi14$,如图 4-56 所示。

11)单击"标注"工具栏中"标注样式"下拉列表的下三角按钮,选中"直径标注",

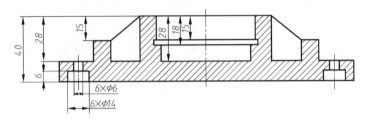

图 4-56 "非圆标注"样式下添加尺寸

将"直径标注"层设置为当前标注样式。

12）单击"标注"工具栏中的"线性尺寸标注"按钮，添加尺寸，如图 4-57 所示。

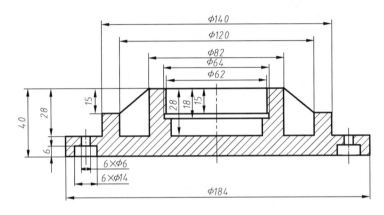

图 4-57 "直径标注"样式下添加尺寸

13）单击"标注"工具栏中"标注样式"下拉列表的下三角按钮，选中"公差标注"，将"公差标注"层设置为当前标注样式。

14）单击"标注"工具栏中的"线性尺寸标注"按钮，添加尺寸，如图 4-58 所示。

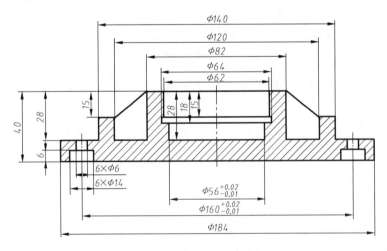

图 4-58 "公差标注"样式下添加尺寸

完成轴承端盖的绘制与标注。

4-11 新建尺寸
标注样式

4.2.2 任务注释

1. 尺寸标注样式

在尺寸标注时，必须符合国家标准规定，因此，在尺寸标注前，须进行尺寸标注样式的设置。

（1）输入命令

输入命令可以采用下列方法之一。

● 工具栏：单击"标注"工具栏的"标注样式"按钮 。

● 菜单栏：选取"标注"菜单→"标注样式"命令或"格式"菜单→"标注样式"命令。

● 功能区：单击"默认"选项卡"注释"面板中的"标注样式"按钮 ；或者单击"注释"选项卡"标注"面板中的"标注样式"下拉菜单的"管理标注样式"按钮；或者单击"注释"选项卡"标注"面板中的"对话框启动器"按钮 。

● 命令行：键盘输入"DIMSTYLE"或者"D"。

（2）操作格式

执行上述命令之一，系统会弹出"标注样式管理器"对话框，如图4-59所示。

各选项功能如下。

● "当前标注样式"标签：用于显示当前使用的标注样式名称。

● "样式"列表框：用于列出当前图中已有的尺寸标注样式。

● "列出"下拉列表：用于确定"样式"列表框中所显示尺寸样式范围。

● "预览"框：用于预览当前尺寸标注样式的标注效果。

● "说明"框：用于对当前尺寸标注样式进行说明。

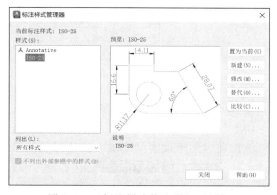

图4-59 "标注样式管理器"对话框

● "置为当前"按钮：用于将指定的标注样式设置为当前的标注样式。

● "新建"按钮：用于创建新的标注样式。

● "修改"按钮：用于修改已有的尺寸标注样式。单击"修改"按钮，系统会打开"修改标注样式"对话框，此对话框与"新建标注样式对话框"形式相似。

● "替代"按钮：用于设置当前样式的替代样式。单击"替代"按钮，系统会打开"替代标注样式"对话框，此对话框与"新建标注样式"对话框形式相似。

● "比较"按钮：用于对两个标注样式作比较。

单击"新建"按钮，系统弹出"创建新标注样式"对话框，如图4-60所示。

图4-60 "创建新标注样式"对话框

各选项功能如下。

● "新样式名"文本框用于确定新尺寸标注样式的名字。

● "基础样式"下拉列表用于确定以哪一个已有的尺寸标注样式为基础定义新的标注样式。

● "用于"下拉列表用于确定新标注样式的应用范围，包括"所有标注""线性标注""角度标注""半径标注""直径标注""坐标标注"等供用户选择。

完成上述设置后，单击"继续"按钮，系统弹出"新建标注样式：副本 ISO-25"对话框，如图 4-61 所示。

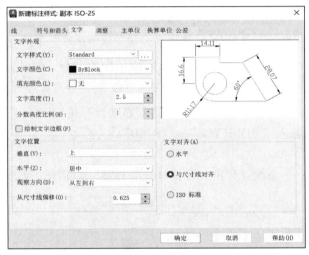

图 4-61　"新建标注样式：副本 ISO-25"对话框

2. 选项卡设置

（1）"线"选项卡设置

该选项卡用于设置尺寸线、尺寸界线的格式和属性，如图 4-62 所示。

4-12 尺寸线

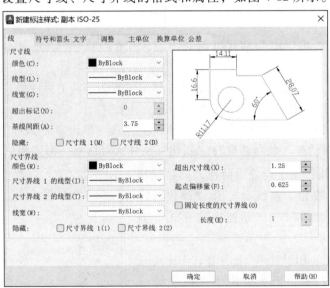

图 4-62　"线"选项卡

1）尺寸线。在"尺寸线"选项区域中，可以设置尺寸线的颜色、线宽、超出标记以及基线间距等属性。

- "颜色"下拉列表：用于设置尺寸线的颜色。
- "线型"下拉列表：用于设置尺寸线的线型。
- "线宽"下拉列表：用于设置尺寸线的宽度。
- "超出标记"文本框：当采用倾斜、建筑标记等尺寸箭头时，用于设置尺寸线超出尺寸界线的距离。
- "基线间距"文本框：用于设置基线标注尺寸时，相邻两个尺寸线间的距离，如图4-63所示。
- "隐藏"复选框：通过选择"尺寸线1"和"尺寸线2"复选框，可以隐藏第1段或第2段尺寸线及其相应的箭头，如图4-64所示。

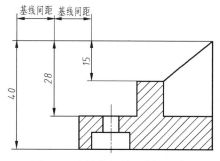

图4-63 "基线间距"设置示例

2）尺寸界线。在"尺寸界线"选项区域中，可以设置尺寸界线的颜色、线宽、超出尺寸线的长度和起点偏移量、隐藏控制等属性。

- "颜色"下拉列表：用于设置尺寸界线的颜色。

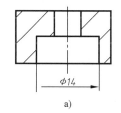 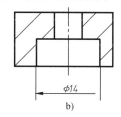 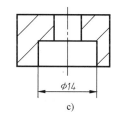

4-13 尺寸界线

图4-64 隐藏尺寸线示例

a）隐藏尺寸线1 b）隐藏尺寸线2 c）显示尺寸线1和尺寸线2

- "线宽"下拉列表：用于设置尺寸界线的宽度。
- "尺寸界线1的线型"下拉列表：用于设置尺寸界线1的线型。
- "尺寸界线2的线型"下拉列表：用于设置尺寸界线2的线型。
- "超出尺寸线"文本框：用于设置尺寸界线超出尺寸线的距离，如图4-65所示。

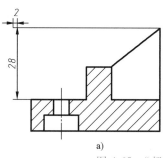 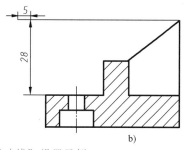

图4-65 "超出尺寸线"设置示例

a）超出尺寸线为2时 b）超出尺寸线为5时

- "起点偏移量"文本框：设置尺寸线的起点与标注定义点的距离，如图4-66所示。
- "隐藏"复选框：通过选中"尺寸界线1"或"尺寸界线2"复选框，可以隐藏尺寸界线，如图4-67所示。

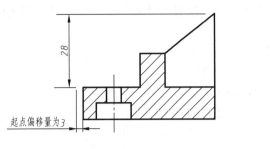
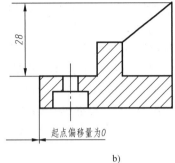

图 4-66 "起点偏移量"设置示例

a）起点偏移量为 3 时 b）起点偏移量为 0 时

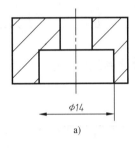
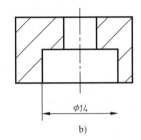
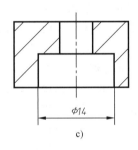

图 4-67 隐藏尺寸界线示例

a）隐藏尺寸界线 1 b）隐藏尺寸界线 2 c）显示尺寸界线 1 和尺寸界线 2

• "固定长度的尺寸界线"复选框：用于使用特定长度的尺寸界线来标注图形。"长度"文本框中可以输入尺寸界线的数值。

（2）"符号和箭头"选项卡设置

该选项卡用于设置箭头、圆心标记、弧长符号和半径折弯的格式与位置，如图 4-68 所示。

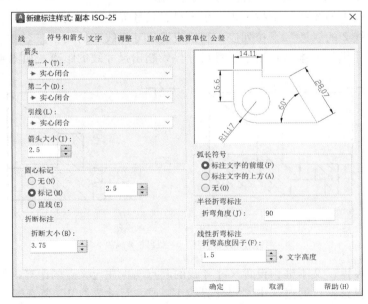

图 4-68 "符号和箭头"选项卡

1）箭头。在"箭头"选项区域中可以设置尺寸箭头的形式。

● "第一个"下拉列表：用于设置第一尺寸箭头的样式。

● "第二个"下拉列表：用于设置第二尺寸箭头的样式。

注：尺寸线起止符号标准中有19种，在工程图中常用的包括：实心闭合（箭头）、倾斜、建筑标记、小圆点。

● "引线"下拉列表：用于设置引线标注时引线箭头的样式。

● "箭头大小"文本框：用于设置箭头的大小。

2）圆心标记。该选项区域用于确定圆或圆弧的圆心标记样式。

● "标记""直线""无"单选按钮：用于设置圆心标记类型。

● "大小"文本框 `2.5`：用于设置圆心标记大小。

3）弧长符号。该区域中可以设置弧长符号显示的位置，包括"标注文字的前缀""标注文字的上方""无"3种方式，如图4-69所示。

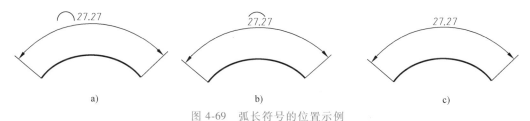

图 4-69 弧长符号的位置示例

a）标注文字的前缀　b）标注文字的上方　c）无

4）半径折弯标注。在"折弯角度"文本框中可以设置标注圆弧半径时的标注线折弯角度。

5）折断标注。在该选项区域的"折断大小"文本框中，可以设置标注折断时标注线的长度。

6）线性折弯标注。在该选项区域的"折弯高度因子"文本框中，可以设置折弯标注打断时折弯线的高度。

（3）"文字"选项卡设置

该选项卡用于设置尺寸文字的外观、位置及其对齐方式等，如图4-70所示。

4-15 文字选项卡设置

1）文字外观。该选线区域用于设置尺寸文字的样式、颜色和大小等。

● "文字样式"下拉列表：用于选择尺寸数字的样式。

● "文字颜色"下拉列表：用于选择尺寸数字的颜色，一般设置为"Bylayer"（随层）。

● "填充颜色"下拉列表：用于设置文字的颜色。

● "文字高度"文本框：用于指定尺寸数字的高度，一般设置为"3.5"。

● "分数高度比例"文本框：用于设置尺寸中分数数字的高度。在"分数高度比例"文本框中输入一个数值，系统用该数值与尺寸数字高度的乘积来指定尺寸中分数数值的高度。

● "绘制文字边框"选项：用于给尺寸数字绘制边框。如尺寸数字"30"注为 `30`。

2）文字位置。该选项区域用于设置尺寸文字的位置。

● "垂直"下拉列表：用于设置尺寸数字相对于尺寸线垂直方向上的位置。有"居中"
"上""外部""下"和"JIS"5个选项，前3个示例如图4-71所示。

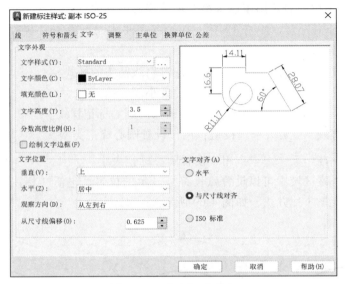

图 4-70 "文字"选项卡

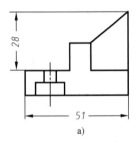 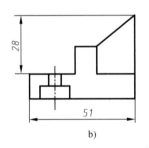 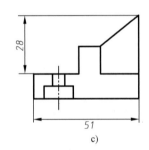

a) b) c)

图 4-71 "垂直"设置示例

a）居中 b）上方 c）外部

● "水平"下拉列表：用于设置尺寸数字相对于尺寸线水平方向上的位置。有"居中"
"第一条尺寸界线""第二条尺寸界线""第一条尺寸界线上方"和"第二条尺寸界线上方"
5个选项，如图4-72所示。

● "观察方向"下拉列表：用于控制标注文字的观察方向。包括"从左向右"和"从
右向左"两个选项。"从左向右"即以从左向右的阅读方式放置文字；"从右向左"即以从
右向左的阅读方式放置文字。

● "从尺寸线偏移"文本框：用于设置尺寸数字与尺寸线之间的距离。

3）文字对齐。该选项区域用于设置标注文字的书写方向。

● "水平"按钮：用于确定尺寸数字始终沿水平方向放置，如图4-73a所示。

● "与尺寸线对齐"按钮：用于确定尺寸数字与尺寸线始终平行放置，如图4-73b
所示。

● "ISO标准"按钮：当尺寸文本在尺寸界线之间时，文字沿尺寸线方向放置；当尺寸

文字在尺寸界线外时，文字沿水平放置。

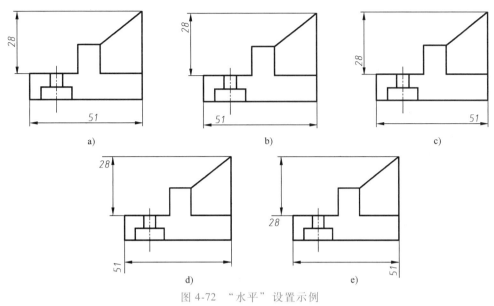

图 4-72　"水平"设置示例

a）居中　b）第一条尺寸界线　c）第二条尺寸界线　d）第一条尺寸界线上方　e）第二条尺寸界线上方

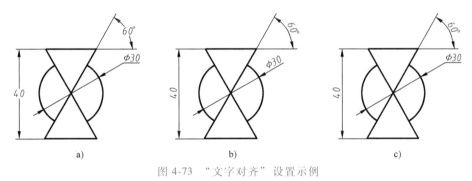

图 4-73　"文字对齐"设置示例

a）"水平"选项　b）"与尺寸线对齐"选项　c）"ISO 标准"选项

（4）"调整"选项卡设置

该选项卡用于设置尺寸数字、尺寸界线和尺寸箭头的位置，即尺寸文本和尺寸箭头放置在两尺寸界线内还是外，如图 4-74 所示。

4-16 调整选项卡设置

1）调整选项。该选项区域用于设置尺寸数字和尺寸箭头的位置。

● "文字或箭头（最佳效果）"单选按钮：如果空间允许，把尺寸文本和箭头都放置在两个尺寸界线之间；如果两个尺寸界线之间只够放置文本，则把尺寸文本放置在尺寸界线之间，而把尺寸箭头放置在尺寸界线之外；如果只够放箭头，则把箭头放置在里面，把尺寸放置在外面；如果两尺寸界线之间既放不下尺寸文本，也放不下尺寸箭头，则二者均放置在外面。

● "箭头"单选按钮：当尺寸界线之间的空间过小时，移出箭头，使其绘制在尺寸界线外。

● "文字"单选按钮：当尺寸界线之间的空间过小时，移出文字，将其放置在尺寸界线外。

● "文字和箭头"单选按钮：当尺寸界线之间的空间过小时，移出文字和箭头，使其绘制在尺寸界线外。

● "文字始终保持在尺寸界线之间"选钮：用于确定文字始终放置在尺寸界线之间。

● "若箭头不放在尺寸界线内，则将其消除"复选框：当尺寸界线之间的空间过小时，将不显示箭头。

2）文字位置。该选项区域用于设置标注文字的放置位置。

● "尺寸线旁边"单选按钮：用于确定将尺寸数字放置在尺寸线旁边。

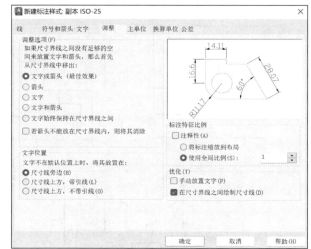

图 4-74 "调整"选项卡

● "尺寸线上方，带引线"单选按钮：当尺寸数字不在默认位置时，若尺寸数字与箭头都不足以放在尺寸界线内，可移动鼠标自动绘出一条引线标注尺寸数字。

● "尺寸线上方，不带引线"单选按钮：当尺寸数字不在默认位置时，若尺寸数字与箭头都不足以放在尺寸界线内，则按引线模式标注尺寸数字，但不画出引线，如图 4-75 所示。

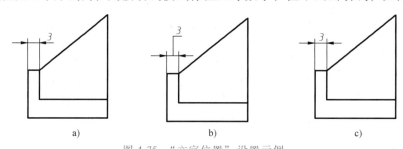

图 4-75 "文字位置"设置示例

a）尺寸线旁边　b）尺寸线上方，带引线　c）尺寸线上方，不带引线

3）标注特征比例。该选项区域用于设置尺寸特征的缩放关系。

● "注释性"复选框：可以将标注定义成注释性对象。

● "将标注缩放到布局"单选按钮：可以根据当前模型空间视口与图样之间的缩放关系设置比例。

● "使用全局比例"单选按钮与文本框：用于设置全部尺寸样式的比例系数，该比例不会改变标注尺寸的尺寸测量值。

4）优化。该选项区域用于确定在设置尺寸标注时，是否使用附加调整。

● "手动放置文字"复选框：用于忽略尺寸数字的水平放置，将尺寸放置在指定的位置上。

● "在尺寸界线之间绘制尺寸线"复选框：用于确定始终在尺寸界线内绘制出尺寸线，当尺寸箭头放置在尺寸界线外时，也可在尺寸界线之内绘制尺寸线。

（5）"主单位"选项卡设置

该选项卡用于设置标注尺寸的主单位格式，如图 4-76 所示。

4-17 主单位选项卡设置

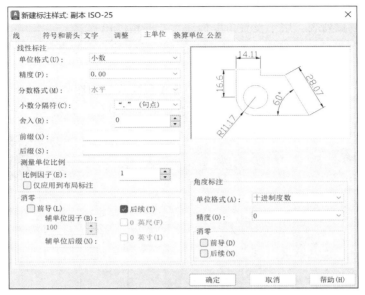

图 4-76 "主单位"选项卡

1）线性标注。该选项区域用于设置标注的格式和精度。

- "单位格式"下拉列表：用于设置线性尺寸标注的单位，默认为"小数"单位格式。
- "精度"下拉列表：用于设置线性尺寸标注的精度，即保留小数点后的位数。
- "分数格式"下拉列表：用于确定分数形式标注尺寸时的标注格式。
- "小数分隔符"下拉列表：用于确定小数形式标注尺寸时的分隔符形式。其中包括"句点""逗号"和"空格"3 种选项。通常使用"句点"作为小数分隔符。
- "舍入"文本框：用于设置测量尺寸的舍入值。
- "前缀"文本框：用于设置尺寸数字的前缀，如图 4-77a 所示，"90"加前缀后变为"$\phi 90$"。
- "后缀"文本框：用于设置尺寸数字的后缀，如图 4-77b 所示，"$\phi 30$"加后缀变为"$\phi 30h6$"。

2）测量单位比例。

- "比例因子"文本框：用于设置尺寸测量值的比例。
- "仅应用到布局标注"复选框：用于确定是否把现行比例系数仅应用到布局标注。

3）消零。

- "前导"复选框：用于确定尺寸小数点前面的零是否显示。
- "后续"复选框：用于确定尺寸小数点后面的零是否显示。

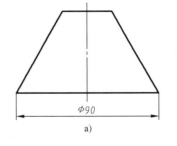
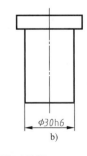

图 4-77 "前缀"和"后缀"的设置效果
a）"前缀"输入"%%c"　b）"后缀"输入"h6"

4）角度标注。该选项组用于设置角度标注时的标注形式和精度等。

- "单位格式"下拉列表：用于设置角度标注时的尺寸单位。
- "精度"下拉列表：用于设置角度标注尺寸的精度位数。
- "前导"和"后续"复选框：用于确定角度标注尺寸小数点前、后的零是否显示。

（6）"换算单位"选项卡设置

该选项卡用于设置线性标注和角度标注换算单位格式，如图 4-78 所示。

1）显示换算单位。该复选框用于确定是否显示换算单位，如图 4-79 所示。

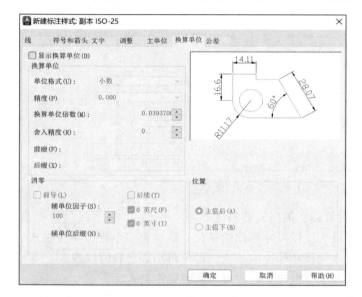

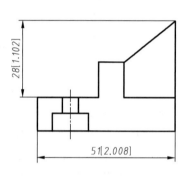

4-18 换算单位
选项卡和公差
选项卡

图 4-78 "换算单位"选项卡

图 4-79 "显示换算单位"示例

2）换算单位。该选项区域用于显示换算单位时，确定换算单位的单位格式、精度、换算单位乘数、舍入精度及前缀、后缀等。

3）消零。该选项区域用于确定是否消除换算单位的前导或后续零。

4）位置。该选项区域用于确定换算单位的放置位置，包括"主值后"和"主值下"两个选项。

（7）"公差"选项卡设置

该选项卡用于设置尺寸公差样式、公差值的高度和位置等，如图 4-80 所示。

1）公差格式。该选项区域用于设置公差标注的格式。

- "方式"下拉列表：用于设置公差标注方式。可选择"无""对称""极限偏差""极限尺寸"和"基本尺寸"等，其标注形式如图 4-81 所示。
- "精度"下拉列表：用于设置公差值的精度。
- "上偏差"/"下偏差"文本框：用于设置尺寸的上、下极限偏差值，如图 4-82 所示。
- "高度比例"文本框：用于设置公差数字的高度。
- "垂直位置"下拉列表：用于设置公差数字相对于公称尺寸（基本尺寸）的位置，包括"上""中""下"3 种选择。
- "前导"/"后续"复选框：用于确定是否消除公差值的前导和后续的零。

2）换算单位公差。该选项组用于设置换算单位的公差样式。

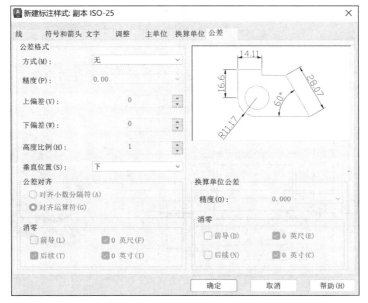

图 4-80 "公差"选项卡

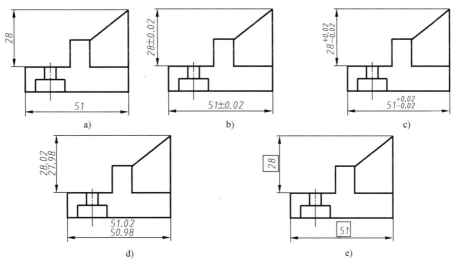

图 4-81 公差标注"方式"示例

a)"无"设置 b)"对称"设置 c)"极限偏差"设置 d)"极限尺寸"设置 e)"基本尺寸"设置

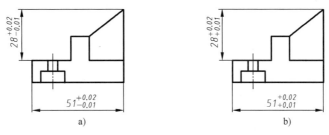

图 4-82 "上偏差"/"下偏差"的输入示例

a)"上偏差"输入"0.02","下偏差"输入"0.01"结果为 $28^{+0.02}_{-0.01}$ 和 $51^{+0.02}_{-0.01}$

b)"上偏差"输入"0.02","下偏差"输入"-0.01"结果为 $28^{+0.02}_{+0.01}$ 和 $51^{+0.02}_{+0.01}$

"精度"下拉列表：用于设置换算单位的公差值精度。

4.2.3 知识拓展

运用尺寸标注样式设置尺寸标注，完成图 4-83 所示端盖零件的绘制。

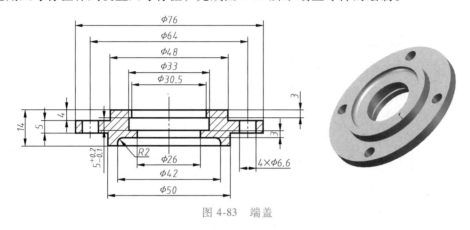

图 4-83　端盖

1. 图层的设置

用"图层特性管理器"设置新图层，图层设置要求见表 4-5。

表 4-5　图层的设置

名　　称	颜　　色	线　　型	线　　宽
轮廓线	白色	Continuous	0.5mm
标注	绿色	Continuous	0.25mm
中心线	红色	CENTER	0.25mm
剖面线	蓝色	Continuous	0.25mm
虚线	洋红色	ACAD_ISO02W100	0.25mm

设置完成如图 4-84 所示。选择"中心线"层，单击"置为当前"按钮 ，将其设置为当前层，然后关闭"图层特性管理器"对话框。

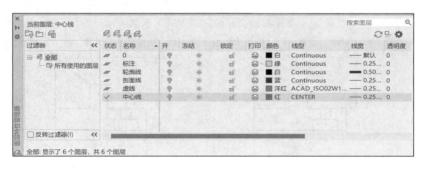

图 4-84　"图层特性管理器"新建图层的设置

2. 绘制端盖

（1）绘制中心线

1）绘图中状态栏上的"对象捕捉"按钮、"正交"按钮、"显示线宽"按钮均处于打开状态。

2）单击"绘图"工具栏上的"直线"按钮，绘制中心线，如图4-85所示。

注：在对象捕捉设置中，打开"端点""圆心""交点"和"垂足"捕捉。

（2）绘制端盖

1）单击"图层"工具栏中"图层"下拉列表的下三角按钮，选中"轮廓线"层，将"轮廓线"层设置为当前图层。

2）单击"绘图"工具栏上的"直线"按钮绘制轮廓，如图4-86所示。

3）单击"修改"工具栏上的"偏移"按钮，偏移距离32，如图4-87所示。

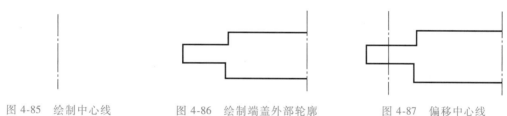

图4-85　绘制中心线　　　　图4-86　绘制端盖外部轮廓　　　　图4-87　偏移中心线

4）单击"修改"工具栏上的"打断"按钮，将中心线多余的部分打断，效果如图4-88所示。

5）单击"修改"工具栏上的"偏移"按钮，偏移距离3.3，如图4-89所示。

6）单击"修改"工具栏上的"修剪"按钮，修剪多余的线条，如图4-90所示。

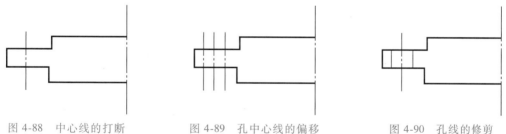

图4-88　中心线的打断　　　　图4-89　孔中心线的偏移　　　　图4-90　孔线的修剪

7）选中偏移后的线条，单击"图层"工具栏中"图层"下拉列表的下三角按钮，选中"轮廓线"层，将偏移后线段转换到"轮廓线"层，按〈Esc〉键结束选择，如图4-91所示。

8）单击"绘图"工具栏上的"直线"按钮，绘制如图4-92所示。

9）重复直线命令，绘制如图4-93所示。

图4-91　图层转换　　　　图4-92　直线绘制　　　　图4-93　端盖中心孔的绘制

10）单击"修改"工具栏上的"圆角"按钮 ⌐，绘制圆角半径为2，如图4-94所示。

11）单击"修改"工具栏上的"镜像"按钮 ⚟，镜像1/2端盖，如图4-95所示。

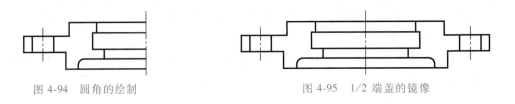

图4-94　圆角的绘制　　　　　　　　图4-95　1/2端盖的镜像

3. 添加剖面线

1）单击"图层"工具栏中"图层"下拉列表的下三角按钮，选中"剖面线"层，将"剖面线"层设置为当前图层。

2）单击"绘图"工具栏上的"图案填充"按钮 ▥，系统会打开"图案填充创建"选项卡，如图4-96所示。

图4-96　"图案填充创建"选项卡

在"图案"面板中选择填充图案"ANSI31"，单击"边界"面板中的"拾取点"按钮 ▦，命令行提示：

拾取内部点或[选择对象(S)放弃(U)设置(T)]:(在绘图区的封闭框内,单击任意点)。

单击"关闭"按钮 ✔，完成剖面线的填充，从而完成端盖的绘制，如图4-97所示。

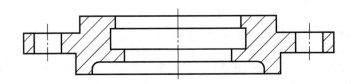

图4-97　端盖的剖面线填充

4. 尺寸标注

1）单击"图层"工具栏中"图层"下拉列表的下三角按钮，选中"标注"层，将"标注"层设置为当前图层。

2）单击"标注"工具栏上的"标注样式"按钮 ◢，系统会弹出"标注样式管理器"对话框，如图4-98所示。

3）单击"新建"按钮，系统弹出"创建新标注样式"对话框，如图4-99所示。在

"新样式名"文本框中输入"直径标注",单击"继续"按钮,系统弹出"新建标注样式:直径标注"对话框,如图4-100所示。

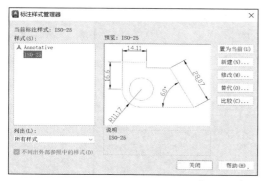

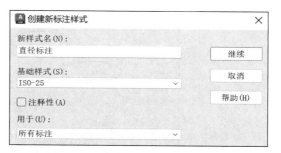

图4-98 "标注样式管理器"对话框　　　　图4-99 "创建新标注样式"对话框

4)在选项卡中进行参数设置,设置文字高度为"2.5",文字对齐为"ISO标准",文字位置垂直方向为"上",如图4-100所示。设置主单位精度为"0.0",小数分隔符为"."(句点),设置前缀为"%%c",如图4-101所示,单击"确定"按钮,完成"直径标注"的设置。

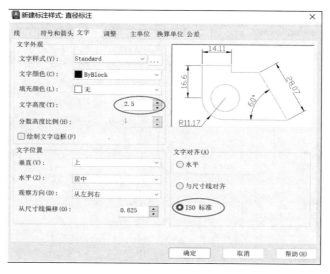

图4-100 "新建标注样式:直径标注"对话框中"文字"选项卡

5)单击"新建"按钮,系统弹出"创建新标注样式"对话框,在"新样式名"文本框中输入"公差标注",在"基于样式"下拉列表中选择"ISO-25",单击"继续"按钮,系统弹出"新建标注样式:公差标注"对话框,在"文字"选项卡中进行参数设置,设置文字高度为"2.5",文字对齐为"与尺寸线对齐";在"公差"选项卡中,"方式"下拉列表中选择"极限偏差","精度"为"0.00","上偏差"输入"0.20","下偏差"输入"0.10","高度比例"输入"0.7",如图4-102所示,单击"确定"按钮,完成"公差标注"的设置。

6)单击"新建"按钮,系统弹出"创建新标注样式"对话框,在"新样式名"文本

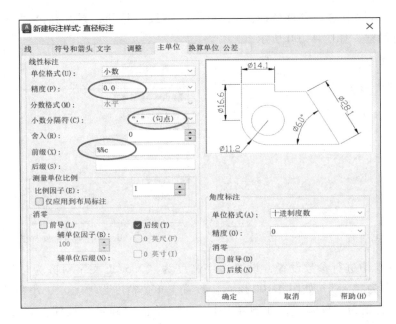

图 4-101 "新建标注样式：直径标注"对话框中"主单位"选项卡

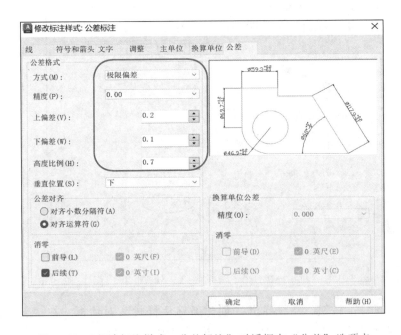

图 4-102 "新建标注样式：公差标注"对话框中"公差"选项卡

框中输入"非圆标注"，在"基于样式"下拉列表中选择"ISO-25"，单击"继续"按钮，系统弹出"新建标注样式：非圆标注"对话框，在"文字"选项卡中进行参数设置，设置文字高度为"2.5"，文字对齐方式为"ISO 标准"，单击"确定"按钮，完成"非圆标注"的设置。

系统返回到"标注样式管理器"对话框，如图 4-103 所示，单击"关闭"按钮。

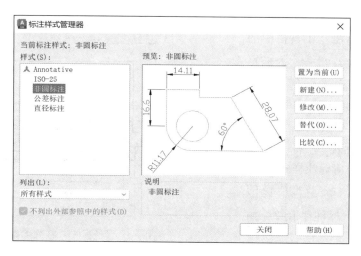

图 4-103 "标注样式管理器". 对话框

7）单击"标注"工具栏中"标注样式"下拉列表的下三角按钮，选中"非圆标注"，将"非圆标注"层设置为当前标注样式，如图 4-104 所示。

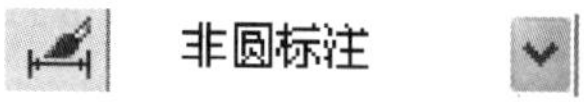

8）单击"标注"工具栏中的"线性尺寸标注"按钮

 非圆标注

，添加尺寸 14、5、4 和 3，如图 4-105 所示。

9）单击"标注"工具栏中的"线性尺寸标注"按钮

图 4-104 "标注样式"下拉列表

，按系统提示：

> 指定尺寸的位置或［多行文字（M）/文字（T）/角度（A）］：（输入"T"，按〈Enter〉键）。
> 输入文字<38>：（输入"4×%%c6.6"，按〈Enter〉键）。
> 指定尺寸线位置或［多行文字（M）/文字（T）/角度（A）/水平（H）/垂直（V）/旋转（R）］：（指定尺寸放置位置,单击,如图 4-106 所示）。

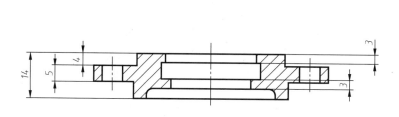

图 4-105 "非圆标注"样式下添加尺寸

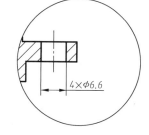

图 4-106 4×φ6.6 的标注

10）单击"标注"工具栏中"标注样式"下拉列表的下三角按钮，选中"直径标注"，将"直径标注"层设置为当前标注样式。单击"标注"工具栏中的"线性尺寸标注"按钮

，添加尺寸，如图 4-107 所示。

11）单击"标注"工具栏中"标注样式"下拉列表的下三角按钮，选中"公差标注"，将

"公差标注"层设置为当前标注样式。

12）单击"标注"工具栏中的
"线性尺寸标注"按钮⊟，添加尺
寸，如图 4-108 所示。

13）单击"标注"工具栏中
"标注样式"下拉列表的下三角按
钮，选中"非圆标注"，将"非圆
标注"层设置为当前标注样式。

14）单击"标注"工具栏的
"半径"按钮⊘，标注半径 2，如
图 4-109 所示。

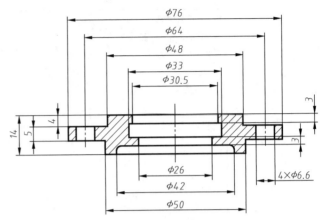
图 4-107　"直径标注"样式下添加尺寸

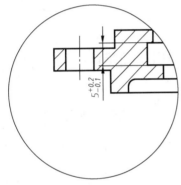
图 4-108　"公差标注"样式下添加尺寸

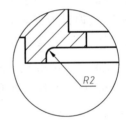
图 4-109　半径的标注

完成端盖的绘制与标注。

4.2.4　课后练习

1. 完成图 4-110 所示大通端盖的绘制。

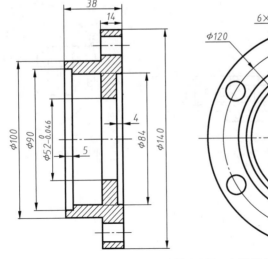
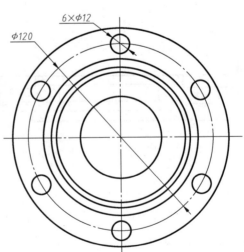
图 4-110　大通端盖

2. 完成图 4-111 所示连接件的绘制。

3. 完成图 4-112 所示镶件的绘制。

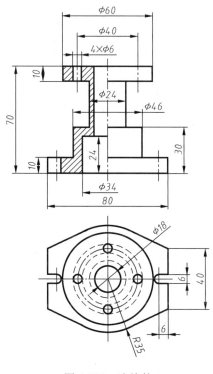

图 4-111 连接件

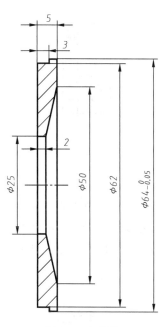

图 4-112 镶件

4. 完成图 4-113 所示阀盖的绘制。

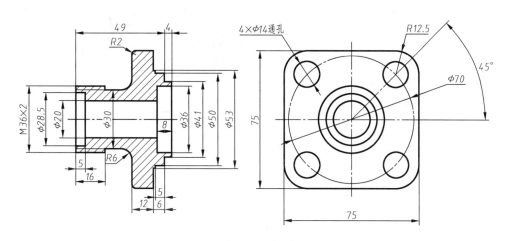

图 4-113 阀盖

5. 完成图 4-114 所示直齿圆柱齿轮的绘制。

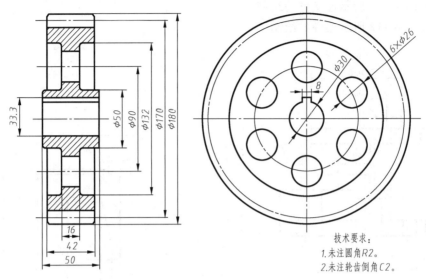

图 4-114　直齿圆柱齿轮

注：图 4-114 所示齿轮为标准直齿圆柱齿轮，模数 m 为 5，齿数 z 为 34。计算标准直齿圆柱齿轮齿根圆直径为 $d_f = d - 2.5m = 170\text{mm} - 2.5 \times 5\text{mm} = 157.5\text{mm}$。

6. 完成图 4-115 所示法兰盘的绘制。

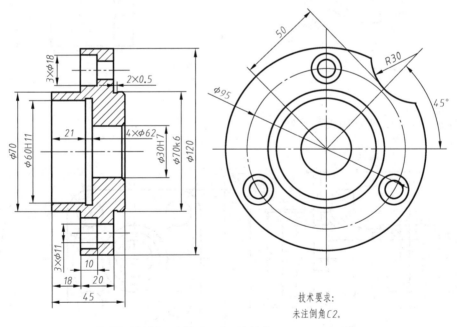

图 4-115　法兰盘

任务 4.3　标注轴承端盖——学习几何公差与引线标注

本任务将以绘制如图 4-116 所示的轴承端盖为例，说明几何公差与引线的标注。

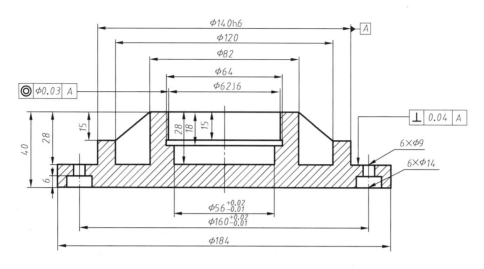

图 4-116　轴承端盖

4.3.1　任务学习

在本例中，图层的设置、轴承端盖的绘制与尺寸标注参见任务 4.2，完成轴承端盖的绘制。

4-19　添加引线

1. 添加引线

1）在命令行中，输入 "LE"，按〈Enter〉键，命令行提示（引线标注）：

> 指定第一个引线点或[设置(S)]<设置>:(指定引线的起点箭头的位置)。
> 指定下一点:(指定引线另一点)。
> 指定下一点:(指定引线另一点)。
> 指定文字宽度<0>:(按〈Esc〉键)。

效果如图 4-117 所示。

2）单击"绘图"工具栏上的"多行文字"按钮

A，或单击菜单栏"绘图"→"文字"→"多行文字"命令，命令行提示：

> 指定第一个角点:(鼠标指针呈 ┼ 形状，单击，拖动出一个矩形框)。
>
> 指定对角点或[高度(H)/对正(J)/行距(L)/旋转(R)/样式(S)/宽度(W)/栏(C)]:(系统弹出"文字格式"工具栏，在框中输入"6×%%c9"，在绘图区任意位置单击)。

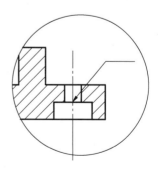

图 4-117　引线的添加

3）生成文字为"6×φ9"。选中文字，拖动夹点到适当的位置，如图 4-118 所示。

4）利用同样的方法，完成 6×φ14 的标注，如图 4-119 所示。

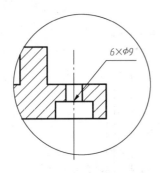

图 4-118　6×φ9 文字的添加

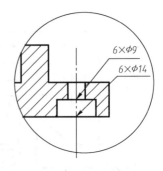

图 4-119　6×φ14 引线标注

注：通过"创建多重引线"的方法也可以完成 6×φ9 与 6×φ14 的尺寸标注。方法如下：

1）单击"多重引线"工具栏中的"多重引线样式"按钮，设置多重引线样式。设置要求："内容"选项卡中，文字高度为 2.5，多重引线类型为"多行文字"，引线连接为"水平连接"，连接位置为"最后一行加下划线"；"引线格式"选项卡中，箭头符号为"实心闭合"，大小为 2.5。

2）单击"多重引线"工具栏的"多重引线"按钮，完成 6×φ9 与 6×φ14 的尺寸标注。

4-20 标注几何公差

2. 几何公差标注

1）利用直线命令绘制基准，如图 4-120a 所示，基准的绘制参见图 4-120b。

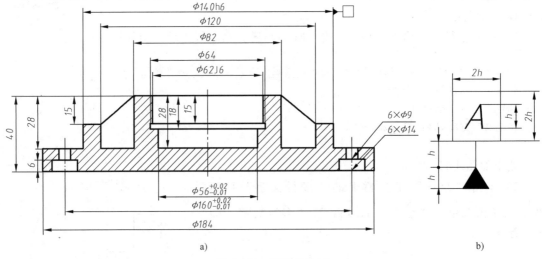

a)　　　　　　　　　　　　　　　　　　　　　　　b)

图 4-120　基准的绘制

a）轴承端盖基准的绘制　b）基准代号的绘制示意图

2）单击"绘图"工具栏上的"多行文字"按钮 **A**，添加文字"A"，如图 4-121 所示。

3）在命令行中，输入"LE"，按〈Enter〉键，执行快速引线，添加引线如图 4-122 所示。

4）单击"标注"工具栏上的"公差"按钮，或单击菜单栏"标注"→"公差"命令，系统弹出"形位公差"对话框（几何公差旧称形位公差），如图 4-123 所示。

5）选择对话框中的"符号"色块，系统弹出"特征符号"对话框，选择需要的公差符号，如图 4-124 所示。

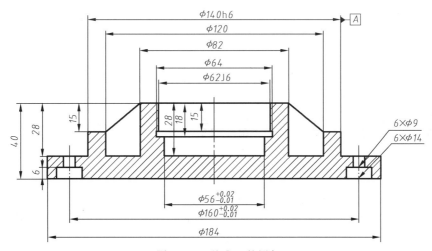

图 4-121 基准 A 的添加

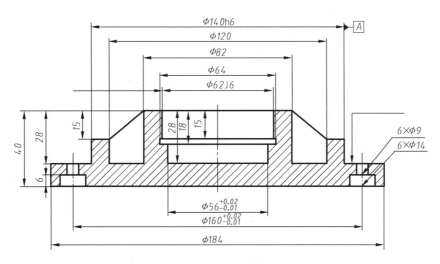

图 4-122 添加引线

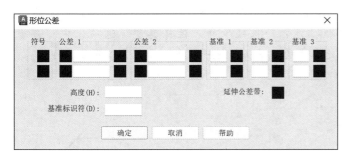

图 4-123 "形位公差"对话框

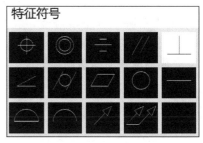

图 4-124 "特征符号"对话框

6）直接在"公差1"对应下方文本框中输入"0.04"，在"基准1"对应下方文本框中输入字母"A"，如图 4-125 所示，单击"确定"按钮。

7）移动光标至引线位置，单击放置几何公差，如图 4-126 所示。

8）利用同样的方法，添加另一个几何公差，如图 4-127 所示。

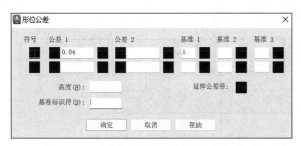

图 4-125 "形位公差"对话框的添加内容

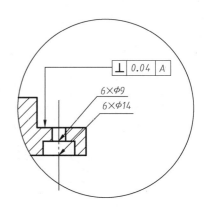

图 4-126 添加几何公差

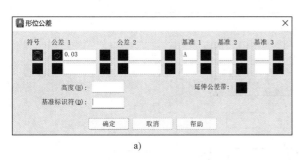

a)

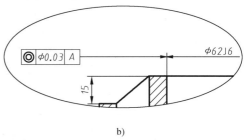

b)

图 4-127 同轴度几何公差的添加

a）"形位公差"对话框的添加内容　b）同轴度几何公差的添加

注：通过输入"LE"命令也可以完成引线上文字标注、几何公差的添加和基准符号的添加。方法如下：

1）在命令行输入"LE"，按命令行提示，单击"设置（S）"，系统弹出"引线设置"对话框；

2）如果要完成引线上文字标注，在对话框"注释"选项卡的"注释类型"选项组中，选择"多行文字"，在"附着"选项卡中选择"最后一行底部"；

3）如果要添加几何公差，在对话框"注释"选项卡的"注释类型"选项组中，选择"公差"；

4）如果要添加基准符号，在对话框"注释"选项卡的"注释类型"选项组中，选择"公差"，同时在对话框"引线和箭头"选项卡的"箭头"选项组中选择"实心基准三角形"。

完成轴承端盖的绘制与标注。

4.3.2 任务注释

1. 引线标注

该功能为图形添加注释或说明等。引线标注可以分为一般引线标注、快速引线标注和多重引线标注。

（1）一般引线标注

以图 4-128 为例说明。

1）输入命令。

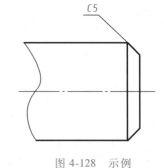

4-21 一般引线标注

图 4-128 示例

输入命令可以采用如下方法。

命令行：键盘输入"LEADER"（或"LEAD"）。

2）操作格式。

执行上述命令之一，系统提示如下：

> 指定引线起点：（输入引线的起始点，单击倒角边上任意一点）。
> 指定下一点：（输入引线的另一点）。
>
> 指定下一点或［注释(A)格式(F)放弃(U)］<注释>：（正交 打开，单击水平线上一点）。
> 指定下一点或［注释(A)格式(F)放弃(U)］<注释>：（按〈Enter〉键）。
> 输入注释文字的第一行或<选项>：（命令行中输入"C5"，按〈Enter〉键）。
> 输入注释文字的下一行：（按〈Enter〉键）。

注：文字位置可调整，拖动文字的夹点实现左右移动。

3）说明。

① 注释（A）：输入注释文本，为默认项。

② 格式（F）：确定引线的形式。引线形式包括样条曲线、直线、箭头和无。

样条曲线（S）——设置引线为样条曲线。

直线（ST）——设置引线为折线。

箭头（A）——设置在引线的起始位置画箭头。

无（N）——设置在引线的起始位置不画箭头。

（2）快速引线标注

1）输入命令。

输入命令可以采用如下方法。

命令行：键盘输入"LE"或"QLEADER"。

2）操作格式。

执行上述命令之一，系统提示如下：

> 指定第一个引线点或［设置(S)］<设置>：（输入"S"，按〈Enter〉键）。

系统会弹出"引线设置"对话框，如图4-129所示。

3）说明。

该对话框中有"注释""引线和箭头""附着"3个选项卡，可对引线的注释、引出线和箭头、附着等参数进行设置。

①"注释"选项卡。该选项卡用于设置引线标注的注释类型、多行文字选项和重复使用注释。

"注释类型"中各选项功能如下。

• "多行文字"选项：用于打开"多行文字编辑器"来标注注释，如图4-130a所示。

图4-129 "引线设置"对话框

● "复制对象"选项：用于复制多行文字、单行文字、块参照或公差注释的对象来标注注释。

● "公差"选项：用于打开"形位公差"对话框，使用几何公差来标注注释，如图 4-130b 所示。

● "块参照"选项：用于绘制图块来标注注释。

● "无"选项：用于绘制引线，无注释，如图 4-130c 所示。

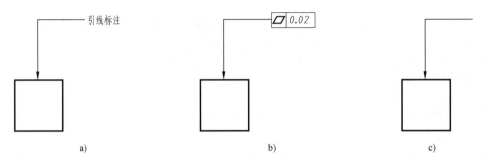

图 4-130 "注释"选项示例

a）"多行文字"注释　b）"公差"注释　c）"无"注释

② "引线和箭头"选项卡。该选项用于设置引线和箭头的格式，如图 4-131 所示。

● "引线"选项组：用于确定引线是直线还是样条曲线。

● "点数"选项组：用于设置引线采用几段折线，例如三段折线，则点数为 4。

● "箭头"选项组：用于设置引线起点处的箭头样式。

● "角度约束"选项组：用于对第一段和第二段引线设置角度约束。

③ "附着"选项卡。该选项卡用于设置多行文字注释与引线终点的位置关系，如图 4-132 所示。

图 4-131 "引线和箭头"选项卡

图 4-132 "附着"选项卡

（3）多重引线标注

该命令能够快速标注装配图的零件号和引出公差，而且能清楚地标识制图的标准、说明等内容。

1）创建多重引线标注。

① 输入命令。

输入命令可以采用下列方法之一。

- 工具栏：单击"多重引线"工具栏的"多重引线"按钮  。
- 菜单栏：选取"标注"菜单→"多重引线"命令。
- 功能区：单击"注释"选项卡"引线"面板中的"多重引线"按钮 。
- 命令行：键盘输入"MLEADER"或"MLE"。

② 操作格式。

执行上述命令之一，系统提示如下：

　　指定引线箭头的位置或[引线基线优先(L)/内容优先(C)/选项(O)]<选项>:(在图形中单击,确定引线箭头的位置)。

2）管理多重引线标注。

单击"多重引线"工具栏中的"多重引线样式"按钮 ，或者单击菜单栏"格式"→"多重引线样式"命令，系统弹出"多重引线样式管理器"对话框，如图4-133所示。

该对话框和"标注样式管理器"对话框功能很相似，可以设置多重引线的格式、结构和内容。单击"新建"按钮，系统弹出"创建新多重引线样式"对话框，如图4-134所示。在"创建新多重引线样式"对话框中可以创建多重引线样式。

图4-133 "多重引线样式管理器"对话框

图4-134 "创建新多重引线样式"对话框

设置了新样式名和基础样式后，单击对话框中的"继续"按钮，系统弹出"修改多重引线样式"对话框，可以创建多重引线的格式、结构和内容，如图4-135所示。用户自定义多重引线样式后，单击"确定"按钮。

图4-135 "修改多重引线样式"对话框

2. 几何公差标注

该功能用于标注几何公差。

（1）输入命令

输入命令可以采用下列方法之一。

- 工具栏：单击"标注"工具栏的"公差"按钮 ⊞。
- 菜单栏：选取"标注"菜单→"公差"命令。
- 功能区：单击"注释"选项卡"标注"面板中的"公差"按钮 ⊞。
- 命令行：键盘输入"TOLERANCE"或"TOL"。

（2）操作格式

执行上述命令之一，系统会弹出"形位公差"对话框，如图 4-136 所示。

（3）说明

1）"符号"选项组：该选项组用于确定几何公差的符号，单击选项组中的小黑方框，打开"特征符号"对话框，如图 4-137 所示。单击选取符号后，返回"形位公差"对话框。

2）"公差 1""公差 2"选项组：该选项组第一个小方框用于确定是否加直径符号"φ"，文本框用于输入公差值，第三个小方框用于确定包容条件，当单击第三个小方框时，系统会弹出"附加符号"对话框，如图 4-138 所示。

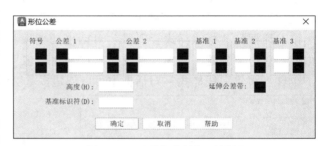

图 4-136 "形位公差"对话框

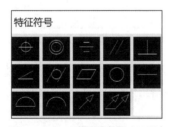

图 4-137 "特征符号"对话框

图 4-138 "附加符号"对话框

3）"基准 1""基准 2""基准 3"选项组：该选项组的文本框用于设置基准符号，后面的小方框用于确定包容条件。

4）"高度"文本框：该文本框用于设置公差的高度。

5）"基准标识符"文本框：该文本框用于设置基准标识符。

6）"延伸公差带"选项：该选项用于确定是否在公差带后面加上投影公差符号。设置后，单击"确定"按钮，退出"形位公差"对话框，指定插入公差的位置，即完成几何公差的标注。

4.3.3 知识拓展

运用引线与几何公差标注，完成图 4-139 所示端盖零件的绘制。

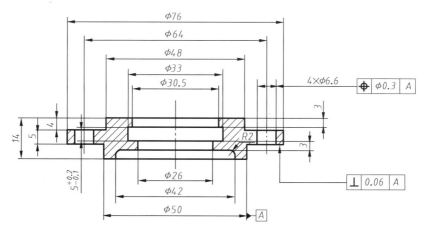

图 4-139 端盖

在拓展练习中，图层的设置、端盖的绘制与尺寸标注参见任务 4.2 知识拓展练习，完成端盖的绘制。

添加引线与几何公差标注的操作步骤如下。

1）利用"直线"命令绘制基准；单击"绘图"工具栏上的"多行文字"按钮 **A**，添加文字"A"，如图 4-140 所示。

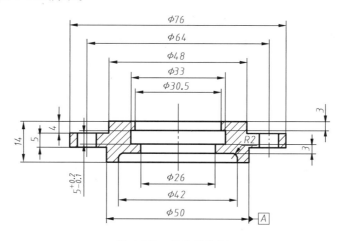

图 4-140 基准的绘制

2）单击"标注"工具栏上的"线性尺寸标注"按钮 ⊢，单击需标注 4×φ6.6 区域的两个边界点，添加尺寸，命令行提示：

[多行文字（M）/文字（T）/角度（A）/水平（H）/垂直（V）/旋转（R）]：（输入"T"，按〈Enter〉键）。
输入标注文字<38>：（输入"4×%%c6.6"，按〈Enter〉键）。
[多行文字（M）/文字（T）/角度（A）/水平（H）/垂直（V）/旋转（R）]：（指定尺寸放置位置，单击）。

3）单击"标注"工具栏上的"公差"按钮 ⊞▣，或单击菜单栏"标注"→"公差"命令，系统弹出"形位公差"对话框，如图 4-141 所示。

4）选择对话框中的"符号"色块，系统弹出"特征符号"对话框，选择需要的公差符号，如图4-142所示。

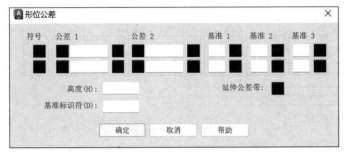

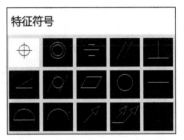

图4-141　"形位公差"对话框　　　　　　　　　　图4-142　"特征符号"对话框

5）单击"公差1"对应下方的黑框，显示直径符号，并在后面的文本框中输入"0.3"，在"基准1"对应下方文本框中输入字母"A"，如图4-143所示，单击"确定"按钮。

6）移动光标至4×φ6.6尺寸界线位置，单击放置几何公差，如图4-144所示。

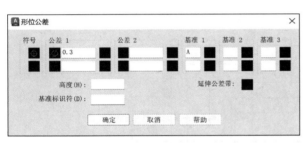

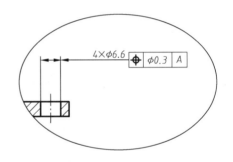

图4-143　"形位公差"对话框的添加内容　　　　　图4-144　添加几何公差

7）在命令行中，输入"LE"，按〈Enter〉键，命令行提示：

指定第一个引线点或[设置(S)]<设置>:(输入"S"，按〈Enter〉键)。

系统会弹出"引线设置"对话框，如图4-145所示。

图4-145　"引线设置"对话框

在对话框的"注释类型"选项组中，选中"公差"选项，单击"确定"按钮，退出"引线设置"对话框。

指定第一个引线点或[设置(S)]<设置>:(指定引线起点箭头的位置)。

指定下一点:(指定引线另一点)。

指定下一点:(指定引线另一点)。

系统自动弹出"形位公差"对话框，选择公差项目，输入公差值与基准符号，如图4-146所示，单击"确定"按钮，添加效果如图4-147所示。

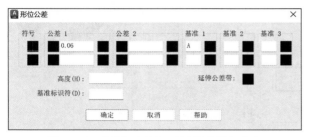

图4-146 "形位公差"对话框的添加内容

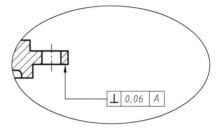

图4-147 引线与垂直度形位公差的添加

完成端盖零件的绘制。

4.3.4 课后练习

1. 完成图4-148所示法兰座的绘制。

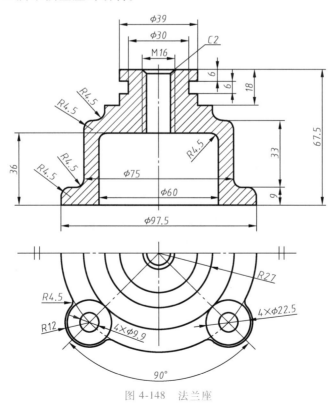

图4-148 法兰座

2. 完成图 4-149 所示零件的绘制。

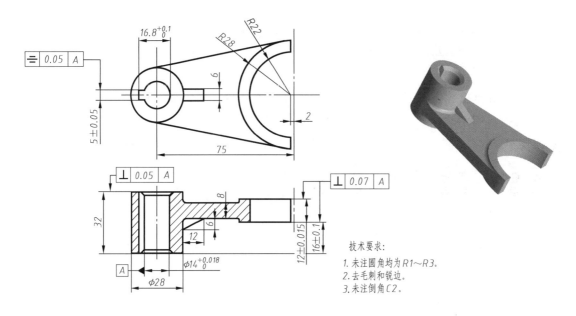

图 4-149　拨叉

技术要求:
1. 未注圆角均为 R1~R3。
2. 去毛刺和锐边。
3. 未注倒角 C2。

3. 完成图 4-150 所示零件的绘制。

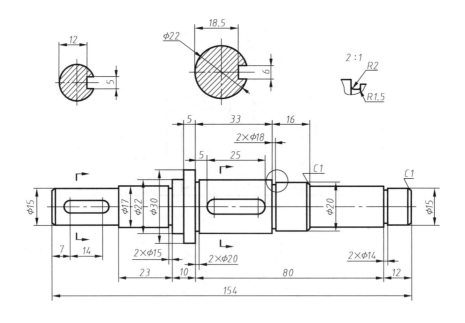

图 4-150　轴

4. 完成图 4-151 所示法兰盘的绘制。

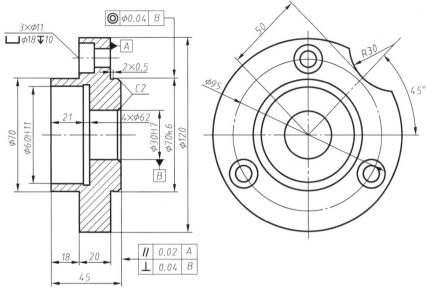

图 4-151   法兰盘

技巧：输入└┘*φ18*↧*10*符号时，方法如下。

1）沉孔符号└┘输入：将字体更改为"gdt"，然后输入"v"；

2）孔深符号↧输入：将字体更改为"gdt"，然后输入"x"。

任务 4.4   标注表面粗糙度——学习图块及属性操作

本任务仍以绘制如图 4-152 所示的轴承端盖为例，说明表面粗糙度的标注。

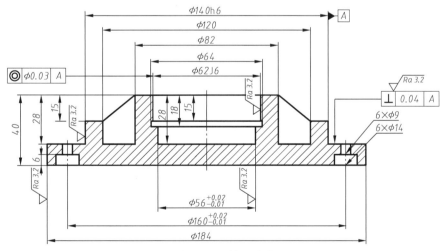

图 4-152   轴承端盖

4.4.1   任务学习

在本任务中，图层的设置、轴承端盖的绘制与标注参见任务 4.3。

1. 表面粗糙度的绘制

1）单击"图层"工具栏中"图层"下拉列表的下三角按钮，选中"尺寸标注线"层，将"尺寸标注线"层设置为当前图层。

4-24 绘制表面粗糙度

2）绘制的表面粗糙度符号如图4-153b所示。

注：本项目中，表面粗糙度符号的绘制参见 GB/T 131—2006 中的详细规定，如图4-153a所示，其中表面粗糙度符号的尺寸参照表4-6。

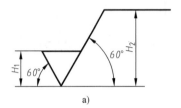
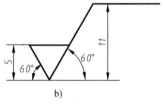

a)　　　　　　　　　　　　　　　b)

图 4-153　表面粗糙度符号

a）表面粗糙度尺寸规定　b）表面粗糙度符号的绘制

表 4-6　表面粗糙度符号的尺寸　　　　　　　　　　（单位：mm）

符号和字母的线宽	0.25	0.35	0.5	0.7	1	1.4	2
数字和字母的高度 h	2.5	3.5	5	7	10	14	20
高度 H_1	3.5	5	7	10	14	20	28
高度 H_2（最小值）	7.5	10.5	15	21	30	42	60

3）执行菜单栏"绘图"→"块"→"定义属性"命令，系统会弹出"属性定义"对话框，如图4-154所示（块属性）。

4）在对话框中，"标记"文本框输入"AA"，设置"文字高度"为"3.5"，单击"确定"按钮，此时系统会进入绘图区，光标呈 _{AA} 状，拖动光标至合适的位置，单击左键，放置块属性，如图4-155所示。

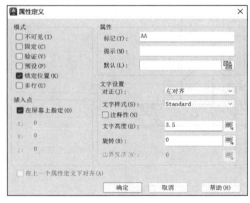

图 4-154　"属性定义"对话框

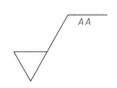

图 4-155　块属性

5）单击菜单栏"绘图"→"块"→"创建"命令，系统弹出"块定义"对话框，如图4-156所示（创建块）。

6）在对话框中，"名称"文本框输入"表面粗糙度"，单击"基点"选项组中的"拾取点"按钮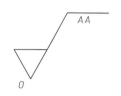，系统会自动切换到绘图环境，指定基点 O，如图4-157所示。

图4-156　"块定义"对话框

图4-157　选择基点 O

7）系统返回"块定义"对话框，单击"对象"选项组中的"选择对象"按钮，系统会自动切换到绘图环境，窗选需要创建为块的图素，按"空格"或〈Enter〉键，返回"块定义"对话框，单击"确定"按钮。系统会弹出"编辑属性"对话框，如图4-158所示，在文本框中输入"Ra3.2"，单击"确定"按钮。

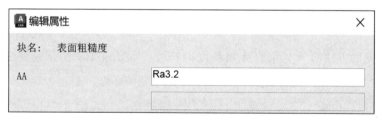

图4-158　"编辑属性"对话框

4-25　插入表面粗糙度

2. 表面粗糙度的插入（插入块）

1）单击"默认"选项卡"块"面板中的"插入"按钮，选择图4-159所示"表面粗糙度"块。

图4-159　插入块

系统命令行提示：

指定插入点或［基点（B）比例（S）X Y Z 旋转（R）分解（E）重复（RE）］:（输入"R"，按〈Enter〉键）。

指定旋转角度:输入"90"，按〈Enter〉键。

指定插入点或［基点（B）比例（S）X Y Z 旋转（R）分解（E）重复（RE）］:（移动鼠标至合适的位置放置表面粗糙度,单击）。

系统弹出"编辑属性"对话框，在文本框中输入"Ra3.2"，单击"确定"按钮，完成一个表面粗糙度的插入，如图4-160所示。

2）单击"默认"选项卡"块"面板中的"插入"按钮，选择图4-159所示"表面粗糙度"块。系统命令行提示：

指定插入点或[基点（B）比例(S)X Y Z旋转（R）分解（E）重复（RE)]:（移动鼠标至垂直度公差框格上方,放置表面粗糙度,单击）。

系统弹出"编辑属性"对话框，在文本框中输入"Ra3.2"，单击"确定"按钮，完成表面粗糙度的插入，如图4-161所示。

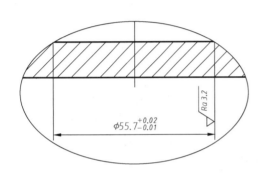

图4-160 第1个表面粗糙度的插入

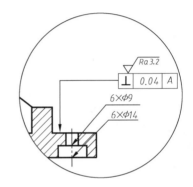

图4-161 第2个表面粗糙度的插入

3）利用相同的方法插入其余表面粗糙度的符号，如图4-162所示，完成表面粗糙度的添加。

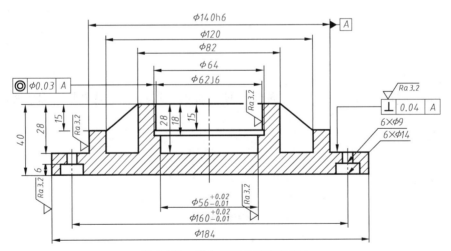

图4-162 其余表面粗糙度的插入

4.4.2 任务注释

在机械工程制图中，经常需要绘制相同的结构，如表面粗糙度符号、标准件等。我们可以将经常重复绘制的一个或多个单一的对象整合为一个对象，这个对象在AutoCAD中被称为图块。图块中各对象可以有各自的图层、线型和颜色等。图块作为一个独立、完整的对象进行操作，可以根据需要按比例和角度将图块插入到需要的位置。

1. 块属性

属性如同商品的标签一样，包含各种信息，图块属性是属于这个图块的非图形信息，即图块的文本对象，与图块构成一个整体。

（1）定义图块属性

1）输入命令。

输入命令可以采用下列方法之一。

- 菜单栏：选取"绘图"菜单→"块"→"定义属性"。
- 功能区：单击"默认"选项卡"块"面板中的"定义属性"按钮

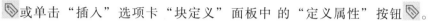或单击"插入"选项卡"块定义"面板中的"定义属性"按钮 。

- 命令行：键盘输入"ATTDEF"或"ATT"。

2）操作格式。

执行上述命令之一，系统会弹出"属性定义"对话框，如图4-163所示。

3）说明。

①"模式"选项组。

- "不可见"复选框：用于确定属性值在绘图区是否可见。
- "固定"复选框：用于确定属性值是否是常量。

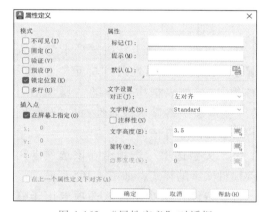

- "验证"复选框：用于插入属性图块时，提示用户核对输入的属性值是否正确。

- "预设"复选框：用于设置属性值。在后期的属性图块插入过程中，不再提示用户属性值，而是自动地填写预设属性值。

图4-163 "属性定义"对话框

②"属性"选项组。

- "标记"文本框：用于输入所定义属性的标记。
- "提示"文本框：用于输入插入属性图块时所需要提示的信息。
- "默认"文本框：用于输入图块属性的值。

③"插入点"选项组：用于确定属性文本排列在图块中的位置。可以直接在输入点插入点的坐标值，也可以选中"在屏幕上指定"复选框，在绘图区指定。

④"文字设置"选项组。该选项组用于设置属性文本的对齐方式及样式等特性。

- "对正"下拉列表：用于选择文字的对齐方式。
- "文字样式"下拉列表：用于选择字体样式。
- "文字高度"按钮：用于在绘图区指定文字的高度，可以在左侧的文本框中输入高度值。
- "旋转"按钮：用于在绘图区指定文字的旋转角度，也可以在左侧文本框中输入旋转角度值。

（2）编辑图块属性

可以修改图块定义的属性名、提示内容等属性值。

1）输入命令。

输入命令可以采用下列方法之一。

4-27 编辑图块属性

- 工具栏：单击"修改Ⅱ"工具栏"编辑属性"按钮 ⊠。
- 菜单栏：选取"修改"菜单→"对象"→"属性"→"单个"。
- 功能区：单击"默认"选项卡"块"面板中的"编辑属性"按钮

⊠，或单击"插入"选项卡"块"面板中的"编辑属性"按钮 ⊠。

- 命令行：键盘输入"EATTEDIT"。

2）操作格式。

执行上述命令之一，系统提示：

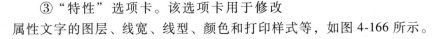

选择块:（选择要编辑的图块对象）。

系统会打开"增强属性编辑器"对话框，如图 4-164 所示，该对话框有 3 个选项卡："属性""文字选项"和"特性"。

3）说明。

①"属性"选项卡。该选项卡的列表框中显示了图块每个属性的"标记""提示"和"值"。在列表框中选择某一属性后，在"值"文本框中将显示该属性对应的属性值，用户可以修改属性值。

②"文字选项"选项卡。该选项卡用于修改属性文字的样式，如图 4-165 所示。

③"特性"选项卡。该选项卡用于修改属性文字的图层、线宽、线型、颜色和打印样式等，如图 4-166 所示。

图 4-164 "增强属性编辑器"对话框

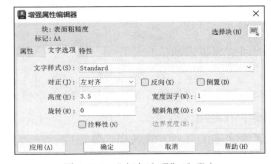

图 4-165 "文字选项"选项卡

图 4-166 "特性"选项卡

2. 创建块

（1）创建内部图块

通过选择对象、指定插入点，然后为其命名来创建内部图块，创建的内部图块将保存在定义该图块的图形中。

4-28 创建图块

1）输入命令。

输入命令可以采用下列方法之一。

- 工具栏：单击"块"工具栏的"创建"按钮 。
- 菜单栏：选取"绘图"菜单→"块"→"创建"。
- 功能区：单击"默认"选项卡"块"面板中的"创建"按钮 ，或单击"插入"选项卡"块定义"面板中的"创建块"按钮 。
- 命令行：键盘输入"BLOCK"或"B"。

2）操作格式。

执行上述命令之一，系统打开"块定义"对话框，如图4-167所示。

图 4-167　"块定义"对话框

输入选择完毕后，单击"确定"按钮，完成图块的创建。

3）说明。

①"名称"文本框。该选项组用于输入新建图块的名称，必须输入。

②"基点"选项组。该选项组用于设置该图块插入基点的 X、Y、Z 坐标，也可以单击"拾取点"按钮 ，在绘图区指定。

③"对象"选项组。该选项组用于选择要创建图块的对象。

- "选择对象"按钮 ：用于在绘图区选择对象。
- "快速选择"按钮 ：用于在打开的"快速选择"对话框中选择对象。
- "保留"单选钮：用于创建图块后保留原对象。
- "转换成块"单选钮：用于创建图块后，将原对象转换成图块。
- "删除"单选钮：用于创建图块后，删除原对象。

④"方式"选项组。该选项组用于指定块的行为。"注释性"复选框用于指定在图纸空间中块参照的方向与布局方向匹配；"按统一比例缩放"复选框用于指定是否组织块参照不按统一比例缩放；"允许分解"复选框用于指定参照是否可以被分解。

⑤"块单位"下拉列表。该下拉列表用于设置创建图块的单位。

⑥"说明"文本框。该文本框用于输入图块的简要说明。

⑦"超链接"按钮。该按钮用于打开"插入超链接"对话框，在该对话框中可以插入超链接文档。

（2）创建外部图块

外部图块与内部图块的区别是，创建外部图块作为独立文件保存，可以插入到任何图形中去，并可以对图块进行打开和编辑。

1）输入命令。

- 功能区；单击"插入"选项卡"块定义"面板中的"写块"按钮
- 命令行：键盘输入"WBLOCK"或"W"。

2）操作格式。

执行上述命令，系统打开"写块"对话框，如图4-168所示。

输入选择完毕后，单击"确定"按钮，完成外部图块的创建。

3）说明。

①"源"选项组。该选项组用于确定图块定义的范围。

图4-168 "写块"对话框

- "块"单选项：用于在右边的下拉列表中选择已保存的图像。
- "整个图形"单选项：用于将当前整个图形确定为图块。
- "对象"单选项：用于选择要定义为块的实体对象。

②"基点"选项组和"对象"选项组。"基点"选项组和"对象"选项组的含义与创建内部块的选项含义相同。

③"目标"选项组。用于指定保存图块文件的名称和路径，也可以单击按钮 ，打开"浏览图形文件"对话框，指定名称和路径。

④"插入单位"文本框。该文本框用于设置图块的单位。

3. 插入图块

（1）输入命令

输入命令可以采用下列方法之一。

- 工具栏：单击"插入"工具栏"插入块"按钮 。
- 菜单栏：选取"插入"菜单→"块选项板"
- 功能区：单击"默认"选项卡"块"面板中的"插入"按钮 ，

4-29 插入图块

或单击"插入"选项卡"块"面板中"插入"按钮 。

命令行：键盘输入"INSERT"或"I"。

（2）操作格式

执行上述命令之一，选择需要插入的图块，系统命令行提示：

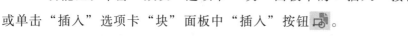

指定插入点或[基点(B)比例(S)X Y Z 旋转(R)分解(E)重复(RE)]:（可单击,指定插入点或输入"R",按〈Enter〉键),设置旋转角度）。

完成图块的插入操作。

（3）说明

单击"插入"工具栏"插入块"按钮 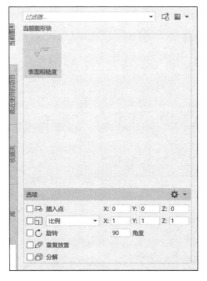，系统会打开"插入"选项卡，如图4-169所示。

图4-169 "插入"选项卡

1）"插入点"选项组。用于确定图块的插入点。可以直接在X、Y、Z文本框中输入点的坐标，也可以通过选中"插入点"复选框，在绘图区内指定插入点。

2）"比例"选项组。用于确定图块的插入比例。可以直接在X、Y、Z文本框中输入块在三个方向的坐标，如果选中"统一比例"复选框，三个方向的比例相同，只需要输入X方向的比例即可。

3）"旋转"选项组。用于确定图块插入的旋转角度，可以直接在"角度"文本框中输入角度值。

4）"分解"复选框。用于确定是否把插入的图块分解为各自独立的对象。

4. 使用"工具选项板"中的块

在AutoCAD软件中，用户可以利用"工具选项板"窗口方便地使用螺钉、螺母、螺栓和轴承等系统内置的机械零件图块。以插入图块"六角螺母M10"为例，其操作步骤如下。

（1）输入命令

输入命令可以采用下列方法之一。

- 菜单栏：选取"工具"菜单→"选项板"→"工具选项板"。
- 功能区：单击"视图"选项卡"选项板"面板中的"工具选项板"按钮 。
- 命令行：键盘输入"TOOLPALETTES"。

（2）操作格式

执行上述命令之一，系统会打开"工具选项板"选项卡，单击"工具选项板"中"机械"选项卡中的"六角螺母-公制"，如图4-171所示。系统命令行提示：

指定插入点或［基点（B）比例（S）旋转（R）］:（移动鼠标至合适的位置放置表面粗糙度，单击）。

单击已插入的六角螺母，此时将显示六角螺母的查询夹点，单击夹点，打开六角螺母规格列表，从中选择 M10 规格的六角螺母，如图 4-171 所示，完成"六角螺母-公制"图块的插入。

图 4-170　"工具选项板"选项卡

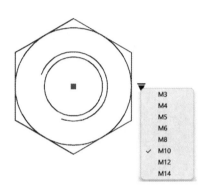

图 4-171　六角螺母规格的选择

4.4.3　知识拓展

利用块操作完成图 4-172 所示端盖的绘制。

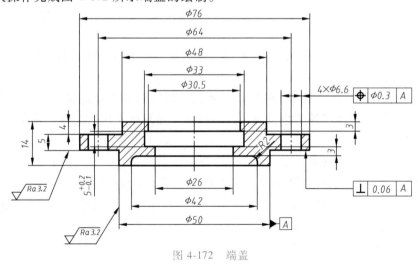

图 4-172　端盖

在拓展练习中，图层的设置、端盖的绘制与标注参见任务 4.3 知识拓展练习。

1. 表面粗糙度的绘制

1）单击"图层"工具栏中"图层"下拉列表的下三角按钮，选中"标注"层，将"标注"层设置为当前图层。

2）绘制表面粗糙度符号，如图 4-173 所示。

3）执行菜单栏"绘图"→"块"→"定义属性"命令，系统会弹出"属性定义"对话框，如图 4-174 所示。

4）在该对话框中，"标记"文本框中输入"AA"，设置"文字高度"为"2.5"，单击"确定"按钮，此时系统会进入绘图区，光标呈 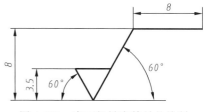 状，拖动光标至合适的位置后单击，放置块属性，如图 4-175 所示。

图 4-173 表面粗糙度符号的绘制

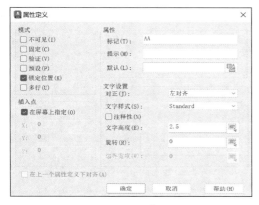

图 4-174 "属性定义"对话框

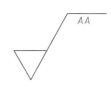

图 4-175 块属性

5）单击菜单栏"绘图"→"块"→"创建"命令，系统弹出"块定义"对话框，如图 4-176 所示。

6）在对话框中，"名称"文本框中输入"粗糙度"，单击"基点"选项组中的"拾取点"按钮 ，系统会自动切换到绘图环境，选择基点 Q，如图 4-177 所示。

图 4-176 "块定义"对话框

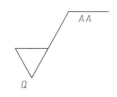

图 4-177 选择基点 Q

7）系统返回"块定义"对话框，单击"对象"选项组中的"选择对象"按钮 ，系统会自动切换到绘图环境，窗选需要创建为块的图素，按"空格"或〈Enter〉键，返回"块定义"对话框，单击"确定"按钮。系统会弹出"编辑属性"对话框，如图 4-178 所示，在文本框中输入"Ra3.2"，单击"确定"按钮。

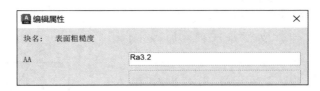

图 4-178 "编辑属性"对话框

2. 添加引线

在命令行中，输入"LE"，按〈Enter〉键，执行快速引线，添加引线如图 4-179 所示。

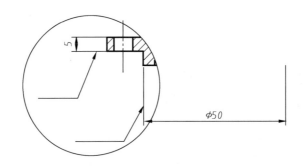

图 4-179 添加引线

3. 表面粗糙度的插入

单击"默认"选项卡"块"面板中的"插入"按钮🗖，选择图 4-180 所示"表面粗糙度"块。

表面粗糙度

图 4-180 插入块

指定插入点或［基点（B）比例（S）XYZ旋转（R）分解（E）重复（RE）］:（移动鼠标至合适的位置放置表面粗糙度，单击）。

系统弹出"编辑属性"对话框，输入"Ra3.2"，单击"确定"按钮，完成表面粗糙度的插入。利用同样的方法，完成其他表面粗糙度的添加，如图 4-181 所示。

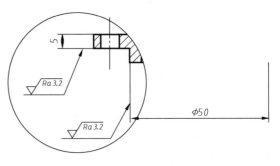

图 4-181 表面粗糙度的插入

4.4.4 课后练习

1. 完成图 4-182 所示上盖（千斤顶部件）的绘制。

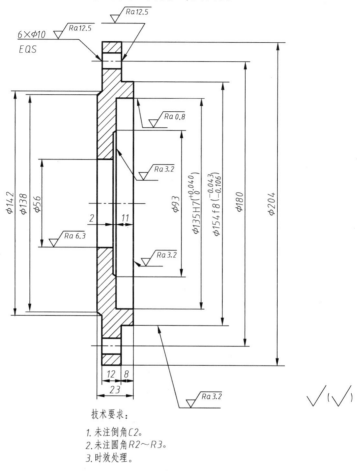

技术要求：

1. 未注倒角C2。
2. 未注圆角R2～R3。
3. 时效处理。

图 4-182 上盖

2. 完成图 4-183 所示套管帽（千斤顶部件）的绘制。

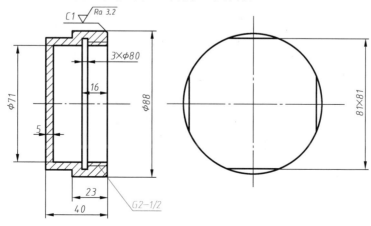

图 4-183 套管帽

注：G2 1/2 为管螺纹，螺纹大径为 75.184mm，螺纹小径为 72.226mm（参照 GB/T 7307—2001）。

3. 完成图 4-184 所示带轮的绘制。

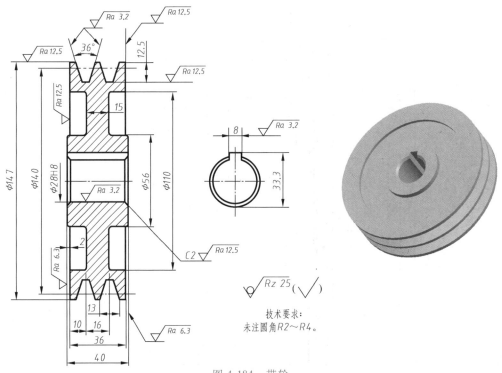

图 4-184　带轮

4. 完成图 4-185 所示分度盘的绘制。

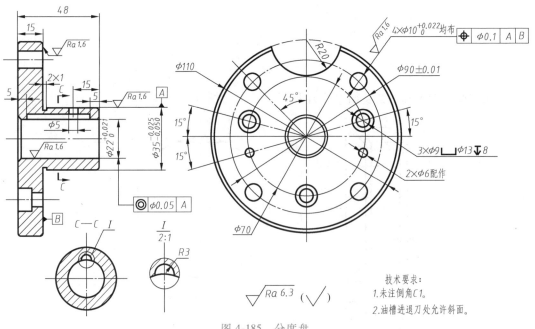

图 4-185　分度盘

5. 在实际的绘图工作中，用户常常需要在标题栏中输入特定的文字信息。通过将这些需要填写的信息预定义为块，用户可以在绘图时更加高效和便捷地完成标题栏的填写工作。创建图4-186所示标题栏文字图块，属性设置和文字样式设置要求见表4-7、表4-8。

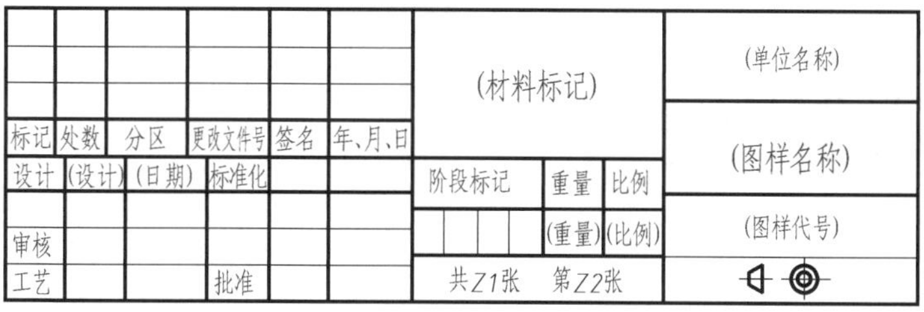

图 4-186 标题栏文字图块

表 4-7 标题栏文字块属性设置要求

属性标记	属性提示	文字样式	"对正"设置
（材料标记）	输入材料标记	工程字-7	中间
（单位名称）	输入单位名称	工程字-35	中间
（图样代号）	输入零件图号	工程字-35	中间
（图样名称）	输入图形名称	工程字-7	中间
（重量）	输入零件重量	工程字-35	中间
（比例）	输入图形比例	工程字-35	中间
（设计）	输入设计者的名称	工程字-35	中间
（日期）	输入绘图日期	工程字-35	中间
Z1	输入图形的总张数	工程字-35	中间
Z2	输入此图形的序号	工程字-35	中间

表 4-8 文字样式设置要求

样式名	字体名	文字高度	宽度因子
工程字-35	仿宋	3.5	0.7
工程字-7	仿宋	7	0.7

223

项目 ⑤

绘制装配图

1. 理解装配图的识读与标注
2. 学会从装配图中识读与拆分零件
3. 学会图形的输出方法

技能目标

1. 掌握根据零件图绘制装配图
2. 学会装配序号的标注
3. 掌握从装配图中拆画零件图的操作方法
4. 掌握零件图的输出

素养目标

1. 装配图绘制项目包含全套图纸分析与绘制，任务重，难度大，通过绘制装配图的项目训练，在实践中注重让学生"敢闯会创"，在亲身参与中增强创新精神和创造意识
2. 增长学生的智慧才干，在艰苦奋斗中锤炼意志

参考学时

8

任务 5.1 根据零件图绘制机用虎钳装配图

本任务将利用机用虎钳的零件图（见 5.1.3 中相关零件图）完成其装配图，如图 5-1和 5-2 所示。

5.1.1 任务学习

1. 新建文件

启动 AutoCAD 2023，选择"文件"菜单中的"新建"命令，打开"选择模板"对话框，选择"acadiso.dwt"样板，单击"打开"按钮，进入 AutoCAD 绘图窗口（装配图绘制方法）。

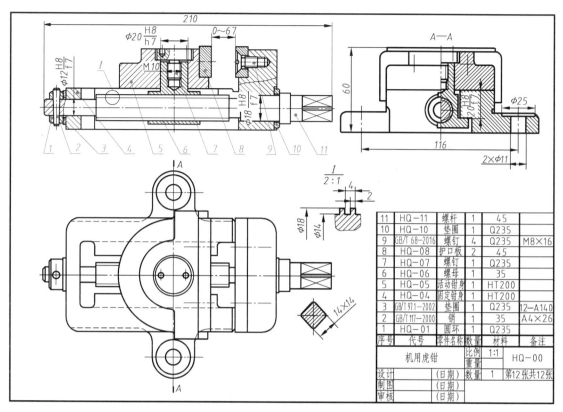

11	HQ—11	螺杆	1	45	
10	HQ—10	垫圈	1	Q235	
9	GB/T 68—2016	螺钉	4	Q235	M8×16
8	HQ—08	护口板	2	45	
7	HQ—07	螺钉	1	Q235	
6	HQ—06	螺母	1	35	
5	HQ—05	活动钳身	1	HT200	
4	HQ—04	固定钳身	1	HT200	
3	GB/T 97.1—2002	垫圈	1	Q235	12—A140
2	GB/T 117—2000	销	1	35	A4×26
1	HQ—01	圆环	1	Q235	
序号	代号	零件名称	数量	材料	备注

机用虎钳	比例	1:1	HQ—00
	重量		
设计	(日期)	数量	1	第12张共12张
制图	(日期)		
审核	(日期)		

图 5-1 机用虎钳的装配图

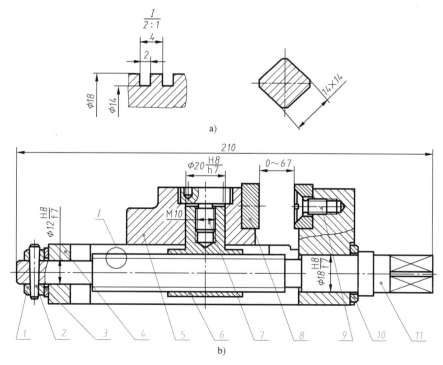

图 5-2 装配图

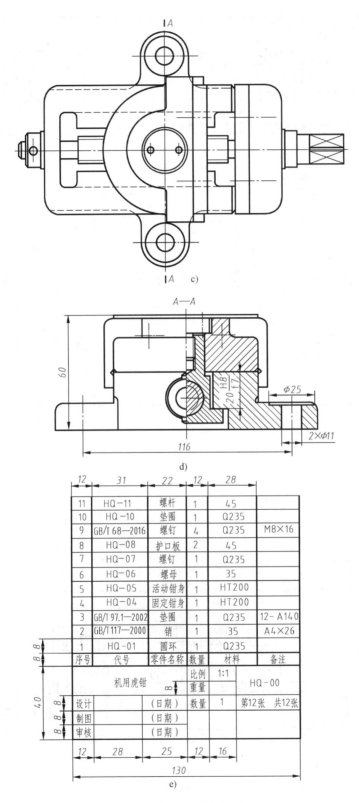

图 5-2 装配图（续）

2. 设置绘图环境

用"图层特性管理器"设置新图层，图层设置要求如图 5-3 所示。

图 5-3 "图层特性管理器"新建图层的设置

3. 绘制图幅和标题栏

利用直线、偏移和文字添加等命令，完成 A3 图幅和标题栏的绘制，如图 5-4 所示。绘制方法可参考本书中的 4.1.1 节。

注：A3 图幅是 297mm×420mm。

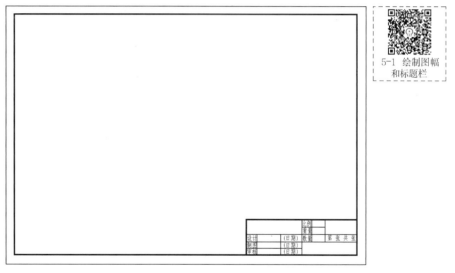

图 5-4 图幅和标题栏

4. 绘制装配体

1）将零件图中所有的尺寸标注层关闭，如图 5-5 所示。

图 5-5 标注层关闭

注： ☼/❄ 可将该图层解冻/冻结。当图层冻结时，所有尺寸标注将不会显示在绘图区，同时可以加快绘图编辑的速度。对于 ◎/◎（开/关闭）功能只能单纯将图形隐藏，不会加快绘图编辑的执行速度。

2）在键盘上依次按下〈Ctrl+C〉、〈Ctrl+V〉快捷键，将固定钳身复制并粘贴到图框中，如图5-6所示。

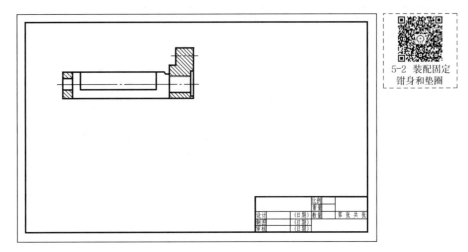

5-2 装配固定
钳身和垫圈

图5-6 插入"固定钳身"

3）利用〈Ctrl+C〉、〈Ctrl+V〉快捷键将垫圈插入到图框中，利用镜像命令▲▲、旋转命令○将零件镜像并旋转180°。再利用移动命令✦，将垫圈安装在固定钳身上，使垫圈的端面与固定钳身的右端台阶孔的内表面重合。利用修剪命令修剪多余的线条，如图5-7所示。

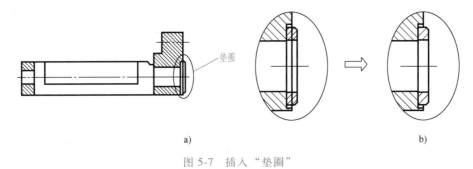

垫圈

a)   b)

图5-7 插入"垫圈"
a）插入"垫圈" b）修剪多余线条

4）利用〈Ctrl+C〉、〈Ctrl+V〉快捷键将螺杆插入到图框中，利用移动命令✦，将螺杆安装在固定钳身上，使螺杆的端面与垫圈的右端面重合，利用修剪命令修剪多余的线条，如图5-8所示。

5-3 装配螺杆

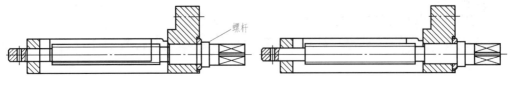

螺杆

a)   b)

图5-8 插入"螺杆"
a）插入"螺杆" b）修剪多余线条

5）利用〈Ctrl+C〉、〈Ctrl+V〉快捷键将垫圈插入到图框中，利用移动命令✛，将垫圈安装在螺杆上，使固定钳身的左端面与垫圈的右端面重合，如图 5-9 所示。

6）利用〈Ctrl+C〉、〈Ctrl+V〉快捷键将圆环插入到图框中，利用移动命令✛，将圆环安装在螺杆上，使圆环的右端面与垫圈的左端面重合，如图 5-10 所示。

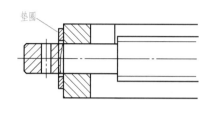

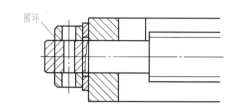

5-4 装配垫圈和圆环

图 5-9 插入"垫圈"　　　　　图 5-10 插入"圆环"

7）利用修剪命令、填充命令等修改多余的线条，如图 5-11 所示。

8）利用〈Ctrl+C〉、〈Ctrl+V〉快捷键将活动钳身插入图框中，利用移动命令✛，将活动钳身安装在固定钳身上，使活动钳身的底面与固定钳身的底面重合，修剪多余的线条，如图 5-12 所示。

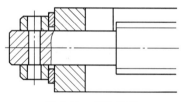

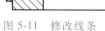

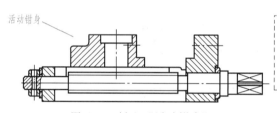

5-5 装配活动钳身

图 5-11 修改线条　　　　　图 5-12 插入"活动钳身"

9）利用〈Ctrl+C〉、〈Ctrl+V〉快捷键将螺母插入图框中，利用移动命令✛，将螺母安装在螺杆上，使螺纹联接，如图 5-13 所示。根据国家制图规范，修改线条，如图 5-14 所示。

5-6 装配螺母

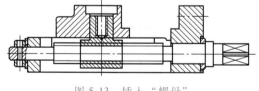

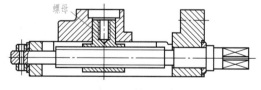

图 5-13 插入"螺母"　　　　　图 5-14 修改线条

10）利用〈Ctrl+C〉、〈Ctrl+V〉快捷键将螺钉插入图框中，利用移动命令✛，将螺钉安装在螺母上，使螺纹联接，螺钉头部的下端面与活动钳身沉头孔底部端面重合，修改线条，如图 5-15 所示。

5-7 装配螺钉1　　5-8 装配护口板

11）利用〈Ctrl+C〉、〈Ctrl+V〉快捷键将护口板插入图框中，利用移动命令✛，将护口板安装在活动钳身上，使护口板的左端面与活动钳身的右端面重合，同时护口板的下端面与活动钳身的台阶底面重合，完成两块护口板的插入，如图 5-16 所示。

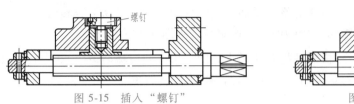

图 5-15　插入"螺钉"

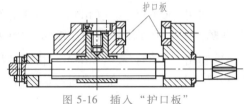

图 5-16　插入"护口板"

12）利用〈Ctrl+C〉、〈Ctrl+V〉快捷键将螺钉插入图框中，利用移动命令✛，将螺钉安装在护口板上，使螺纹联接，螺钉头部的下端面与护口板的锥度孔底部端面重合，如图 5-17 所示。

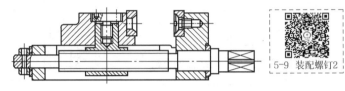

图 5-17　插入"螺钉"

5-9　装配螺钉2

5. 补全与修剪装配体

在适当的位置绘制销，同时利用"修改"工具栏对装配体的细节部分进行修剪，结果如图 5-18 所示（修剪技巧）。

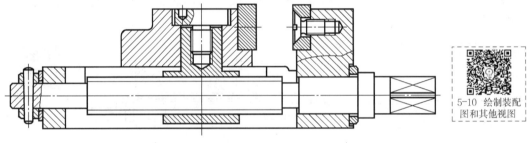

5-10　绘制装配图和其他视图

图 5-18　补全与修剪装配体

6. 绘制装配体的俯视图和左视图

利用同样的方法绘制俯视图和左视图，修改并添加线条，完成俯视图和左视图，结果如图 5-19 所示。

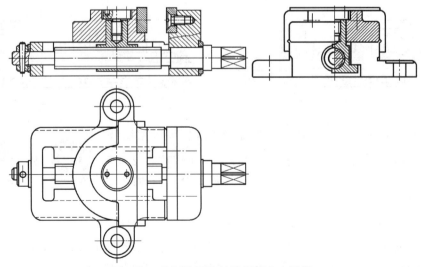

图 5-19　绘制装配体的俯视图和左视图

7. 补全装配体

将装配体中未表达清楚的内容通过局部放大视图或断面图等表达清楚与完善，结果如图 5-20 所示。

图 5-20　补全装配体

8. 标注装配体

（1）尺寸标注

设置标注样式，然后利用"标注"工具栏中的相关标注命令，对装配图进行尺寸标注。

（2）编写零件序号

1）设置多重引线样式。

5-11 尺寸标注　　5-12 装配序号设置

单击"格式"菜单栏中的"多重引线样式"按钮，系统弹出"多重引线样式管理器"，单击"新建"，输入新样式名"标注序号"，单击"继续"按钮，修改多重引线样式。其中，箭头大小设置为 3，箭头符号设置为"小点"，"文字角度"设置为"保持水平"，"文字高度"设置为 7，设置文字样式和引线连接，让引线位于文字下方，如图 5-21 所示。

单击"确定"按钮，返回"多重引线样式管理器"对话框，单击"置为当前"，然后关闭对话框。

图 5-21　设置多重引线样式

注：文字样式为"数字"，参见任务 4.2 文字样式设置。

2）单击"标注"菜单栏中的"多重引线"按钮，从装配图左边开始，沿装配体表面逆时针顺序依次给各个零件进行编号，结果如图 5-22 所示。

5-13 装配序号标注

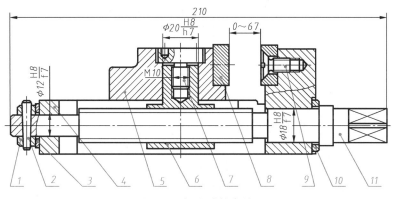

图 5-22　标注零件序号

9. 填写标题栏和绘制明细栏

利用直线命令 ✏ 或插入表格命令 ▦ 绘制明细栏，再利用"添加文字"命令填写标题栏和明细栏，结果如图 5-23 所示，完成机用虎钳装配图的绘制。

5-14 填写标题栏和绘制明细栏

5.1.2 任务注释

1. 装配图绘制方法

装配图不仅表达了部件的设计构思、工作原理和装配关系，还表达了各零件间的相互位置关系、尺寸及结构形状。它是绘制零件工作图和部件组装、调试及维护等的技术依据。

（1）装配图的内容

● 一组图形：用一般表达方法和特殊表达方法，正确、完整、清晰和简便地表达装配体的工作原理、零件之间的装配关系，连接关系和零件的主要结构形状。

5-15 装配图的内容

11	HQ-11	螺杆	1	45	
10	HQ-10	垫圈	1	Q235	
9	GB/T 68-2016	螺钉	4	Q235	M8×16
8	HQ-08	护口板	2	45	
7	HQ-07	螺钉	1	Q235	
6	HQ-06	螺母	1	35	
5	HQ-05	活动钳身	1	HT200	
4	HQ-04	固定钳身	1	HT200	
3	GB/T 97.1-2002	垫圈	1	Q235	12-A140
2	GB/T 117-2000	销	1	35	A4×26
1	HQ-01	圆环	1	Q235	
序号	代号	零件名称	数量	材料	备注

机用虎钳		比例	1:1	HQ-00	
		重量			
设计		（日期）	数量	1	第12张 共12张
制图		（日期）			
审核		（日期）			

图 5-23　绘制明细栏

● 必要的尺寸：在装配图上必须标注出表示装配体性能、规格的尺寸以及装配、检验、安装所需要的尺寸。

● 技术要求：用文字或符号说明装配体的性能、装配、检验、调试和使用等方面的要求。

● 标题栏、零件的序号和明细栏：按一定的格式将零件、部件进行编号，并填写标题栏和明细栏，以便读图。

（2）装配图的绘制过程

绘制装配图时，要注意检验、校正零件的形状和尺寸，并纠正零件草图中的不妥或错误之处。

1）设置绘图环境。绘图前应当进行必要的设置，如绘图单位、图幅大小、图层线型、线宽、颜色、字体格式和尺寸格式等。尽量选择绘图比例 1:1。

2）根据零件草图、装配示意图绘制各零件图。为了方便在装配图中插入零件图，也可将每个零件以块形式保存，用"WBLOCK"命令即可。

3）调入装配干线上的主要零件（如轴），然后将装配干线展开，逐个插入相关零件。插入后，需要剪断不可见的线段。若以块插入零件，则在剪断不可见的线段前，应该分解插入块。

4）根据零件之间的装配关系，检查各零件的尺寸是否有干涉现象。

5）根据需要对图形进行缩放、布局排版，然后根据具体的尺寸样式标注好尺寸。最后完成标题栏与明细栏的填写，完成装配图的绘制。

2. 修剪技巧

装配图中，两个零件接触表面只绘制一条实线，非接触表面或非配合表面绘制两条实线，两个或两个以上零件的剖面图相互连接时，需要其剖面线各不相同，以便区分，但同一个零件在不同视图的剖面线必须保持一致。

5.1.3 任务中相关零件图

任务中相关零件图如图 5-24~图 5-34 所示。

注：序号 9、序号 2 和序号 3 为标准件，无须出工程图，为了便于读者装配，将尺寸具体给出，请参照图。

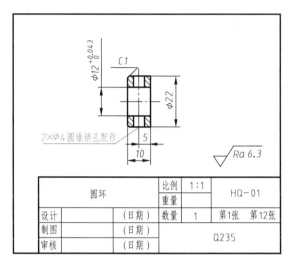

图 5-24 序号 1：圆环

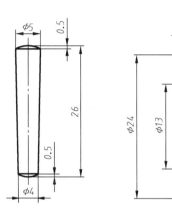

图 5-25 序号 2：销   图 5-26 序号 3：垫圈

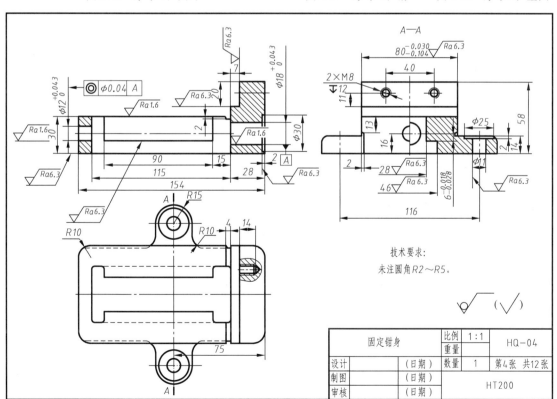

图 5-27 序号 4：固定钳身

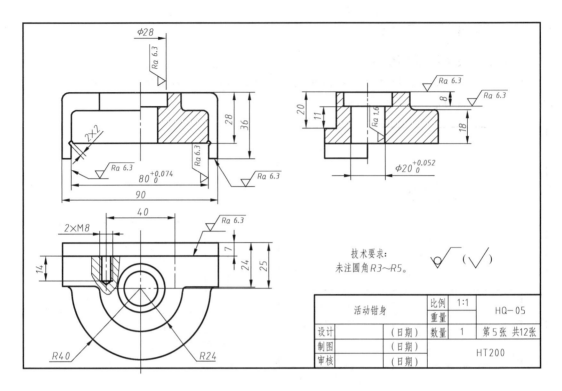

图 5-28　序号 5：活动钳身

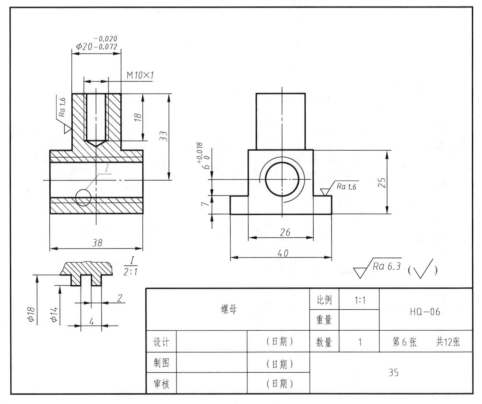

图 5-29　序号 6：螺母

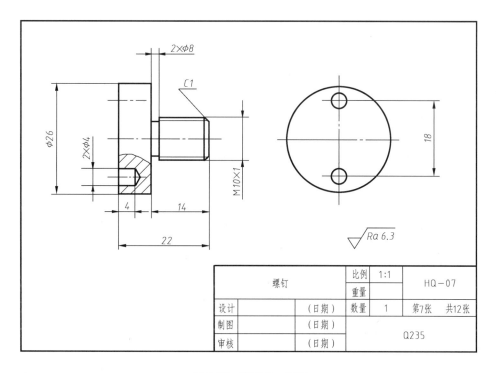

螺钉	比例	1:1	HQ—07
	重量		
设计	（日期）	数量	1	第7张 共12张
制图	（日期）		
审核	（日期）	Q235	

图 5-30　序号 7：螺钉

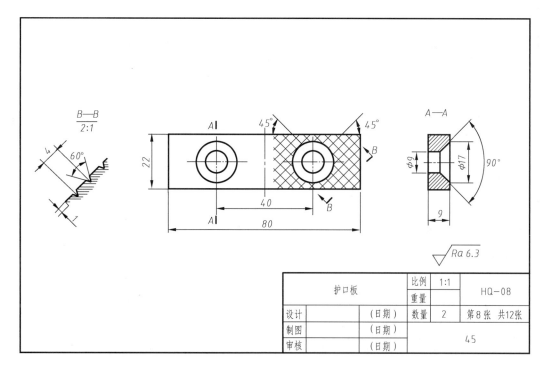

护口板	比例	1:1	HQ—08
	重量		
设计	（日期）	数量	2	第8张 共12张
制图	（日期）		
审核	（日期）	45	

图 5-31　序号 8：护口板

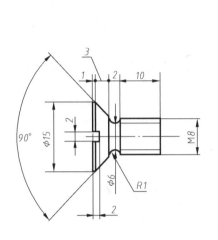

图 5-32　序号 9：螺钉

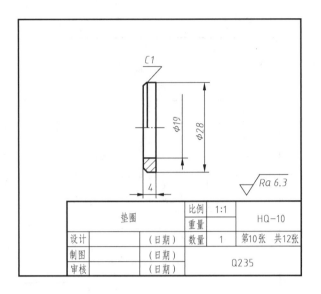

图 5-33　序号 10：垫圈

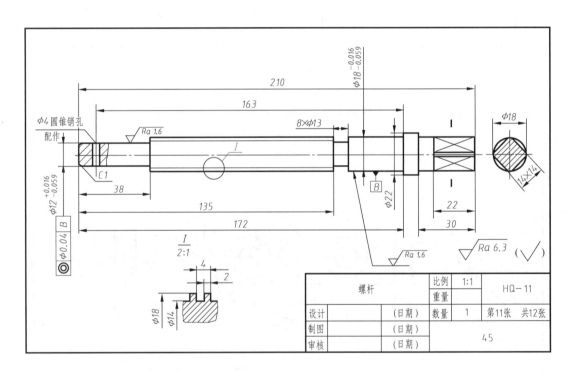

图 5-34　序号 11：螺杆

任务 5.2　根据溢流阀装配图拆出阀盖零件图

本任务将利用溢流阀的装配图拆出阀盖零件图，如图 5-35 所示为溢流阀的装配图。

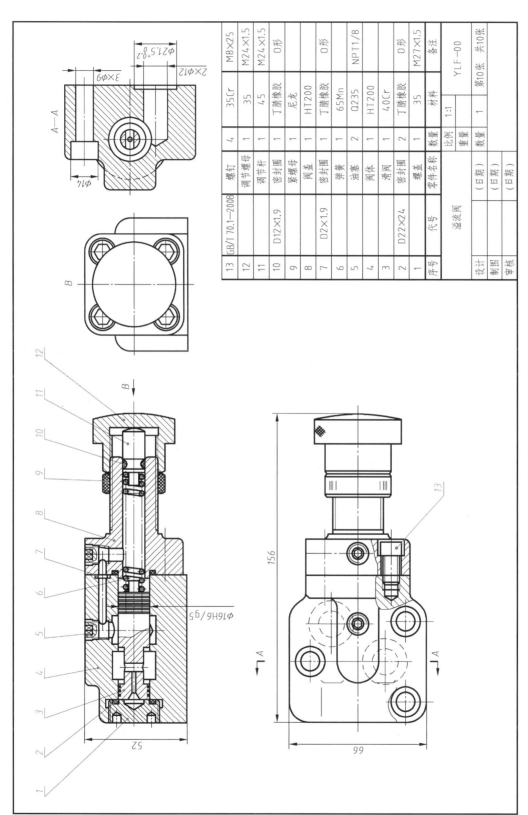

图 5-35　溢流阀的装配图

序号	代号	零件名称	数量	材料	备注
13	GB/T 70.1—2008	螺钉	4	35Cr	M8×25
12		调节螺母	1	35	M24×1.5
11		调节杆	1	45	M24×1.5
10	D12×1.9	密封圈	1	丁腈橡胶	O形
9		紧螺母	1	尼龙	
8		阀盖	1	HT200	
7	D2×1.9	密封圈	1	丁腈橡胶	O形
6		弹簧	1	65Mn	
5		油塞	2	Q235	NPT1/8
4		阀体	1	HT200	
3		滑阀	1	40Cr	
2	D22×24	密封圈	2	丁腈橡胶	O形
1		螺盖	1	35	M27×1.5

	溢流阀	比例	1:1	YLF—00
		重量	第10张 共10张
设计	（日期）	数量	1
制图	（日期）	
审核	（日期）	

5.2.1　任务学习

1. 看装配图

从装配图中可以看出，该部件叫溢流阀，共由13种零件组成，其中8种零件为标准件。阀盖通过4个螺钉与阀体联接，同时阀盖与油塞螺纹联接。

2. 分离零件——拆阀盖

（1）拆画主视图

根据零件剖面线的方向、间隔和投影关系，找到阀盖零件对应的三视图，将其分离出来。如图5-36所示为阀盖从装配体中分离出来的主视图。

（2）拆画俯视图和左视图

利用同样的方法，根据投影的"三等"关系，分离出阀盖的俯视图和向视图B，并修改线条，如图5-37所示。

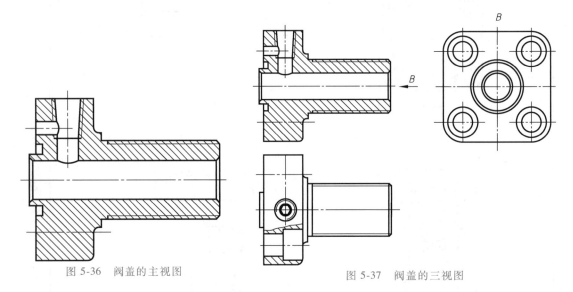

图5-36　阀盖的主视图

图5-37　阀盖的三视图

3. 画阀盖零件图

零件图的视图表达不能照抄装配图，应根据零件的特点重新选择视图表达方法，如图5-38所示。

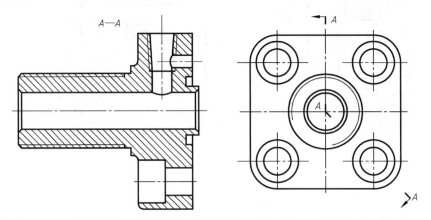

图5-38　阀盖零件的视图表达

4. 标注阀盖零件

标注装配图中已有的尺寸。其余尺寸根据装配图的比例从图中量取。注意装配图中相关零件间的尺寸和表面粗糙度的协调。标注几何公差和表面粗糙度。如图 5-39 所示。

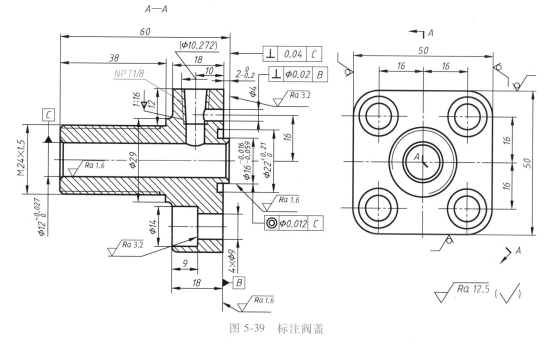

图 5-39 标注阀盖

5. 插入图框与标题栏

将已创建好的图框和标题栏复制粘贴在绘图区（或以块形式插入图框和标题栏），填写标题栏和技术要求，如图 5-40 所示。

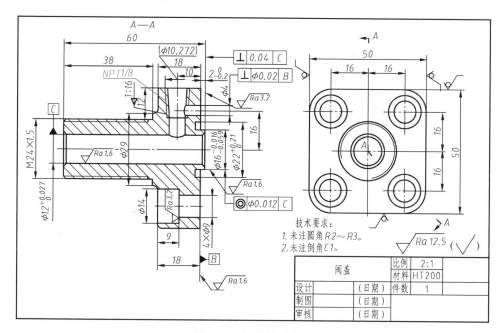

图 5-40 阀盖的零件图

5.2.2 任务注释

从装配图中拆画零件图的方法：在设计过程中，一般先画装配图，再根据装配图拆画零件图，这一环节称为拆图。拆图要在看懂装配图的基础上进行，并按零件图的内容和要求，画出零件图。

（1）看懂装配图

1）了解概况。看装配图时，首先通过标题栏、明细栏了解机器或部件的名称，以及所有零件的名称、数量、材料及其标准件的规格，并在视图中找出相应零件所在的位置。其次浏览一下所有的视图、尺寸和技术要求。

2）分析视图，了解工作原理。

3）了解各零件间的装配连续关系。

（2）分离零件

在看懂装配图的基础上，根据零件的剖面线方向、间隔和投影关系，分离出各个零件。

（3）画零件图

在看懂零件的结构形状后，就可以拆出各个零件的零件图。

5.2.3 任务中拆出的阀体零件图

任务中拆出的阀体零件图如图 5-41 所示。

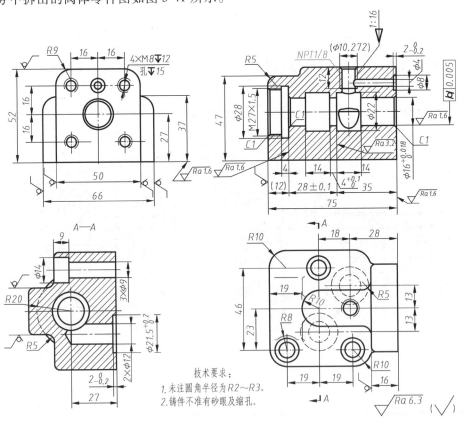

图 5-41 阀体

任务5.3 学习图形的输出

本任务将完成机用虎钳中螺杆零件图的打印输出，螺杆的零件图如图 5-42 所示。

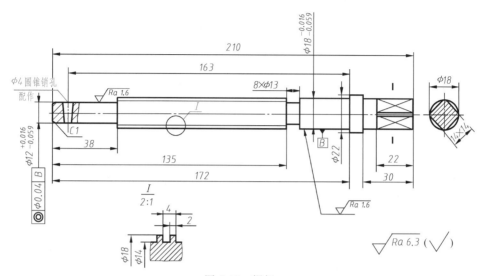

图 5-42 螺杆

5.3.1 任务学习

1. 绘制螺杆

螺杆的绘制这里不再介绍说明。

2. 插入样本文件

1）右键单击"模型""布局 1"或"布局 2"标签，如图 5-43 所示，在弹出的菜单中选择"从样板"（模型空间与布局空间）。

2）系统弹出"从文件选择样板"对话框，在对话框中双击文件夹"SheetSets"，选择文件"Manufacturing Metric.dwt"，如图 5-44 所示。

图 5-43 快捷菜单

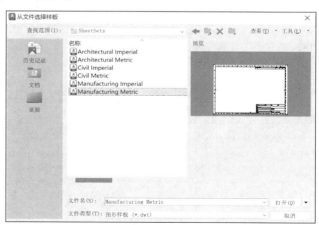

图 5-44 "从文件选择样板"对话框

3）单击"打开"按钮，系统弹出"插入布局"对话框，如图 5-45 所示。

4）单击"确定"按钮，在"布局名称"面板中会出现"ISO A3 标题栏"标签，单击该标签，如图 5-46 所示。

5）双击该布局中的标题栏，系统会弹出"增强属性编辑器"对话框，如图 5-47 所示，在"属性"选项卡中设置各列表的标记值，如图 5-48 所示。

6）单击菜单栏"视图"→"视口"→"一个视口"命令，然后在布局中的绘图区用鼠标窗选一个矩形区域，则在模型页绘制的图形就会显示出来（视口），如图 5-49 所示。

图 5-45 "插入布局"对话框

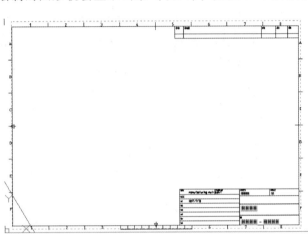

图 5-46 "ISO A3 标题栏"标签

图 5-47 "增强属性编辑器"对话框

图 5-48 修改后的标题栏

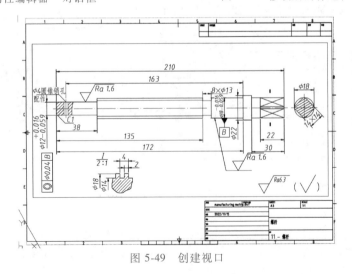

图 5-49 创建视口

3. 调整视图

双击布局框内任意位置，布局边框线变为粗黑线，则螺杆的零件图处于可编辑状态。移动零件图至合适的位置，调整视图至合适的大小。调整完毕后，在布局边框外任意位置双击，即可退出图形的编辑状态。

4. 设置打印模式

单击"标准"工具栏→"打印"按钮🖨，系统会弹出"打印—ISO A3 标题栏"对话框，进行打印设置（输出图形），如图 5-50 所示。

完成设置后，单击"预览"按钮，可以看到打印预览的效果，如图 5-51 所示。

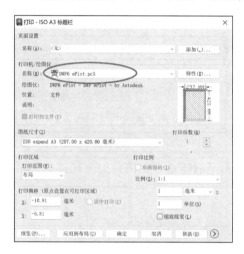

图 5-50 "打印—ISO A3 标题栏"对话框

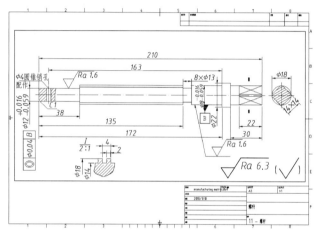

图 5-51 打印预览效果

注：若视口的边界不显示，关闭视口边界所在图层即可。

5. 保存打印视图

预览效果满意时，在预览效果图展示的状态下，右击，在弹出的快捷菜单中选择"打印"选项，如图 5-52 所示。系统弹出"浏览打印文件"对话框，设置文件保存的路径、文件名称及类型等，如图 5-53 所示。单击"保存"按钮，保存文件。

图 5-52 快捷菜单

图 5-53 "浏览打印文件"对话框

5.3.2 任务注释

1. 模型空间与布局空间

模型空间和布局空间是 AutoCAD 的两个工作空间。

（1）模型空间

模型空间是图形的设计、绘图空间，可以根据需要绘制多个图形用以表达物体的具体结构，还可以添加必要的标注尺寸和文字注释等操作。在绘图过程中，只涉及一个视图时，在模型空间即可完成图形的绘制、打印操作。

（2）布局空间

布局空间可以看作由一张图纸构成的平面，且该平面与绘图区平行。布局空间主要用于打印输出图样时对图形的排列与编辑。

使用状态栏中的快速查看工具可以快速查看模型和布局，如图 5-54 所示。

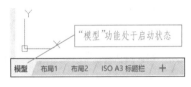

图 5-54 模型和布局查看

2. 视口

视口是指在模型空间中显示图形的某个部分区域。为了清晰地观察图形的不同部分，可以在绘图区上同时建立多个视口。

3. 输出图形

（1）模型空间打印图形

在模型空间中，不仅可以完成图形的绘制、编辑，同样也可以直接输出图形。

1）输入命令。

输入命令可以采用下列方法之一。

- 工具栏：单击"标准"工具栏的"打印"按钮 🖶 。
- 菜单栏：选取"文件"菜单→"打印"命令。
- 命令行：键盘输入"PLOT"。

2）操作格式。

执行命令后，系统会打开"打印-模型"对话框，如图 5-55 所示。

3）说明。

在对话框中，包含"页面设置""打印机/绘图仪""打印区域""打印偏移""打印比例"等选项组和"图纸尺寸"下拉列表、"打印份数"文本框和"预览"按钮等。

①"页面设置"选项组。

- "名称"下拉列表：用于选择已有的页面设置。
- "添加"按钮：用于打开"用户定义页面设置"对话框，用户可以新建、删除、输入页面设置。

②"打印机/绘图仪"选项组。

- "名称"下拉列表：用于选择已经安装的打印设备。

- "特性"按钮：用于打开"绘图仪配置编辑器"对话框，如图5-56所示。

③ "图纸尺寸"下拉列表。该下拉列表用于选择图纸尺寸。

④ "打印区域"选项组。

"打印范围"下拉列表：用于在打印范围内，选择打印的图形区域。

⑤ "打印偏移"选项组。

- "居中打印"复选框：用于居中打印图形。

- "X""Y"文本框：用于设定在 X 与 Y 方向上的打印偏移量。

⑥ "打印份数"文本框。该文本框用于指定打印的份数。

⑦ "打印比例"选项组。该选项组用于控制图形单位与打印单位之间的相对尺寸，打印布局时，默认缩放比例设置为 1∶1。选择从"模型空间"选项卡打印时，默认设置为"布满图纸"。

⑧ "单位"文本框。该文本框用于自定义输出单位。

⑨ "缩放线宽"复选框。该复选框用于控制线宽输出形式是否受此比例影响。

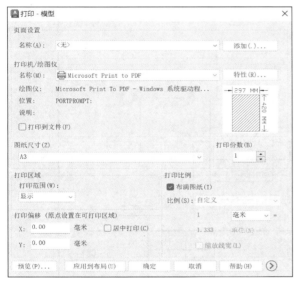

图 5-55 "打印-模型"对话框

图 5-56 "绘图仪配置编辑器"对话框

⑩ "预览"按钮。该按钮用于预览图形的输出效果。

（2）布局空间打印图形

通过布局空间输出图形时可以在布局中规划视图的位置和大小。本任务中，螺杆零件图的输出就利用了布局空间打印图形的方法。

在布局输出图形前，仍然要对打印的图形进行页面设置，然后再输出图形。其输出的命令和操作与模型空间的输出图形相似。

（3）输出其他格式文件

AutoCAD 以 DWG 格式保存自身图形文件，但这种格式不能适合其他软件平台或应用软件。AutoCAD 可以输出多种格式，供用户在不同的软件之间交换数据。AutoCAD 能输出的文件类型有 DXF（图形交换格式）、EPS（封装 Postscript）、ACIS（实体造型系统）、BMP

（位图）、WMF（Windows 图元）、STL（平版印刷）和 DXX（属性数据提取）等文件格式。

以图 5-42 螺杆为例，将所绘制的图形转换成 BMP 格式。

1）输入命令。

菜单栏：选取"文件"菜单→"输出"命令。

2）操作格式。

执行命令后，系统会打开"输出数据"对话框。在该对话框的"文件类型"下拉列表中选择"位图（＊.bmp）"选项，选择一个合适的路径和文件名，单击"保存"按钮，系统会返回到绘图区，用窗选的方式选择要进行转换的图形，按〈Enter〉键，完成图形从DWG 格式向 BMP 格式的转换与保存。

5.3.3 知识拓展

在模型空间中完成图 5-57 螺母图形的 PDF 打印输出。

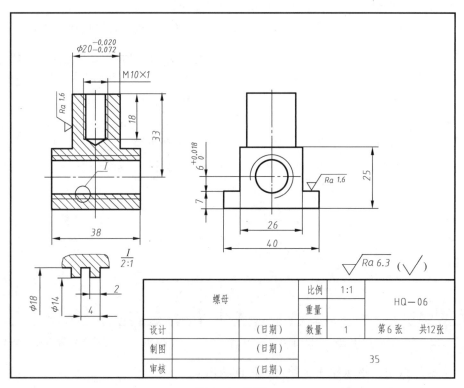

图 5-57　螺母

1. 绘制螺母零件

绘制螺母零件的步骤不再说明。

2. 发布图形

单击菜单栏上"文件"菜单→"打印"命令，系统弹出"打印-模型"对话框，如图 5-58所示。

在对话框中进行设置：

- "打印机/绘图仪"选项组的"名称"下拉列表中选择"AutoCAD PDF（High Quality

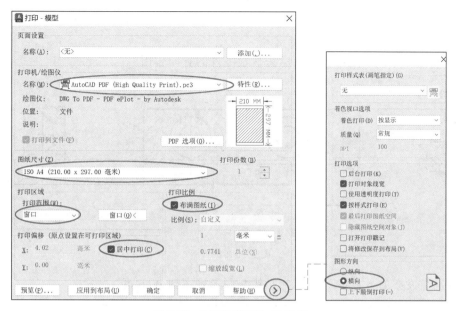

图 5-58 "打印-模型"对话框

Print).pc3";

- "图纸尺寸"下拉列表中选择"ISO A4（210.00×297.00毫米）";
- 选中"居中打印"复选框；
- "打印比例"选项组选中"布满图纸"复选框；
- "打印区域"选项组的"打印范围"下拉列表中选择"窗口"。

此时系统进入绘图区，在绘图区用框选的方式选择要打印的图纸，选择完毕后，系统重新返回"打印-模型"对话框。

单击箭头⊘，"打印-模型"对话框展开，选择图纸方向"横向"，如图5-58所示。

单击"预览"按钮，可以看到打印预览的效果，按〈Esc〉或〈Enter〉键返回"打印-模型"对话框。确认无误后，单击"确定"按钮。

此时，系统将弹出"浏览打印文件"对话框，设置文件保存的图径、文件名称及类型等，如图5-59所示。单击"保存"按钮，保存文件，完成螺母图形的PDF打印输出。

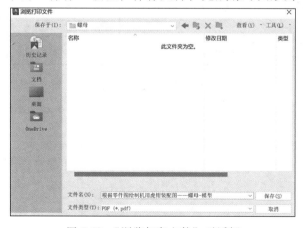

图 5-59 "浏览打印文件"对话框

5.3.4　课后练习

1. 在布局空间中完成图 5-60 所示护口板零件的打印输出。

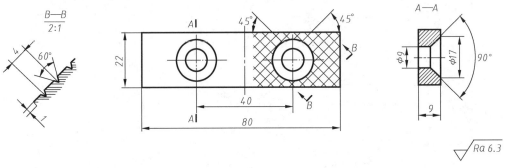

图 5-60　护口板

2. 用网上发布的方式将图 5-61 活动钳身图形发布到 Web 页。

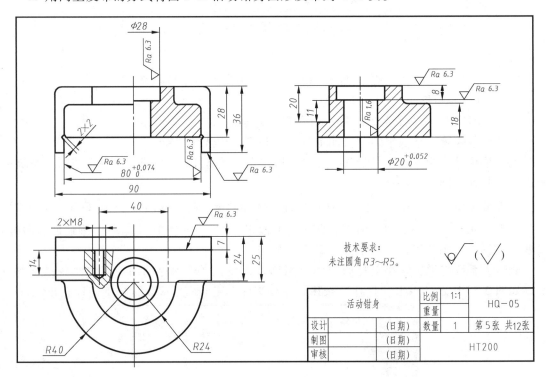

图 5-61　活动钳身

项目 6

综合课程设计项目

 **知识目标**

通过综合训练巩固学生所学知识（知识点查漏补缺）

技能目标

保证绘图质量的基础上，提升 CAD 绘图技能与速度（学生自行绘制完成）

素养目标

1. 装配图绘制项目包含全套图纸分析与绘制，任务重，难度大，通过绘制装配图的项目训练，在实践中注重让学生"敢闯会创"，在亲身参与中增强创新精神和创造意识

2. 增长学生的智慧才干，在艰苦奋斗中锤炼意志

参考学时

大于 10

任务 6.1　课程设计（一）——联接轴的绘制

1. 培养目标

工程制图与 AutoCAD 基本知识；AutoCAD 绘图环境设置；零件图的绘制与尺寸标注。

2. 时间安排

时间要求：1~1.5h。

3. 项目任务（表 6-1）

表 6-1　课程项目分解过程

步骤	项目任务	项目具体内容
1	设置绘图边界	设置 Limits 210×297
2	设置图形单位	(1)长度类型为小数,精度为 0.000;单位为 mm
		(2)角度类型为十进制度数,精度为 0.0
3	设置图层	(1)图层名:粗实线;颜色:白色;线型:Continuous;线宽:0.70
		(2)图层名:细实线;颜色:蓝色;线型:Continuous;线宽:0.35
		(3)图层名:中心线;颜色:红色;线型:Center;线宽:0.35
		(4)图层名:虚线;颜色:黄色;线型:ACAD_ISO02W100;线宽:0.35

（续）

步骤	项目任务	项目具体内容
4	设置 文字样式	（1）样式名：数字；字体名：Gbeitc. shx；文字宽度因子：1；文字倾斜角度：0
		（2）样式名：汉字；字体名：Gbenor. shx；文字宽度因子：1；文字倾斜角度：0
5	设置尺寸 标注样式	（1）样式名：工程样式；箭头大小为3；文字样式设置为"数字"样式；文字高度设置 为3.5；文字对齐设置为ISO标准
		（2）样式名：角度；基于"工程样式"父样式的"角度"子样式；文字对齐设置为水平
6	绘制边框 和标题栏	绘制边框和标题栏，无需标注，保存为样板文件（∗. dwt），如图6-1所示 要求：文件名为"A4. dwt"
7	绘制零件图	利用模板，在模型空间绘制零件图，保存并打印成PDF格式

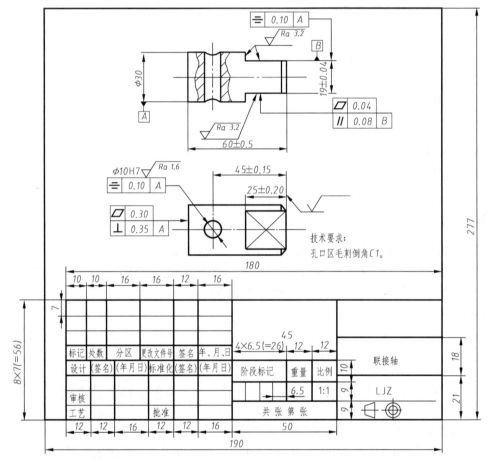

图 6-1 联接轴零件图

任务6.2 课程设计（二）——千斤顶的绘制

1. 目的意义

通过千斤顶相关零件图与装配图的绘制，让学生在学完课程后，能巩固所学知识、独立运用知识、分析问题以解决工程实际问题。

2. 任务要求

1）了解千斤顶的工作原理、结构特点和主要装配连接关系。

2）回顾总结零件图的绘制过程，完成全部非标准零件的绘制。

3）回顾总结装配图的绘制方法，完成千斤顶的装配图绘制。

3. 时间安排

1）时间要求：4~5 天。

2）安排如下。

① 了解与分析千斤顶的工作原理和结构特点：0.5 天。

② 绘制全部零件图：1~2 天。

③ 绘制装配图：1 天。

④ 打印、整理与答辩：1~1.5 天。

4. 任务作业注意事项

1）严格遵守作息时间，不能迟到、早退。

2）可以相互讨论与研究，但要培养自己的独立工作能力，严禁抄袭。

3）注意绘图中的保存，最好做备份，以防作业丢失。

5. 任务作业的步骤

1）了解千斤顶的工作原理、结构特点和主要装配连接关系。

2）设置绘图环境。绘图环境设置主要包括：绘图单位、图幅大小、线宽、线型、线的颜色、尺寸标注格式等。尽量选择 1：1 作图。

3）绘制全部零件图。绘制零件图时注意：各零件的比例尽量一致，并且零件尺寸必须准确，可用"WBLOCK"命令将每个零件定义成一个块，便于装配时插入。

4）绘制装配图。绘制装配图时，应根据各个零件之间的装配关系，检查各零件尺寸是否有干涉现象。

5）标注装配图，填写明细栏。

6）打印、整理与修改任务作业。

7）答辩。

本课程设计中的装配图及零件图如图 6-2~图 6-10 所示（可参见随书配套的电子素材文件）。

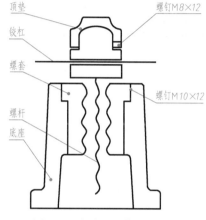

图 6-2 千斤顶的装配示意图

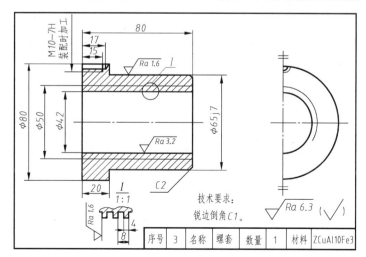

图 6-3 螺套

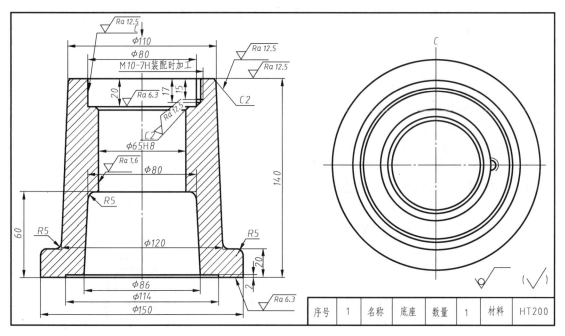

图 6-4   底座

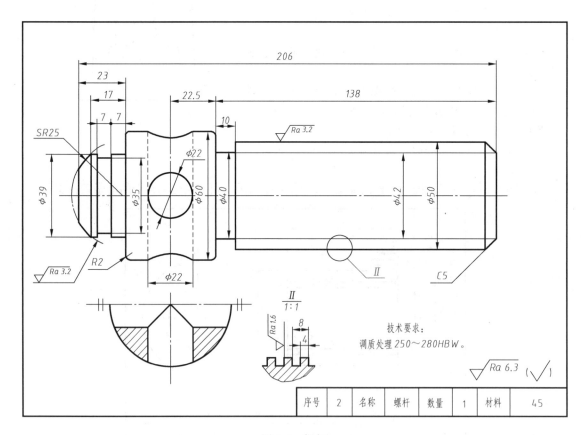

图 6-5   螺杆

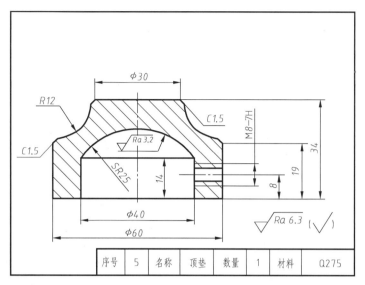

图 6-6　顶垫

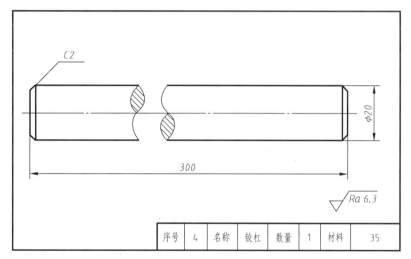

图 6-7　铰杠

注：根据国家标准查表绘制螺钉，如图 6-8 和图 6-9 所示。

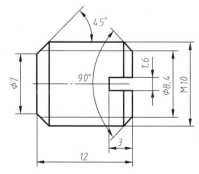

图 6-8　螺钉 M10×12 GB/T 73—2017

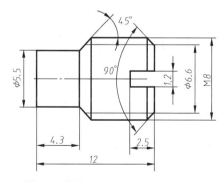

图 6-9　螺钉 M8×12 GB/T 75—2018

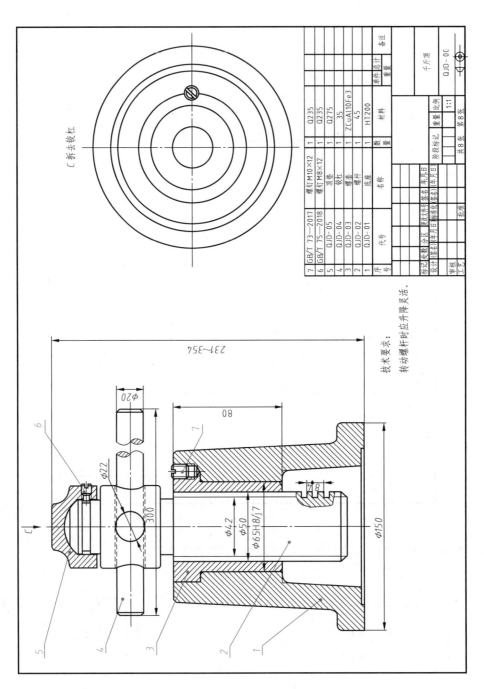

7	GB/T 73—2017	螺钉 M10×12	1	Q235	
6	GB/T 75—2018	螺钉 M8×12	1	Q235	
5	QJD-05	顶垫	1	Q275	
4	QJD-04	铰杠	1	35	
3	QJD-03	螺套	1	ZCuAl10Fe3	
2	QJD-02	螺杆	1	45	
1	QJD-01	底座	1	HT200	
序号	代号	名称	数量	材料	备注

技术要求：
转动螺杆时应升降灵活。

图 6-10 千斤顶装配图

任务6.3 课程设计（三）——液压缸的绘制

1. 目的意义

通过液压缸相关零件图与装配图的绘制，让学生在学完课程后，能独立运用知识、分析问题以解决工程实际问题。

2. 任务要求

1）了解液压缸的工作原理、结构特点和主要装配连接关系。

2）回顾总结零件图的绘制过程，完成全部非标准零件的绘制。

3）回顾总结装配图的绘制方法，完成液压缸的装配图绘制。

3. 时间安排

1）时间要求：1~2周。

2）安排如下。

① 了解与分析液压缸的工作原理和结构特点：0.5天。

② 绘制全部零件图：3~4天。

③ 绘制装配图：1~2天。

④ 整理及答辩：1~2天。

4. 任务作业注意事项

1）严格遵守作息时间，不能迟到、早退。

2）可以相互讨论与研究，但要培养自己的独立工作能力，严禁抄袭。

3）注意绘图中的保存，最好做备份，以防作业丢失。

5. 任务作业的步骤

1）了解液压缸的工作原理、结构特点和主要装配连接关系。

2）设置绘图环境。绘图环境设置主要包括：绘图单位、图幅大小、线宽、线型、线的颜色、尺寸标注格式等。尽量选择1:1作图。

3）绘制全部零件图。绘制零件图时注意：各零件的比例尽量一致，并且零件尺寸必须准确，可用"WBLOCK"命令将每个零件定义成一个块，便于装配时插入。

4）绘制装配图。绘制装配图时，应根据各个零件之间的装配关系，检查各零件尺寸是否有干涉现象。

5）标注装配图，填写明细栏。

6）整理与修改任务作业。

7）答辩。

本课程设计中的装配图及零件图如图6-11~图6-17所示（可参见随书配套的电子素材文件）。

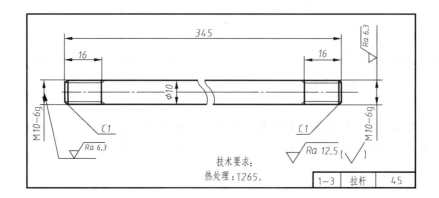

图 6-11　拉杆

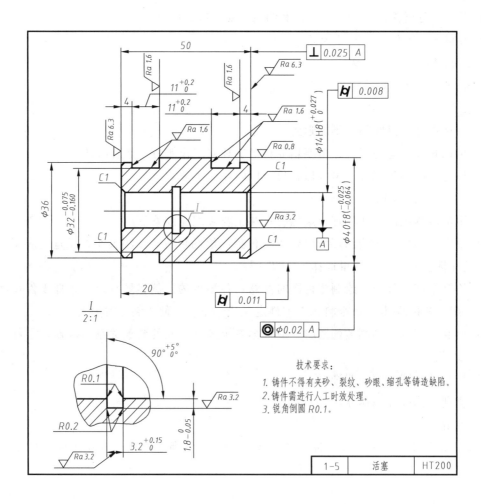

图 6-12　活塞

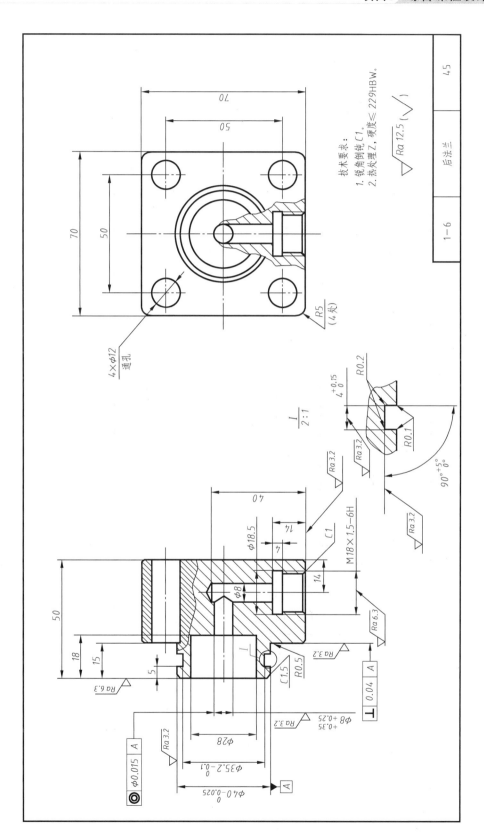

图6-13 后法兰

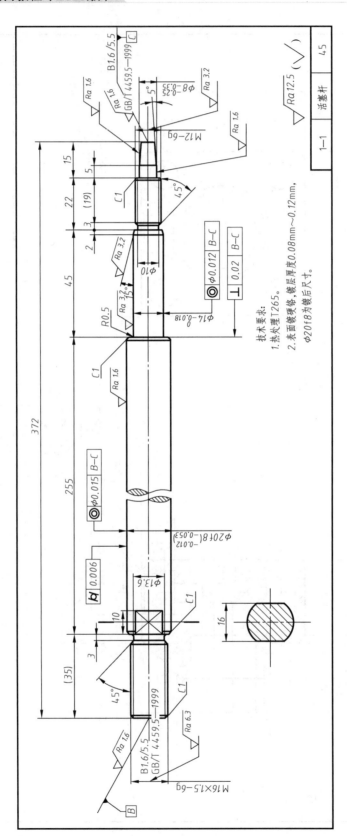

图6-14 活塞杆

技术要求:
1. 热处理T265。
2. 表面镀硬铬，镀层厚度0.08mm～0.12mm，
   φ20f8为镀后尺寸。

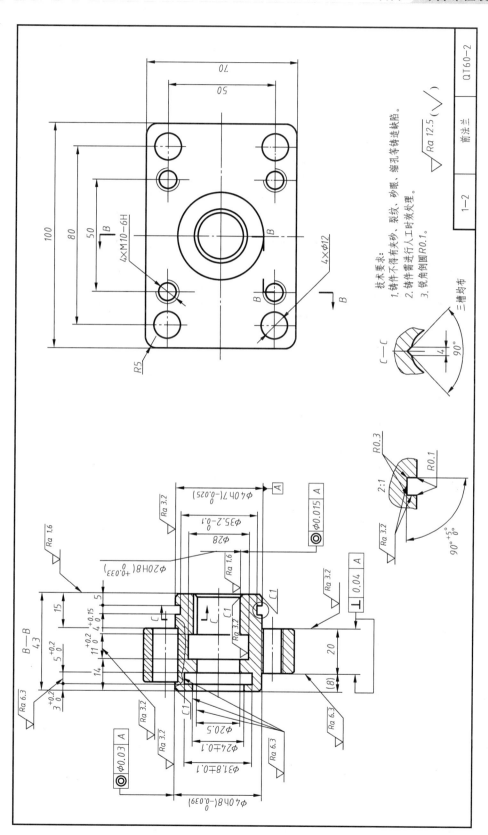

图 6-15 前法兰

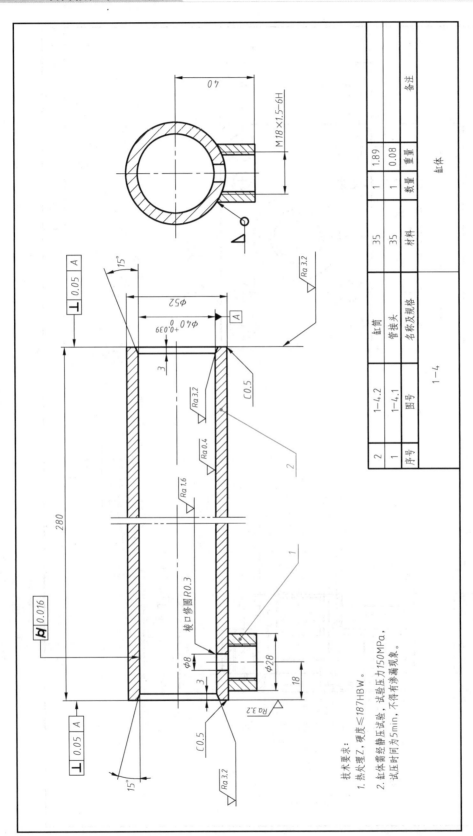

技术要求：
1. 热处理Z，硬度≤187HBW。
2. 缸体需经静压试验，试验压力150MPa，
   试压时间为5min，不得有渗漏现象。

序号	图号	名称及规格	材料	数量	重量	备注
2	1-4.2	缸筒	35	1	1.89	
1	1-4.1	管接头	35	1	0.08	
	1-4			缸体		

图 6-16 缸体

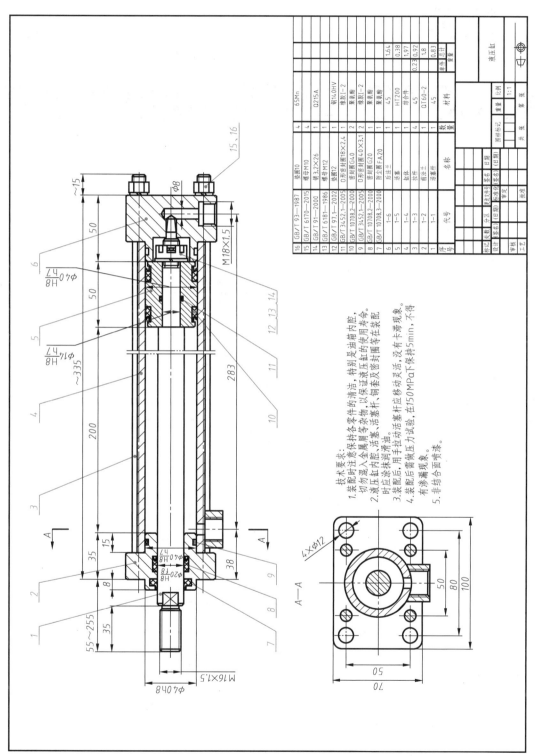

图 6-17 液压缸装配图

AutoCAD二维制图快捷键速查

1. 切换与屏幕管理

切换常规功能	
键	功能
Ctrl+D	切换坐标显示
Ctrl+E	循环等轴测平面
Ctrl+F	切换执行对象捕捉
Ctrl+G	切换网格
Ctrl+H	切换拾取样式
Ctrl+Shift+H	切换隐藏托盘
Ctrl+I	切换坐标
Ctrl+Shift+I	切换推断约束
管理屏幕	
键	功能
Ctrl+0（零）	切换"全屏显示"
Ctrl+1	切换"特性"选项板
Ctrl+2	切换"设计中心"选项板
Ctrl+3	切换"工具"选项板
Ctrl+4	切换"图纸集管理器"选项板
Ctrl+6	数据库连接管理器
Ctrl+7	切换"标记集管理器"选项板
Ctrl+8	切换"快速计算器"选项板
Ctrl+9	切换"命令行"窗口
管理图形	
键	功能
Ctrl+A	选择所有对象
Ctrl+N	新建图形
Ctrl+O	打开图形

（续）

管理图形	
键	功能
Ctrl+P	"打印"对话框
Ctrl+Page Up	切换到当前图形中的上一个选项卡
Ctrl+Page Down	切换到当前图形中的下一个选项卡
Ctrl+Q	退出
Ctrl+S	保存图形
Ctrl+Shift+Tab	切换到上一图形
Ctrl+Tab	切换到下一个图形

切换图形模式	
键	功能
F1	显示帮助
F2	切换展开的历史记录
F3	切换对象捕捉模式
F4	切换三维对象捕捉
F5	切换等轴测平面
F6	切换动态 UCS
F7	切换网格模式
F8	切换正交模式
F9	切换捕捉模式
F10	切换极轴模式
F11	切换对象捕捉追踪
F12	切换动态输入模式

管理工作流	
键	功能
Ctrl+C	复制对象
Ctrl+Shift+C	带基点复制到剪贴板
Ctrl+V	粘贴对象
Ctrl+Shift+V	将数据粘贴为块
Ctrl+X	剪切对象
Ctrl+Y	恢复上次操作
Ctrl+Z	撤销上一操作
Ctrl+[	取消当前命令（或 Ctrl+\）
ESC	取消当前命令

2. AutoCAD 二维制图常用命令（热键 A～Z）

绘图命令		
键	命令	命令名称
A	ARC	圆弧
B	BLOCK	块定义
BH	HATCH	图案填充
BO	BOUNDARY	从封闭区域创建面域或多段线
C	CIRCLE	圆
DIV	DIVIDE	定数等分
DO	DONUT	圆环
DT	DTEXT	单行文本
GD	GRADIENT	渐变色填充
H	HATCH	图案填充
I	INSERT	插入块
L	LINE	直线
ME	MEASURE	定距等分
ML	MLINE	多线
MT	MTEXT	多行文本
PL	PLINE	多段线
PO	POINT	点
POL	POLYGON	正多边形
REC	RECTANGLE	矩形
REG	REGION	面域
SPL	SPLINE	样条曲线
T	MTEXT	多行文本
TB	TABLE	创建表格
W	WBLOCK	定义块文件
XL	XLINE	构造线
	SKETCH	徒手绘图

修改命令		
键	命令	命令名称
AL	ALIGN	对齐二维对象
AR	ARRAY	阵列
BR	BREAK	打断
CHA	CHAMFER	倒角
CO	COPY	复制
E	ERASE	删除
ED	DDEDIT	修改文本

（续）

修改命令		
键	命令	命令名称
EX	EXTEND	延伸
F	FILLET	倒圆角
J	JOIN	合并对象
LEN	LENGTHEN	直线拉长
M	MOVE	移动
MI	MIRROR	镜像
O	OFFSET	偏移
PE	PEDIT	多段线编辑
RO	ROTATE	旋转
S	STRETCH	拉伸
SC	SCALE	比例缩放
TR	TRIM	修剪
X	EXPLODE	分解

标注命令		
键	命令	命令名称
D	DIMSTYLE	标注样式
DAL	DIMALIGNED	对齐标注
DAN	DIMANGULAR	角度标注
DAR	DIMARC	弧度标注
DBA	DIMBASELINE（ ）	基线标注
DCE	DIMCENTER	圆心标注
DCO	DIMCONTINUE	连续标注
DDI	DIMDIAMETER	直径标注
DED	DIMEDIT	编辑标注
DJO	DIMJOGGED	半径折弯标注
DLI	DIMLINEAR	直线标注
DOR	DIMORDINATE	坐标标注
DOV	DIMOVERRIDE	替换标注系统变量
DRA	DIMRADIUS	半径标注
LE	QLEADER	快速引出标注
	QDIM	快速标注

（续）

对象属性		
键	命令	命令名称
AA	AREA	面积
ADC	ADCENTER	管理和插入块、外部参照和填充图案等内容
ATE	ATTEDIT	编辑属性
ATT	ATTDEF	属性定义
CH	MO PROPERTIES	控制现有对象的特性
COL	COLOR	设置新对象的颜色
DI	DIST	距离
DS	DSETTINGS	设置极轴追踪
EXIT	QUIT	退出
EXP	EXPORT	输出其他格式文件
IMP	IMPORT	输入文件
LA	LAYER	管理图层和图层特性
LI	LIST	显示图形数据信息
LT	LINETYPE	线型管理器
LTS	LTSCALE	线型比例
LW	LWEIGHT	线宽设置
MA	MATCHPROP	将选定对象的特性应用于其他对象
OP	PR OPTIONS	自定义 CAD 设置
OS	OSNAP	设置捕捉模式
PRE	PREVIEW	打印预览
PRINT	PLOT	打印
REN	RENAME	重命名
SN	SNAP	捕捉栅格
ST	STYLE	文字样式
TO	TOOLBAR	工具栏
UN	UNITS	图形单位

视图控制		
键	命令	命令名称
P	PAN	平移
PU	PURGE	删除图形中未使用的项目,例如块定义和图层
R	REDREW	刷新图形
RA	REDRAWALL	刷新所有视口中的显示
RE	REGEN	重新生成
REA	REGENALL	重生成图形并刷新所有视口
V	VIEW	命名视图
Z	ZOOM	增大或减小当前视口中视图的比例

参 考 文 献

［1］ 李汾娟，李程. AutoCAD 2018 项目教程［M］. 北京：机械工业出版社，2019.

［2］ 陈卫红. AutoCAD 2020 项目教程［M］. 北京：机械工业出版社，2020.

［3］ 中国国家标准化管理委员会. GB/T 131—2006 产品几何技术规范（GPS） 技术产品文件中表面结构的表示法［S］. 北京：中国标准出版社，2007.

［4］ 中国国家标准化管理委员会. GB/T 1182—2018 产品几何技术规范（GPS） 几何公差 形状、方向、位置和跳动公差标准［S］. 北京：中国标准出版社，2018.